航空工学講座

[10]

航空電子・電気装備

公益社団法人

日 本 航 空 技 術 協 会

まえがき

　本書は航空整備士、航空工場整備士を目指す人々のために、シラバス「電子装備品等」に基づいて実機に使われている電子・電気機器について解説している。

　電子・電気機器には多くの機器・系統が含まれるが、本書では主に電源システム、通信システム、航法システム、自動操縦装置、警報・記録装置、電子式計器システム等を解説し、空盒計器、ジャイロ計器、圧力計、温度計、回転計、集合計器等、計器類については講座8「航空計器」にて解説している。

　無線通信や無線航法システムでは、電波の出入り口としてアンテナが使われているが、各機器に使われているアンテナを説明すると重複することになるので、第2章に「アンテナと電波伝搬」を設け、一括して説明している。

　航空業界では多くの略号が使われている。これは短い言葉でお互いの意志の疎通を図るためであり、ABBREVIATION LIST に略号を収録してあるので活用されたい。

　今回（2021年10月の改訂第5版）でかなり大幅な改訂を行った。主な改訂内容は以下のとおりである。

・巻末の練習問題を削除した。
・「アンテナと電波伝搬」の中で、本書の目的からしてあまりに専門的過ぎる部分を削除した。
・「VOR の原理」、「ローカライザとグライド・パスの原理」、「慣性基準装置」、「操縦室音声記録装置」について、より理解しやすいように大部分の記述を手直しした。
・従来のアナログ・システムもデジタル化が進み、これまで「デジタル・アビオニクス」として1つの章にまとめられていた系統・名称が現状とそぐわなくなっている。従って、「慣性基準装置」、「全地球測位システム」については航法システムの章に移動し、他は「その他の電子システム」として1つの章にまとめた。
・他講座と項目が一部重複しているもの（エア・データ・コンピュータ、計器システム、レーザ・ジャイロ等）について、記述内容の整合を図った。
・新しい項目（トランジスタ式電圧調整器、モードSデータ・リンク、統合型モジュラー・アビオニクス、統合表示システム等）を追加した。

　その他情報の Update、誤記訂正、用語の統一、分かりやすい表現や見やすい図への修正、補足説明の追加などを多く行った。

著　者

　今回の大改訂では、ご利用いただいております航空専門学校・航空機使用事業会社・エアライン・航空局からなる「講座本の平準化および改訂検討会」を設置し、各メンバーの皆様からご意見をいただきました。

　ご協力をいただきました皆様には、この紙面を借りて厚く御礼を申し上げます。

2021年12月
公益社団法人　日本航空技術協会

目　　　次

第4章　航法システム

第5章　自動操縦装置

第6章　警報装置、記録装置および救助捜索装置

第7章　その他の電子システム

第8章　エリア・ナビゲーション

ABBREVIATION LIST

付録

索引

第 1 章　電源システムと照明

概要（Summary）

　小型機の電気装備は乗用車の電気装備と大差なく直流電源方式で、主な装置は発電機と蓄電池、スタータと点火系統、照明系統である。機体が大型化するにつれて、いろいろな電子・電気機器が用いられ、厨房で使う電力が急増し、直流電源方式ではこれに対応できず、しだいに交流電源方式に移行していった。

　発電機や蓄電池などの機器単体については、すでに「航空電子・電気の基礎」で学んだので、ここではこれらの機器が航空機で、どのように使われているのか、大型機との差異などについて述べる。

1－1　電源の種類（Variation of Power System）

1－1－1　主電源（Main Electrical Power）
　航空機内で必要とする電力は、エンジンで駆動される発電機より供給される。

　各エンジンに発電機が1台ずつ装備されており、主母線に電力を供給している。各負荷は主母線より電力の供給を受けるが、電源の故障に備えて重要性の低い負荷（ギャレーなど）はいつでも切り離しができるようになっている。主電源には直流電源方式と交流電源方式があり、一般に、小型機では直流方式だが、中・大型機では交流方式が主流であるが、どちらを使用するかについては、メーカにおける使用目的や、ポリシーなどにより決められる。発電機制御器は電子機器ラックやその周辺に収納されている。

1－1－2　補助電源（Auxiliary Electrical Power）
　機体には外部電源受口が設けられており、地上停止中に地上固定電源、または電源車より電力の供給を受けることができる（小型機では外部電源受口がない機種もある）。

　中・大型機には小型エンジンで駆動する補助動力装置があり、電力と空気圧を供給している。この空気圧を利用して油圧モータを駆動し、油圧を得ることもできるし、空調装置を動かして機内の

エア・コンディショニングも行える。

　電源の容量が不足する場合には、エンジン駆動の不定周波発電機（エンジンに直結し周波数制御が行われていない発電機）を備えていて、防除氷装置や厨房などに利用している機種の例などもある。

1－1－3　緊急電源 (Emergency Electrical Power)

　主電源の故障に備えて緊急蓄電池がある。

　この電池は航空機の運航に不可欠な航法装置や通信装置に電力を供給するもので、交流電源の航空機では、緊急時に直流を供給するだけでなく、蓄電池の直流をインバータで交流に変換して電力を供給する。この緊急蓄電池はエンジン始動用蓄電池を兼ねている機種もある。

　輸送機では機内外の誘導灯や非常灯用に小型の専用電池があり、非常時の照明を保っている。

　また緊急電源として蓄電池のほかに、通常は機体に収納されている風車を緊急時に機外に出して、風車による発電を行う装置を備えた機種もある。

1－2　直流電源方式 (DC Power System)

　主としてプロペラ機に採用されている方式で、概ね小型機では 14V 系が、中型機では 28V 系が採用されている。配線方法は自動車と同様、蓄電池と発電機のマイナス端子を直接機体に接続する**接地帰還方式**（Ground Return System）が採用されている。

　主母線（Main Bus）には発電機と蓄電池が並列に接続され、蓄電池は主母線の電圧変動を防止すると共に、発電機の故障の際の緊急電源ともなり、エンジン・スタータの電源としても働く。

1－2－1　小型機の直流電源系統 (DC Power System for Small Airplane)

　小型機の 12V 系の直流電源系統を図 1－1 に示す。この直流電源は小型自動車の電源系統と全く同じである。2 連のマスター・スイッチを ON にすると B 側のスイッチで蓄電池リレーのコイルが接地され、リレーが閉じて公称 12（V）の蓄電池が、蓄電池母線に接続される。

　蓄電池母線（Battery Bus）には、スタータ・リレーを介してスタータが接続されている。スタータ・スイッチを ON にすると、スタータが回転しエンジンが起動する。

　エンジンには発電機が直結しており、マスター・スイッチの A 側のスイッチにより発電機の界磁コイルに電流が流れ、発電が始まり発電機と蓄電池とは並列接続される。

　発電機には電圧調整器が付属しており、エンジンの回転数が変わったり、負荷が変動しても電源電圧を 14（V）に保つ。これは自動車と同じように常に蓄電池を充電するため、蓄電池の公称電圧より約 2（V）高い電圧を保つようにしているのである。

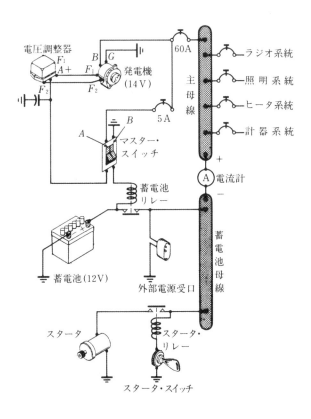

図1－1　小型機の直流電源系統

　最近の小型機には自動車と同じ**整流型直流発電機**（Alternator Rectifier）が使用され、発電電圧が蓄電池電圧より低下しても、蓄電池より発電機に電流が逆流することがなくなったので、**逆流しゃ断器**は使われていない。

　主母線と蓄電池母線は電流計で結ばれており、発電機の発電電圧が高く蓄電池を充電しているとき、電流計はプラスを指し、蓄電池が負荷に電流を供給しているときマイナスを指す。

　主母線からラジオ系統、照明系統など各種負荷にはサーキット・ブレーカを経由して電力が供給されている。サーキット・ブレーカは負荷側で短絡や接地などの故障が生じたとき、すぐにトリップして主母線より負荷を切りはなし、電源系統と機内配線を保護するために用いられる。

　航空機と自動車の電源での大きな相違は、航空機には外部電源受口が準備されていることである。それは寒冷時のエンジン・スタートや、長時間の機体整備（このときはエンジンを回していない）のとき、蓄電池だけでは電力が不足するので外部から電力を供給するための設備である。

1－2－2　多発機の直流電源系統（DC Power System for Multi Engine Airplanes）

　直流電源方式の多発機は、小型機を中心に多くみられるが、ここでは少し古い機体であるが、双発機のYS-11型機を取り上げ説明する。YS-11型機の電源系統を図1－2に示す。なお、YS-11型機では、第1発電機と第2発電機は並列運転を行っている。各発電機の電圧調整器には自機と相手機の出力電流を比較する回路があって、常に出力電流が等しくなるように制御している。

　蓄電池を母線に接続するには、蓄電池スイッチを蓄電池（BAT）側に倒すと、蓄電池リレーが閉じて**緊急母線**に蓄電池が接続される。機が地上にあるときはグランド・リレー（機が地上にあることを知らせるリレーで、着陸脚が圧縮されたとき働く）を介して緊急母線リレーを閉じ主母線にも蓄電池の電力が供給される。蓄電池を母線に接続しているときは、外部電源リレーは開いて外部電源は接続されない。エンジンが回転しているとき発電機スイッチをONにすると、発電機リレーを閉じて発電機を主母線に接続する。整流型直流発電機を使っていない機種には逆流しゃ断器があり、逆流を生じると発電機リレーが開いて発電機を母線から切り離す。発電機が母線に接続されたときは、緊急母線リレーを閉じて主母線と緊急母線を接続している。飛行中に2台の発電機が共に主母線から切り離されると、緊急母線リレーが開いて蓄電池は緊急母線にのみ電力を供給する。

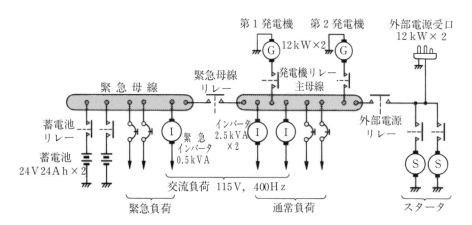

図1－2　YS-11型機の電源系統

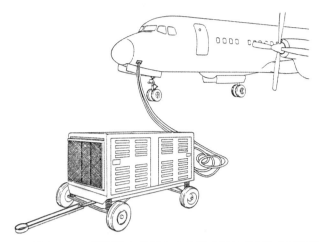

図 1 － 3　電源車より電力の供給を受ける YS-11 型機

　YS-11 機は搭載している蓄電池の容量が少ないのでエンジンの始動ができず、エンジンの起動には外部電源受口に電源車を接続しなければならない（ただし蓄電池でエンジン始動のできる機体もある）。蓄電池スイッチを外部電源（EXT）側に倒すと、発電機が作動していなければ外部電源リレーと緊急母線リレーが閉じて主母線と緊急母線に電源車より電力が供給される。発電機が働いているときは外部電源は接続されない。

1 － 2 － 3　直流発電機（DC Generator）

　図 1 － 4 に直流発電回路を示す。回転子がエンジンで駆動されると、磁極の残留磁束により回転子に電圧が発生する。この電圧が界磁コイルに流れ、励磁によって生ずる磁束が残留磁束に加わり、自己励磁による発電ができる。発電電圧は回転子の回転速度を変えるか、界磁抵抗を加減して励磁電流を変えることで変化できる。

　直流発電機の発電特性は、 図 1 － 4（c）に示すような特性を持っている。

（a）　励磁電流が一定であれば、発電電圧は回転子の回転数に比例する。

（b）　回転数が一定であれば、発電電圧は励磁電流の増加につれて上昇するが、やがて飽和する。

　航空機のようにエンジンの回転数が変化するのに常に定格の 28（V）を保つには、励磁電流を調整する**電圧調整器**を用いなければならない。直流発電機から電力を取り出すのには、カーボン・ブラシが用いられている。このカーボン・ブラシは常に回転する整流子と接触しているため、しだいに摩耗する。従って、定期的にカーボン・ブラシを点検し、摩耗していたら新品と交換する必要がある。

1－2－4　カーボン・パイル式電圧調整器（Carbon - pile Voltage Regulator）

　カーボン・パイルはカーボンの薄板を多数積み重ねたもので、両端の電気抵抗は積み重ねたカーボンの薄板に加えられる圧縮力により変化する。カーボン・パイルに加えられる圧縮力が大きいと抵抗は減少し、小さいと抵抗は増加する。

　図1－5に示すカーボン・パイル式電圧調整器は図1－4の界磁抵抗 R をカーボン・パイルで置き換えたもので、界磁巻線にはカーボン・パイルを通して発電電圧が加えられている。カーボン・パイルにはあらかじめ板バネで圧縮力が加えられているが、発電電圧が上昇すると電圧調整コイルの電流が大きくなり、板バネによる圧縮力が減少し、カーボン・パイルの抵抗が増加して励磁電流が減少し、発電電圧は規定値に戻る。逆に、発電電圧が下降すると電圧調整コイルの電流が小さくなり、板バネに加えられる圧縮力が増しカーボン・パイルの抵抗が減少し、励磁電流が増大して発電電圧は規定値に戻る。また、電圧調整抵抗を加減して発電電圧を調整することもできる。

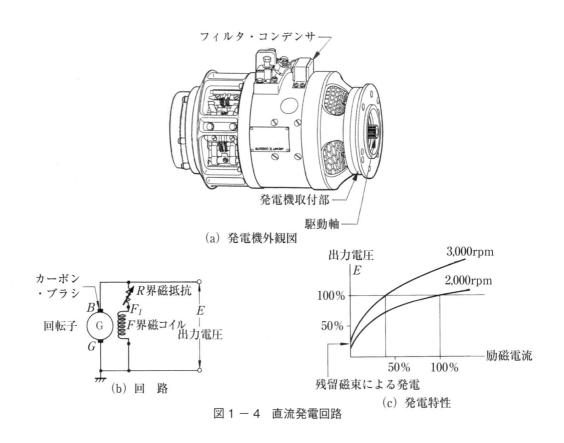

（a）発電機外観図

（b）回　路

（c）発電特性

図1－4　直流発電回路

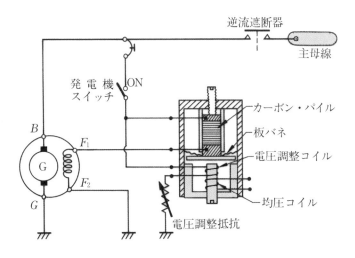

図1−5　カーボン・パイル式電圧調整回路

1−2−5　リレー式電圧調整器（Relay Type Voltage Regulator）

　図1−6に示すリレー式電圧調整器は、エンジンの回転が低く発電電圧が低いときには、発電機の界磁巻線には発電電圧がそのまま加えられている。エンジンの回転が上昇すると発電電圧も上昇し、電圧調整器の接点 A が開き、界磁回路に抵抗 R_4 が直列に加わって発電電圧は低下する。電圧調整器のコイルには、電圧コイルと界磁コイルがあり、その巻線方向が反対になっている。発電電圧が低く接点 A が閉じている状態では、界磁コイルには励磁電流が流れず何の働きもしない。発電電圧が上昇し接点が開くと、界磁コイルには励磁電流が流れ、電圧コイルの磁束を打ち消す働きをするため、発電電圧がさほど低下しないうちに、再び接点 A を閉じて発電電圧を上昇させる。すなわち、リレー式電圧調整器では発電電圧の低い期間と高い期間があり、その平均値が規定電圧を保つような働きをしている。

　負荷が増加し発電機の能力を超えるようになっても、電圧調整器は常に規定電圧を保つように働く。そのままでは発電機は過負荷となり、ついには焼損してしまう。これを防ぐ目的で加えられた

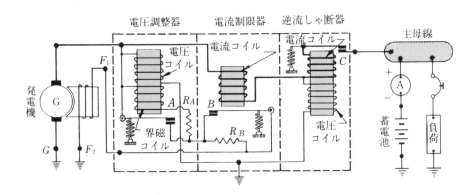

図1−6　リレー式電圧調整、電流制限回路

のが電流制限器（Current Limiter）で、電流コイルは負荷電流が発電機の定格電流に達すると、接点 B を開いて抵抗 R_B を直列に加え、発電電圧を低下し過負荷となるのを防止している。

　発電機の電圧が、蓄電池の電圧より低いうちに発電機と蓄電池を接続すると蓄電池から発電機に電流が流れ込み、発電機はモータとなってエンジンを駆動するようになる。この状態になると蓄電池はすぐに放電してしまうし、発電機を焼損することになるので、絶体に避けなければならない。すなわち、蓄電池から発電機への電流が流れないように保護するのが逆流しゃ断器である。発電機から切り離された蓄電池の端子電圧は約 24（V）である。発電機の端子電圧が約 28（V）に達すると逆流しゃ断器の電圧コイルの働きにより、接点 C が閉じ発電機は蓄電池と負荷に電力を供給し始める。

　エンジンの回転が低下したり、発電回路の故障などによって発電電圧が低下すると、電流コイルに蓄電池より発電機側に向かう電流が流れる。この電流は電圧コイルの磁束を打ち消して接点 C を開き、発電機を主母線より切り離し、発電機を保護する。

1－2－6　トランジスタ式電圧調整器（Transistor Type Voltage Regulator）

　現在電圧調整器の主流はトランジスタ式電圧調整器である。これは発電機の発生電圧を一定にするために、定電圧ダイオード（ツェナー・ダイオード）のブレークダウン電圧とトランジスタのスイッチング動作を利用して発生電圧の大きさにより界磁巻線への励磁電流を増減させるタイプである。

　図1－7にトランジスタ式電圧調整器の例を示す。

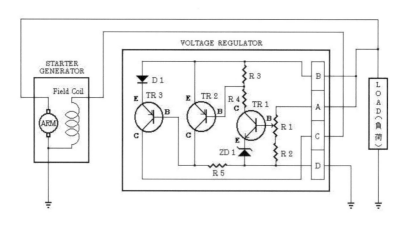

図1－7　トランジスタ式電圧調整器の例

a. 発生電圧が設定電圧より低い場合

　図の回路で、定電圧ダイオードがブレークダウンするときの電圧が電圧調整の設定電圧である。発生電圧が低いので定電圧ダイオード ZD1 がブレークダウンしない。トランジスタ TR1 のコレクター―エミッタ間に電流は流れず TR1 は OFF である。そうすると TR2 のベースにかかる電圧は R3 による電圧降下がないので TR2 は OFF である。従って TR3 のベース電圧は低くなり TR3 が ON

となり、TR3 のエミッター―コレクタを通して発電機の界磁電流が流れ、発生電圧が増加する。

b. 発生電圧が設定電圧より高い場合

ZD1 がブレークダウンするため、TR1 が ON となり、その結果 TR2 のベースにかかる電圧は R3 による電圧降下で低くなり、TR2 は ON となる。従って、TR3 のベース電圧は TR2 のエミッタ電圧と同じになるので TR3 は OFF となる。これにより発電機の界磁電流が流れなくなり、発生電圧が低下する。

上記 a、b を繰り返すことにより、駆動エンジンの回転速度や発電機の負荷が変動しても発電機の発生電圧を一定に保つことができる。

1－2－7　保護回路（Protection Circuit）

a. 並列運転（Parallel Operation）

並列運転しようとする発電機は、 図1－8 に示すように分巻界磁のほかに直巻界磁のある複巻発電機が用いられる。

直巻界磁の電圧（発電機の D 端子電圧）は、定格電流で－2（V）程度であり、発電機の負荷電流に比例して増減する。いま、第1発電機の負荷が定格の50％に減少し第2発電機の負荷が定格の70％に増加したとする。第1発電機の D 端子の電圧は－1.0（V）、第2発電機の D 端子の電圧は－1.4（V）となる。両発電機の D 端子は、カーボン・パイルの均圧コイルとバラスト・ランプを通して均圧母線（Equalizer Bus）に結ばれているため、均圧母線には第1発電機（軽負荷機）から第2発電機（重負荷機）に向かう均圧電流が流れる。

この電流は第1発電機（軽負荷機）では発電電圧を上昇するように働き、第2発電機（重負荷機）では発電電圧を降下するように働き、両機の負荷をほぼ均等に保つ。

b. 自動接続と逆流しゃ断（Automatic Paralleling and Reverse - Current Cutout）

並列運転を行う直流発電機の主母線への接続は自動的に行われる。図1－9 に示すように、発電

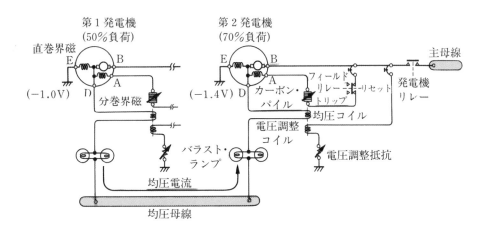

図 1 － 8　並列運転回路

機電圧と主母線電圧を比較する差電圧コイルがあり、発電機側が約 0.7（V）高くなると、このコイルの働きにより、発電機リレー回路を閉じて発電機を主母線に接続する。主母線に接続後は発電機から流れ出る電流が電流コイルに流れてこの回路を保持している。もし、発電機に電流が流れ込む状態（逆流）が生ずれば、電流コイルが発電機リレー回路を開いて発電機を主母線より切り離す。

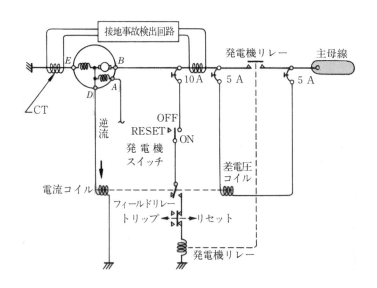

図1－9　発電機の自動接続と保護回路

c. 逆極性保護（Reverse Voltage Protection）

　発電機が逆極性発電すると逆極性検出回路が働いてフィールド・リレーをトリップし、発電を止めて発電機を主母線より切り離す。

　フィールド・リレーは一度作動するとリセットするまでトリップ状態を保つ。

d. 過電圧保護（Over - Voltage Protection）

　発電機の出力電圧が 32 〜 34（V）に達すると、過電圧検出回路が働いてフィールド・リレーをトリップさせる。並列運転中に過電圧を検出すると、重負荷の発電機（過電圧を発生している発電機）が、まず主母線より切り離される。

e. 接地事故保護（Feeder Fault Protection）

　発電機や母線に接地事故が生じたときの保護回路で、CT（Current Transformer：変流器：講座 9　8－8参照）が2個あり、1個はエンジン・ナセル内にあって発電機の負極線（接地線）の電流を測定している。発電機や動力線に接地事故が発生すると、両CTの出力に差が生じ、フィールド・リレーをトリップさせて励磁電流を切り発電を止めてしまう。直流電流をCTでは測定できないが、直流発電機の出力にはリップルが含まれており、このリップル分を測定している。

1－2－8　整流型直流発電機（Alternator Rectifier）

　最近の直流電源方式の機体には、自動車などに用いられている整流型直流発電機が用いられることが多くなった。

　これは図1－10に示すように、エンジンに直結した不定周波3相交流発電機の出力をシリコン整流器で3相全波整流し、直流出力として取り出した発電機で、シリコン整流器は発電機内部に組み込まれている。この発電機は回転界磁型交流発電機で、励磁電流を界磁コイルに流す小さなカーボン・ブラシがあればよく、直流出力を取り出すカーボン・ブラシは不要となり、主母線から電流が発電機へ逆流することもないので逆流しゃ断器が不要となりサーキット・ブレーカで主母線に結ばれている。電圧調整は電圧調整器が界磁コイルの励磁電流を変えて行っている。

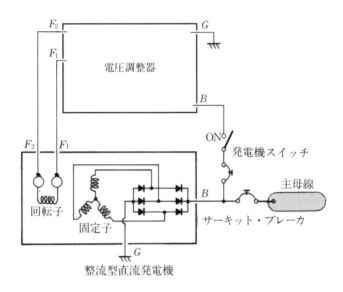

図1－10　整流型直流発電機

1－3　交流電源方式（AC Power System）

　従来航空機の電気系統は自動車と同じ直流が主流であった。しかし航空機の大型化に伴い消費電力が多くなった。直流システムが作る電圧は低いので、大きな電気負荷を支えるための十分な電力を作るには、電流は大きくしなければならない。従って、消費電力が多くなると電流を流す電線は太くそして重くなる。一方、交流はより高い電圧を使用する。従って、電流は小さくなる。低電流はより細い電線で流すことができるので、大型機で交流電力を使用することにより、かなりの重量軽減をもたらす。また、モータや各種の電気機器は直流より交流で作動させた方が簡単で整備もしやすい。このような理由で大型化に伴い交流電源が主流となった。現在中・大型機では大多数は交流電源方式である。

　交流電源方式において、固定周波数の発電を行わせるためには、交流発電機を定速度で駆動する必要があり、そのためエンジンと発電機の中間に定速駆動装置（Constant Speed Drive）が置かれている。

　定速駆動装置はエンジンの回転数が変わっても発電機を規定の回転数で駆動する装置で、油圧ポンプ、油圧モータと機械式ガバナから構成されており、発電機の周波数を 400 ± 4（Hz）に保っている。発電機の出力電圧は 3 相中性点接地式 115 ／ 200（V）である。航空機がわざわざ 400（Hz）を採用しているのは、電気機械や変圧器を作る際、鉄心や銅線量が商用電源の 1 ／ 6 ～ 1 ／ 8 ですみ、重量も軽くてすむからで、60（kVA）の発電機重量が 35（kg）程度で作られている。

　なお、787 型機においては、エンジンの効率を向上させるため、ニューマチック／ブリード・エアー・システムを排除し、従来ニューマチック・パワーを使用していたシステムの動力源は電力に置き換えられている。エンジンの始動には発電機にスタータ・モータの機能を持たせたスタータ・ジェネレータを使用する。そのためエンジンと発電機が直結しており、CSD は付いていない。従って、787 の交流発電機は変動周波数の発電を行う可変周波数型スタータ・ジェネレータ（VFSG：Variable Frequency Starter Generator）となっている。787 で固定周波数を必要とするモータ等の負荷に対しては、変動周波数の交流を一旦直流に変換し、それをインバータにより所定の固定周波数の交流に変換し電力を供給している。

　また、787 では前述のようにニューマチック・パワーを電力に置き換えたことにより、電力使用量が従来から大幅に増加している。そのため、発電機の容量を大幅に増加させるとともに、発電機の出力電圧を 115（V）の約 2 倍の 235（V）にすることにより、重量軽減を図っている。

　交流電源方式の代表例として、図 1 − 11 に 747 型機の主電源系統の略図を示す。各エンジンには定速駆動装置を介してブラシレス空冷 60（kVA）の発電機を 1 基ずつ計 4 基を備えつけ、単独運転、並列運転とも可能である。

　交流母線は第 1 から第 4 母線に分割され、発電機が単独運転しているときは**発電機ブレーカ（GCB）**が閉じ、それぞれの負荷に電力を供給している。

　通常は**母線接続ブレーカ（BTB）**と**系統分割ブレーカ（SSB）**を閉じ、4 台の発電機は並列運転している。飛行に必須な航法装置、通信装置、計器類などは必須交流母線に接続され、第 1 から第 4 まで任意の発電機に接続できる。万一、第 3 発電機が故障すると、第 3 発電機ブレーカ（GCB）を開き第 3 発電機を切り離す。残る 3 つの発電機が支障なく全部の負荷に電力を供給する。

　直流電源を必要とする機器には、交流母線から変圧整流器で直流 28（V）に変換され供給される。

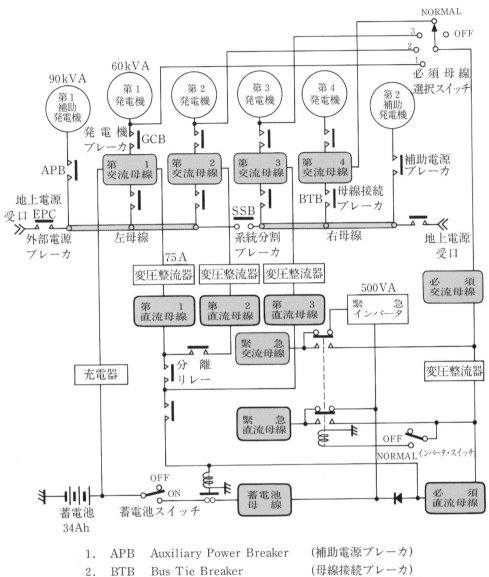

1. APB　Auxiliary Power Breaker　（補助電源ブレーカ）
2. BTB　Bus Tie Breaker　　　　　（母線接続ブレーカ）
3. EPC　External Power Contactor　（外部電源コンタクター）
4. GCB　Generator Circuit Breaker　（発 電 機ブレーカ）
5. SSB　Split Systm Breaker　　　（系統分割ブレーカ）

図1－11　747型機の電源系統図

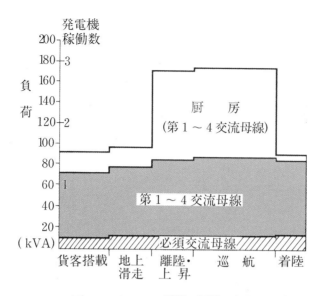

図1－12　747型機の運航に必要な電力

地上停止中は補助動力装置（APU）を働かして2台の補助発電機を駆動し、**補助電源ブレーカ（APB）** と**母線接続ブレーカ（BTB）** を閉じ、第1補助発電機からは第1交流母線と第2交流母線に電力を供給でき、第2補助発電機からは第3交流母線と第4交流母線に電力を供給できる。また、地上停止中は補助動力装置を使用しなくても、第1および第2地上電源受口に地上固定電源または電源車を接続し、**外部電源ブレーカ（EPC）** を閉じてすべての母線に電力を供給できる。

　747型機の運航に必要な電力を**図1－12**に示す。4基の発電機系統のうち1基が故障しても支障なく電力は供給できる。さらにもう1基が故障しても厨房の50％の使用制限をすれば、通常と同じく電力の供給が可能である。厨房は食事時間帯を除けばその使用電力はわずかなものであり、ほとんど不自由を感じない。さらにもう1基の発電機が故障して1基のみが残った場合でも、飛行に必須な航法装置、通信装置、計器類などは必須母線に接続されており、なお電力は確保できる。

　最後の1基が故障した場合でも、蓄電池が緊急母線に電力を供給し、安全な着陸に要する航法、通信系統を30分間作動する。このように航空機の電源系統は十分な安全性を見込んで作られている。

1－3－1　交流発電機（AC Generator）

　図1－13に、ブラシレス3相交流発電機の分解図、および**図1－14**に交流発電機の系統図を示す。交流発電機は永久磁石発電機、交流励磁機、主発電機が一体となっている。この発電機は**定速駆動装置**を介してエンジンで駆動され、次の順序で交流を発電する。

1. 永久磁石発電機がまず交流を発電する。これは整流されて28（V）直流となり、この発電機を制御する電源となる。

2. 永久磁石発電機によって得られる28（V）直流は、電圧調整器を経て交流励磁機の界磁に送られ

て交流励磁機を励磁する。これによって励磁機の電機子に3相交流が発生する。

3. 励磁機の発電した交流は、3相全波整流器で直流に変換され、主発電機の界磁を励磁する。これにより主発電機の電機子に3相交流が発生する。

4. 主発電機の3相交流は電圧調整器に送られ、115（V）を保つように励磁機の界磁電流を調整する。

　この発電機は3つの発電機で構成されているが、永久磁石発電機は永久磁石により磁界が与えられる回転界磁型なので、ブラシは不要である。励磁機は回転電機子型であり、発電した交流は同軸

図1－13　60（kVA）ブラシレス発電機分解図

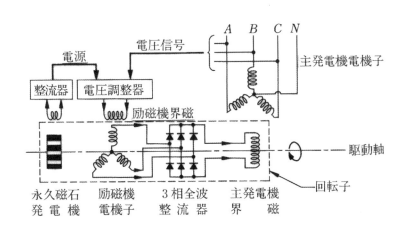

図1－14　3相ブラシレス交流発電機の系統図

で回転する全波整流器（回転ダイオード）を通して主発電機の励磁に使用されるのでブラシは不要である。回転界磁型である主発電機の界磁電流はこのように励磁機から回転ダイオードを通して与えられるので、ブラシは不要である。

　すなわち、3つの発電機にはいずれもブラシがない。また、発電の際は、まず永久磁石発電機で作られた交流を基に主発電機の励磁を行うので、いっさいの外部電源なしに発電を開始できる。

　747型機の場合、発電機の定格負荷は60（kVA）であるが、5分間であれば90（kVA）の負荷に耐え得る。また、発電機の回転子の両端は、おのおのの主ベアリングと副ベアリングの2つで保持されている。通常は主ベアリングが回転子を支えており、副ベアリングとハウジングの間には、わずかなすき間があり全く接触していない。主ベアリングが損傷した場合に、はじめて副ベアリングが回転子を支え、同時にベアリング損傷検出器が働いて操縦室内の警報灯を点灯し、ベアリングの異常を知らせる。この警報灯が点灯してからも5分間は定格電力を供給し得るし、その後は励磁を切ることによって15時間（目的地まで飛行を継続できる時間）は定格回転（8,000rpm）に耐えるように作られている。

1－3－2　並列運転と出力制御

　交流電源系統を使用する航空機の中で、並列運転を行うものがある。並列運転を行う理由は次のように考えられる。

　電力系統における発電機の並列運転の大きな目的は、複数の発電機が1つの母線に効率的に電力を供給することである。負荷の増減に応じて、運転する発電機数を選択できる。

　飛行機の場合、各発電機はそれぞれ担当する母線を持っている。例えばNo. 1 GeneratorはNo.1 AC Busに電力を送り、No. 2 GeneratorはNo.2 AC Busに電力を送る。飛行機では、一般に双発機では並列運転を行わず、3発機以上で並列運転を行っている。例えば、双発機で発電機が1台故障した場合、残りの発電機が2つの母線に電力を送ることになる。これは並列運転や独立運転に関わりない。発電機には負荷に見合った容量が要求される。並列運転を行うには以下に述べる複雑な制御が必要であり、双発機では通常並列運転は行われない。例えば3発機で1台の発電機が故障した場合、並列運転を行わない場合は、残りの2台のうち1台が2つ分の母線に電力を送ることになるが、並列であれば、残りの2台で母線3つ分を分担すればよく、その分発電機の容量を負荷に対して小さくできる。これが並列運転を行う理由の一つである。

　交流発電機を並列運転する場合は、

　（a）各発電機の周波数が同一である。

　（b）各発電機の電圧が同一である。

　（c）各発電機の位相が同一である。

　以上3つの条件が必要である。

これらの条件が満たされない場合について述べる。

起電力の大きさが異なる場合

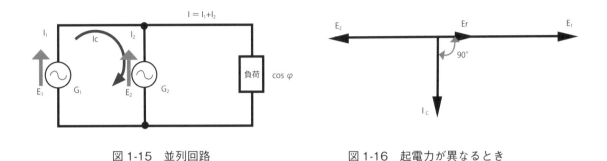

図1-15　並列回路　　　　　　　　　　　　図1-16　起電力が異なるとき

　図1－15は2台の発電機G_1、G_2が並列の場合の回路を示す。各発電機の起電力E_1とE_2は母線に対して同位相とする。両発電機間の閉回路に関し、ベクトルの関係は図1－16のようになる。この場合E_1とE_2の位相差は180°で、$E_1 > E_2$であれば合成起電力$Er = E_1 - E_2$によって発電機間に横流（Cross Current）Icが流れる。Icは発電機E_1に対して位相が90°遅れ、E_2に対して90°進んでいる。従って、この横流による電機子反作用はG_1に対しては減磁、G_2に対しては増磁作用を行うので両発電機の起電力は自動的に等しくなる（電機子反作用については、講座9「航空電子・電気の基礎」9－4－1参照）。

　また、この横流は起電力E_1、E_2に対して90°の位相角なので、$E \times Ic \times \cos90° = 0$となる。つまり出力には無関係で、単に電機子コイルの抵抗分による損失（発熱）を増すだけである。それでこの横流を無効横流という。

起電力の位相が異なる場合

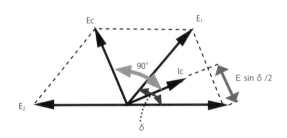

図1-17　位相が異なるとき

　2台の発電機が並列運転中に、G_1の速度が上昇して図1－17のようにE_1とE_2の大きさが同じで、E_1の位相がδだけ進んでいるとする。合成起電力$Ec = E_1 + E_2$により発電機間に横流Icが流れる。IcはEcに対して90°遅れるので、E_1に対して$\delta/2$の位相を持ち、E_2に対して$180° - \delta/2$の位相を持つ。G_1においてIcによる発電機出力をP_1とすると、

$P_1 = E_1 \times Ic \times \cos\ (\delta\ /2)\ =\ Ps\ (W)$

G_2 において、Ic による発電機出力を P_2 とすると

$P_2 = E_2 \times Ic \times \cos\ (180° - \delta\ /2)$

$= - E_2 \times Ic \times \cos\ (\delta\ /2)\ =\ -\ Ps\ (W)$

となって、Ic は E_1 と E_2 間に有効電力 Ps を発生する。位相の進んだ G_1 は発電機出力 Ps を発生してこれを G_2 に送る。この出力増加のため回転子が減速して位相を遅らせる。また位相の遅れた G_2 は、G_1 から有効電力をもらい電動機となる。G_2 は加速して位相が進む。その結果、E_1 と E_2 は自動的に同相となる。この横流は出力に関係するので有効横流もしくは同期化電流と呼ぶ。位相差を合わせようとする力を同期化力と呼ぶ。

起電力の周波数が異なる場合

　並列運転中、両発電機の周波数が異なる時は、位相が一致した瞬間以外はどちらかの位相が進むか遅れるかしているため同期化電流が流れ、位相を一致させようとする。

　基本的に、並列運転時に電圧や位相・周波数のアンバランスが発生しても電機子反作用、同期化力により自動的に元に戻るが、横流が大きくなると、電機子電流が増加し、場合によっては定格を超える可能性もあり好ましくない。並列運転を行う機体においては、積極的に横流を抑える機能がある。これが有効出力（Real Load）の制御と無効出力（Reactive Load）の制御であり、並列運転中の各発電機の有効出力、無効出力ともに等しくしなければならない。

　具体的には、各発電機の電機子電流を CT により常時測定し、CT をループ状につなぐことにより、電機子電流の平均を求め、それを基に各電機子電流の平均からのずれの電流値を測定する〔並列運転の場合、励磁に差があっても負荷に送られる電圧はあまり変動せず、電機子電流の無効分（無効横流）が変動する。また駆動トルクに差があっても負荷に送られる電流はあまり変動せず、電機子電流の有効分（有効横流）が変動する〕。それを無効分と有効分に分解する。この機能（回路）は Equalization Loop と呼ばれる。無効分の信号を電圧調整器に送り、各機の無効出力が均一になるように（無効横流が最小になるように）各機の励磁電流を調整する。これを無効出力制御（Reactive Load Control）と呼ぶ。有効分の信号を CSD に送り、各機の有効出力が均一になるように（有効横流が最小になるように）回転速度の調整を行う。これを有効出力制御（Real Load Control）という。

　有効出力と無効出力の測定原理について、1－3－2aに述べる。また、Equalization Loop を使った実際の具体的な制御方法については、1－3－2bおよび1－3－2cに述べる。

a. 有効出力と無効出力の測定（Measurement of Real Load and Reactive Load）

　図1－18（a）に3相発電機の電圧と電流ベクトルを示す。A 相電流の有効電流は A 相電圧と同相であり、A 相電流の無効電流は線間電圧 V_{BC} と同相である。この関係を利用して有効出力と無効出力を測定する。有効出力の測定法を同図（b）に示す。すなわち、A 相電圧に A 相電流ベクトルを加えた電圧と、A 相電流ベクトルを減じた電圧をつくり、この両方の差を求めると有効出力に比例する。無効出力の測定法を同図（c）に示す。この場合は A 相電圧の代わりに 90° 位相差のある

線間電圧 V_{BC} を用いると無効出力が得られる。

b. 無効出力の制御と過負荷防止 （Reactive Load Control and Over Load Protection）

　発電機の出力電流は A 相で代表し、この相に取り付けた電流変圧器で検出する。並列運転している発電機の A 相電流変圧器は、すべて図 1 － 19 に示すようにループ接続する。このように接続すると電流ループには全発電機の A 相電流の平均電流が流れ、差電流検出変圧器には平均電流と自機

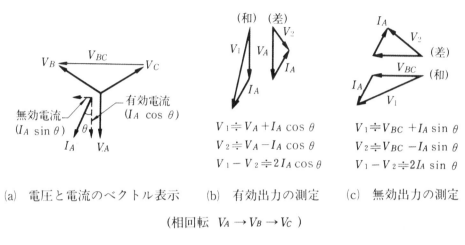

$$V_1 \fallingdotseq V_A + I_A \cos\theta$$
$$V_2 \fallingdotseq V_A - I_A \cos\theta$$
$$V_1 - V_2 \fallingdotseq 2I_A \cos\theta$$

$$V_1 \fallingdotseq V_{BC} + I_A \sin\theta$$
$$V_2 \fallingdotseq V_{BC} - I_A \sin\theta$$
$$V_1 - V_2 \fallingdotseq 2I_A \sin\theta$$

(a)　電圧と電流のベクトル表示　　(b)　有効出力の測定　　(c)　無効出力の測定

（相回転　$V_A \rightarrow V_B \rightarrow V_C$ ）

図 1 － 18　有効出力と無効出力の測定法

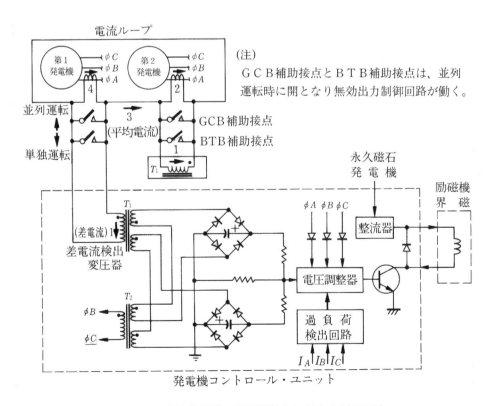

図 1 － 19　交流発電機の電圧調整と無効出力制御回路

電流の差が流れる。この差電流と線間電圧 V_{BC} とにより、自機と他機の無効出力の差が検出される。

　この無効出力信号は電圧調整器に送られ、励磁機の界磁電流を調整する。

(1) 無効出力が多い発電機では、励磁電流を減らして無効出力を減少する。

(2) 無効出力が少ない発電機では、励磁電流を増して無効出力を負わせる。

　発電機が単独運転している場合は、A 相電流変圧器は GCB、または BTB の補助接点でショートされ、無効出力制御回路は作動しない。

　電圧調整器のもう 1 つの働きに過負荷防止機能がある。過負荷検出回路は、発電機の各相に取り付けた電流変圧器により発電機の負荷電流を検出し、もし、1 相でも過負荷になれば励磁電流を減らして負荷を軽くするようにしている。

c. 有効出力の制御（Real Load Control）

　有効出力の検出は無効出力の検出と同様、並列運転している発電機の A 相電流変圧器を**図 1 - 20**に示すように、すべてループ接続する方法で行われる。

　このように接続すると、電流ループには全発電機の A 相電流の平均電流が流れ、差電流検出変圧器には平均電流と自機電流の差が流れるので、自機と他機の有効出力の差が検出される。この有効出力の差は有効電力制御回路に送られ、定速駆動装置の速度ガバナの電流を調整して有効電力を平均化する。

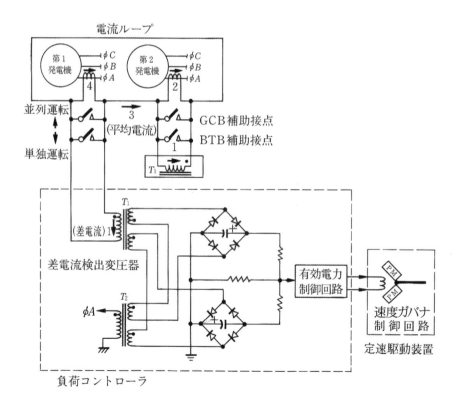

図 1 - 20　交流発電機の有効出力制御回路

(1) 有効出力の多い発電機では、定速駆動装置の速度ガバナを制御して、若干、回転数を下げ有効出力を減らす。

(2) 有効出力の少ない発電機では定速駆動装置の速度ガバナを制御して、若干、回転数を上げ出力を増す。

　有効出力制御回路も無効出力制御回路と同様、並列運転が行われているときのみ作動する。

d. 並列運転（Parallel Operation）に至る過程

　図1 – 11で第2発電機が発電しており、他の発電機はまだ発電を開始していなかったとする。この場合は第2GCBを閉じて第2交流母線に電力を供給すると同時に、他の母線に電力を供給するため第1から第4BTBとSSBを閉じて、すべての母線に第2発電機が電力を供給している。続いて第3発電機が発電を始めると、自機のA相電圧と右母線のA相電圧とを比較し、位相が一致すると第3GCBを閉じて並列運転に入る。このように次々に並列に入り、最後的には全部の発電機が並列運転となる。並列運転に至る過程は機種によって違いがある。

e. NBPT（No Break Power Transfer）

　本来並列にできない異種電源（エンジン発電機とAPU発電機、エンジン発電機と外部電源、APU発電機と外部電源）間で電源を切り替えるとき、まず現在の電源が切り離され、その後新しい電源投入という順序で切り替えを行う。このとき、電源の瞬断が起こる。瞬断によるデジタル機器への影響を避けるために、異種電源間の電源切り替え時に瞬間的に異種電源を並列にすることにより電源の瞬断を起こさせないという機能をNBPT（No Break Power Transfer）と呼び、747 – 400等の新しい機体に採用されている。並列運転を行わない双発機にも電源切り替え時にNBPTの機能を持たせたものがある。

1 – 3 – 3　保護回路（Protection Circuit）

a. 過電圧および低電圧保護回路（Over Voltage and Under Voltage Protecion Circuit）

　発電機の出力が過電圧（約130V以上）や低電圧（約100V以下）になると、まずBTBを開いてその発電機を並列運転からはずす。続いてGCBを開いて発電機を母線より切り離す。

b. 過励磁および低励磁保護回路（Over Excitation and Under Excitation Protection Circuit）

　無効出力の制御で述べたように並列運転中に過励磁や低励磁が生ずると、過電圧および低電圧保護回路を働かせて発電機を母線より切り離す。

c. 差電流保護回路（Difference Current Protection Circuit）

　並列運転中に各発電機の負荷電流に定格の約20％以上の差が生じると、BTBを開いて発電機を並列運転より切り離す。

d. 接地事故保護回路（Feeder Fault Protection Circuit）

　発電機や母線に接地事故が生じたときの保護回路で、電流変圧器が発電機の接地線と母線に組み込まれており、この検出電流に定格の約10％の差が生ずると、まずGCBを開いて発電機を回路か

ら切り離し同時に発電を停止する。さらに故障が続けばBTBを開き、その母線の電力を断つ。

e.　不平衡電流保護回路（Unbalance Current Protection Circuit）

　発電機の負荷電流を監視しており、3相のうち1相の電流が極端に少ない場合、その相がどこかで開路となったものとみなして、まずBTBを開く。故障がなお続いている場合はGCBを開き発電を止める。

1－3－4　定速駆動装置（Constant Speed Drive）

　航空機の交流発電機は、電圧を一定に保つと同時に、固定周波数の発電を行わせるためには、回転数を一定に保つ必要がある。このため、エンジンと発電機の中間に定速駆動装置を設け、エンジンの回転数が変化しても、発電機の回転数を一定に保つようにしている。図1－21は747型機やL－1011型機に使用される定速駆動装置の例で、入力軸の回転数が3,800（rpm）から8,700（rpm）まで変動しても、出力軸の回転数を8,000（rpm）に保つことができ最高出力は約72（kW）である。これで定格出力60（kVA）の発電機を駆動している。

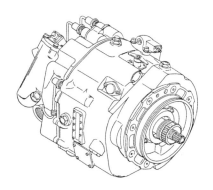

図1－21　定速駆動装置の例

（以下、余白）

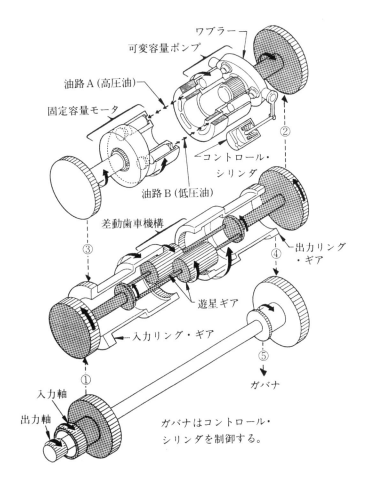

図 1 - 22　定速駆動装置の内部機構（増速時）

　定速駆動装置の作動原理を**図 1 - 22** で解説する。

　エンジンで駆動される入力軸の回転は、①, ②の経路で可変容量ポンプに伝えられる。入力軸の回転が 8,000（rpm）より低い場合（増速時）、ガバナはコントロール・シリンダの油圧を制御して、可変容量ポンプのワブラーを油路 A が吐出側（高圧側）になるようにする。油路 A の高圧油は、固定容量モータを入力軸と反対方向に回す。モータの回転速度は可変容量ポンプの吐出量、すなわちワブラーの傾斜角で決まる。モータの回転は③の経路で入力リング・ギアに伝えられる。①の経路で伝えられる回転と、③の経路で伝えられる回転の方向は逆であるから、両者で駆動される遊星ギアは①＋③の回転数で駆動される。遊星ギアは出力リング・ギアと結合しているので、④の経路で出力軸を駆動し、回転数は入力軸の回転数とモータの回転数の和となり、出力軸は増速される。出力軸は⑤の経路でガバナに接続されているので、ガバナは出力軸の回転を 8,000（rpm）に保つ。

　入力軸の回転が 8,000（rpm）より高い場合（減速時）、ガバナは可変容量ポンプの油路 B が吐出側になるようにする。モータの回転方向は逆転して入力軸と同じ方向に回転する。遊星ギアは①－③の回転数で駆動され、出力軸は減速されて 8,000（rpm）を保つ。

1－3－5 交流電源方式機の直流電源系統
(DC Power System for AC Power System Aircraft)

　交流電源方式の航空機では、図1－11のように交流母線に対応した28（V）系の直流母線がある。28（V）直流は 図1－23（a）に示す変圧整流器で作り出される。整流器には1次側がY（ワイ）結線され、2次側がY結線および△（デルタ）結線された3相変圧器がある。2次側のY結線と△結線は、おのおの全波整流され、2,400（Hz）で1.5（V）のリップルを含む28（V）直流となる。この2つの直流出力を結合トランス T_2 で結び合わせると、4,800（Hz）で1.0（V）のリップルを含む28（V）直流が得られる。この様子を同図（b）に示す。747型機に用いられている整流器の出力は28（V），75（A）で、重量は約7（kg）である。

　蓄電池を充電するために充電器がある。充電器の基本回路は整流器と同じであるが、蓄電池の温度によって充電電流を制限する回路や、常に蓄電池を完全充電するためのパルス充電回路などが加わっている。

1－3－6 静止型インバータ （Static Inverter）

　交流電源方式の航空機では、ほとんどの電気機器は交流で作動するので、万が一すべての発電機が故障するとほとんどのシステムが不作動となり非常に危険な状態となる。このような緊急時に蓄電池より直流電力の供給を受け、これを交流に変換して緊急母線に電力を供給する緊急インバータを備えている。直流電源方式の航空機でも一部の交流機器に交流電力を供給する回転型インバータを用いているが、これは出力の割には重く、またブラシなどの摩耗部品があり定期的に点検整備をしなければならないので現在ではほとんど用いられず、半導体を利用した小型軽量の静止型インバータが用いられている。

　静止型インバータは、図1－24のようにスイッチング回路AとB、変圧器AとB、駆動回路、波形整形フィルタより構成されている。駆動回路は400（Hz）矩形波を発振してスイッチング回路AとBをドライブする。スイッチング回路は図1－25のようなトランジスタ・スイッチ回路で、駆動回路からの入力の正の半サイクルでは電流はトランジスタ Q_1、変圧器1次巻線および Q_2 を通って接地する。

　負の半サイクルでは電流はトランジスタ Q_3、変圧器1次巻線および Q_4 を通って接地し、入力の正負に応じて変圧器の1次巻線に流れる電流の方向を切り替え、変圧器2次側に入力波形と同じ出力波形を得ている。スイッチング回路Aとスイッチング回路Bの出力の位相が約60°ずれており、両方の出力を合わせると凸形の階段波が得られる。

　この階段波は波形整形フィルターで正弦波に整形されて交流出力となる。このようにして得た交流は完全な正弦波ではないが、実用上支障のない波形（歪率5％程度）となっている。

　インバータの電圧調整は駆動回路が出力電圧を監視しており、電圧が低下した場合はパルスの導通時間 τ を増して周波数を変えずに出力電圧を増す。

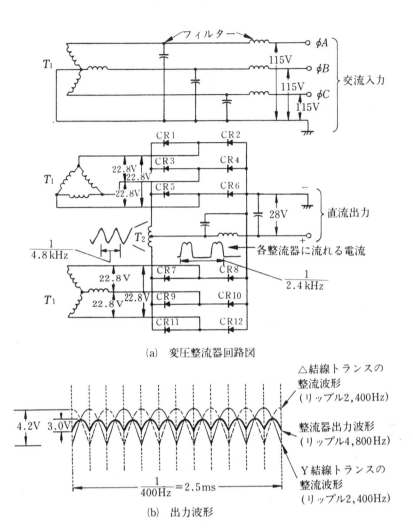

(a)　変圧整流器回路図

(b)　出力波形

図1－23　直流電源用変圧整流器

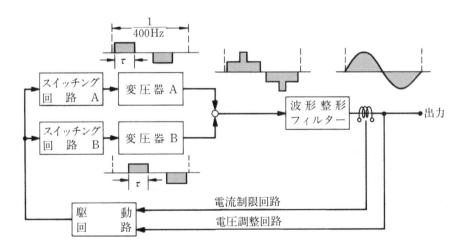

図1－24　インバータ系統図

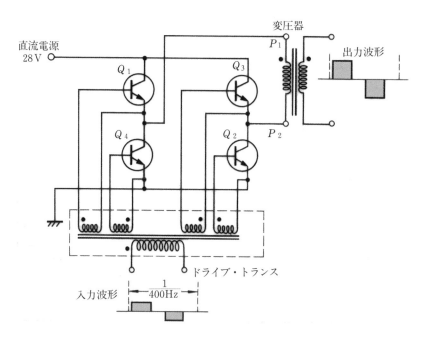

図１－25　スイッチング回路と変圧器

１－３－７　風車発電機（Ram Air Turbine もしくは Air Driven Generator）

　双発機や３発機の中には、緊急電源として風車発電機を備えている機種もある。風車発電機は RAT（Ram Air Turbine）あるいは ADG（Air Driven Generator）と呼ばれる。この発電機はすべての発電機が停止した場合のスタンドバイ電源として、あるいは、一部の油圧を使えるようにするための油圧ポンプ駆動電源として使用される。図１－26にその例を示す。この発電機はプロペラのピッチをガバナで調整して定周波数の発電を行い、電圧調整は主発電機に使用されているのと同じ方法で行われている。

（以下、余白）

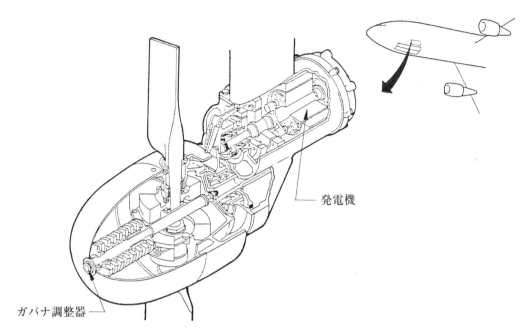

発電機

ガバナ調整器

図1－26　風車発電機

（以下、余白）

1－3－8　駆動装置内蔵型交流発電機（Integrated Drive Generator）

　今までは交流発電機を定速度で駆動するため、エンジンと発電機の中間に定速駆動装置が用いられていた。ところが767型機などでは、定速駆動装置と発電機が一体となった図1－27のような駆動装置内蔵型交流発電機が使われている。

　一般に発電機の定格（容量）は発生する熱で制限される。発電機では、電機子電流と電機子の直流抵抗により発電機の温度が上昇するが、この温度上昇にどれだけ耐えられるかで定格値が決まる。すなわち、冷却効果が良ければ、容量を増加させることができる。IDGの場合、CSDと一体になることにより、CSDの冷却効果が発電機におよぶため容量が大きくなる。これが、最近IDGが主流になっている大きな理由である。

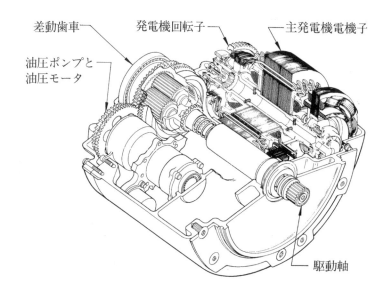

差動歯車　　発電機回転子　　主発電機電機子

油圧ポンプと
油圧モータ

駆動軸

図1－27　駆動装置内蔵型交流発電機

1－4　航空機照明（Aircraft Lighting System）

1－4－1　操縦室内照明（Cockpit Lighting）

　707型機やDC-8型機の操縦室内の照明は、赤色光を用いていたが、727型機やDC-8-60型機の時代から白色光照明に変わり、現在では操縦室内は白色光照明が一般的である。操縦室内の明るさはパイロットの好みによって異なるが、照明器具には調光装置があり自由に明るさを調整できるようになっている。図1－28に747型機の操縦室の照明と照明操作盤を示す。

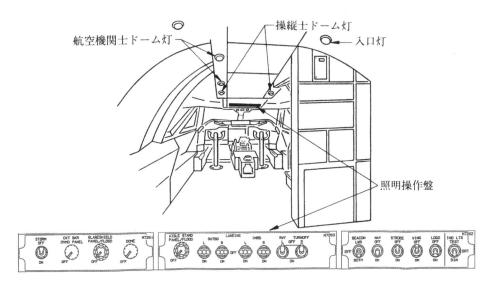

図1－28　操縦室照明および照明操作盤

a. 室内全般照明 （General Cabin Lighting）

　機長・副操縦士、機関士の頭上と入口付近にドーム・ライトがあり、操縦室全般の照明を行っている。このドーム・ライトは頭上パネルの照明操作盤のドーム・スイッチ（Dome Switch）で操作される。このドーム・ライトの電源は2系統あり、機長・副操縦士頭上のライトは蓄電池より、その他は発電機より電力の供給を受けており、発電機が停止している状態でも操縦室の照明ができるようになっている。照明操作盤にはストーム・スイッチ（Thunderstorm Switch）があり、雷光で外界が明るく照らし出され照明の暗い操縦室内が見にくくなったとき、これを操作するとドーム・ライト、計器照明、パネル照明は最大光度で点灯し、外界との明るさの差を少なくして室内を見やすくする。

b. 計器およびパネル照明 （Indicator and Panel Lighting）

　計器は内部より照明され、目盛盤や指針が浮き出して見える構造となっている。
計器が取り付けられている主計器板は、斜め上方からバックグラウンド・ライトで全体が照らし出されるようになっている。このバックグラウンド・ライトの一部は蓄電池より電力が供給され、発電機が停止した状態でも計器の照明を失うことはない。

　航空機関士計器盤、頭上パネル（Overhead Panel）、あるいはペデスタル（Pedestal）の計器、スイッチ、操作レバーなどは、照明パネル（Lighting Panel）内に内蔵された電球によって照明されている。照明パネルには燃料、作動油、電力、空気などの流れを示す棒状のライトが埋め込まれており、各系統の作動状態を示している。

c. 標示灯 （Annunciator）

　航空機の運航状態を示す警報灯（赤色）、注意灯（アンバー）、安全灯（緑）、指示灯（青など）が計器盤に組み込まれている。照明操作盤に標示灯の光量切り替えと試験スイッチがあり、明（Bright）

と、暗（Dim）の2段階の調整ができる。試験側に倒すと、すべての標示灯が明で点灯し、電球切れなどの点検が一操作でできるようになっている。

d. 補助照明灯（Auxiliary Lighting）

局部的な照明が必要な場所に取り付けられるスポット・ライトで、明るさや照明範囲が可変となっている。

(1) マップ・ライト（Map Light）

パイロットが航空地図や書類を見るためのライトで、頭上から操縦桿中央部を照明するようになっている。

(2) ユティリティ・ライト（Utility Light）

サーキット・ブレーカ・パネル、床面など通常照明が十分でない場所をよく点検するために用いるライトで、延長コードがあり固定部分より取り外して使用できる。

(3) 作業灯（Work Table Light）

航空機関士の作業机や操縦士側面の小さな机の部分を照明しているライトである。

1－4－2　客室内照明（Cabin Lighting）

客室は全体として間接照明で、居心地を良くし豪華な雰囲気を出すため各種の照明が使用されており、乗降時、食事時、映画上映時、睡眠時など、その時々の状況により使い分けている。また、読書灯、厨房の作業灯など必要部分だけを直接照明する装置もある。これらの照明は出入口付近に設けられている照明パネルでコントロールでき、客室乗務員が操作している。図1－29に747型機の客室照明の例を示しておく。

新しい機種では、客室内照明は客室関係統合システム（PA、客室インタホン、客室サイン／乗務員呼び出しシステムなどを統合したシステム）の一つのサブシステムとなっているものが多い。

a. 天井灯（Ceiling Light）

けい光灯を天井に向けて照射し、天井の反射を利用した間接照明で、柔らかな光を出し客室全体を照明している。このほかに側壁を照らす壁面灯（Wall Light）、窓を照らす窓灯（Window Light）、通路を照らす通路灯（Aisle Light）、ドーム灯などがある。

b. 出入口灯（Cabin Entry Light）

乗降時のため出入口付近は特に明るく照明される。

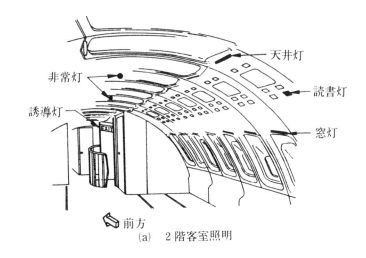

（a）　2階客室照明

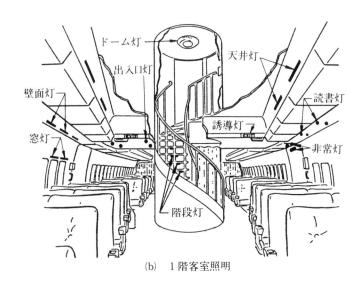

（b）　1階客室照明

図1－29　客室照明

c. 読書灯（Reading Light）

乗客の読書のため各座席の上部に設置されており、乗客の手元スイッチで、ON－OFF ができる。他の乗客の迷惑にならないように、各自の前のテーブル面だけがスポット照明される。

d. 客室サイン灯（Passenger Sign）

「禁煙」「座席ベルト着用」などの案内を乗客に知らせる標示灯で、操縦室からの操作により点灯するが、自動的に点灯する場合もある。

e. 化粧室照明灯（Lavatory Light）

化粧室内は通常薄暗い照明で出入りが目立たないようになっている。化粧室のドアを閉じ鍵をかけると自動的に、けい光灯が点灯して明るく照明する。また、客室の一部に化粧室使用中の標示を

する。

f.　その他の照明（Other Lighting）

乗客から客室乗務員を呼び出す呼び出し灯、貨物室灯、厨房の照明などがある。

1－4－3　非常用照明（Emergency Light）

航空機には通常の出入口のほか非常脱出口が設けられている。この出入口、脱出口の位置は誘導灯（Exit Sign）で表示されている。このほかに、航空機の電源から全く独立した蓄電池による緊急避難用照明があり、航空機の全電源が断たれたとき自動的に点灯し、少なくとも10分間は次の場所を照明する。

(1)　客室全体と脱出口に至る通路の照明。

(2)　脱出口の位置を示し、脱出口内外の照明。

(3)　脱出スライドを使って脱出した後、着地する付近の照明。

（以下、余白）

1－4－4　機外照明（Exterior Lighting System）

　機外にも多くの照明が取り付けられているが、そのうち法規で装備を義務づけられている照明（＊印で示す）と、運航上の安全や宣伝のために使われる照明とに分けられる。図1－30に747型機の機外照明の例を示す。

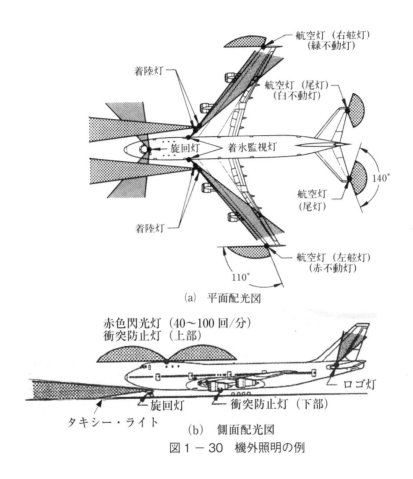

(a)　平面配光図

(b)　側面配光図

図1－30　機外照明の例

a. 航空灯＊（Navigation Light,　Position Light）

　図1－30（a）に示すように右翼端に緑の不動灯、左翼端に赤の不動灯、機尾に白の不動灯が取り付けられ、他機に対し自機の飛行方向を示すと共に、夜間照明のない場所に駐機する場合、機の存在を示すために用いられる。

　反射鏡付きの電球かハロゲン電球が多く用いられている。最近では航空灯の補助として翼端と機尾に高輝度のキセノン・ランプが併用されることが多い。

b. 衝突防止灯＊（Anti－Collision Light,　Beacon Light）

　胴体上下面に設置し、毎分40〜100回で赤色光を点滅して自機の位置を知らせ、衝突を回避する目的に使われる照明である。

　最初は灯器に赤ガラスの覆いをし、反射鏡付き電球を回転する型式が多かったが、しだいにハロ

ゲン電球を固定し、反射鏡が回転する型式に変わり、最近ではより高輝度が得られるキセノン電球を点滅する方式の他、LED タイプもある。

c.　着陸灯＊（Landing Light）

着陸灯は翼の下または付け根あるいは脚に装着し、離着陸時に機軸方向を照明する灯火で、機種によっては固定式のものと使用時に展開して機軸方向を照射する可動式のものとがある。いずれもシールド・ビーム電球を使用し、使用電力は1球当たり 200 ～ 600（W）程度である。

d.　着氷監視灯＊（Ice Detection Light もしくは Wing Illumination）

主翼前縁部、エンジン・ナセルの着氷を監視するため、胴体左右に埋め込まれている灯火で 100（W）程度のシールド・ビーム電球が用いられる。

e.　旋回灯（Turnoff Light）

地上走行中、旋回を行う場合、着陸灯だけでは左右の障害物の確認が難しいので、左右を照射する旋回灯があり安全に旋回を行うことができる。

f.　ロゴ灯（Logo Light）

垂直尾翼の両面にかかれている社標を、乗客がロビーなどから見やすいように照明するための灯火である。

g.　タキシー・ライト（Taxi Light）

タキシング中に誘導路を照らす白色の灯火で、前脚に取り付けられている。

h.　その他（Others）

貨物の搭載に便利なように、機の側面から貨物積み込み口を照らす灯火もある。

（以下、余白）

第 2 章　アンテナと電波伝搬

概要（Summary）

　19 世紀の中ごろ、モールス（Samuel F. B. Morse　1791 ～ 1872）によって作られた電信機と、のちにベル（Alexander Graham Bell　1847 ～ 1922）の発明した電話機とが今日の有線通信（Wire Communication)の基礎となった。有線通信は動作や特性が安定しているので固定した地点間の電話、ファクシミリ、データ通信などに使われ、通信の内容が他人に漏れにくい特長があるが、通信線路の敷設や保守に大きな費用がかかる。

　これに対し無線通信（Radio Communication）は通信線路のかわりに電波（Radio Wave）を用いる方式で携帯電話や航空機、自動車、船舶などの移動体との通信さらに、ラジオ、テレビなどの放送または大洋を隔てた固定地間の通信に使われ、今日では人工衛星を利用した衛星通信や衛星放送に使われている。

　無線通信は、地球をとりまく同一の空間を共用するので、混信やノイズが大きいのはやむを得ない。確実な通信をするためには、微弱な電波を効率よく送受信できるアンテナを開発したり、電波の伝わり方を調べ、通信の目的に合った周波数帯を選ぶことが重要である。

　ここでは、無線送受信機の原理と電波の出入口であるアンテナと送受信機とアンテナを結ぶ給電線について調べ、最後に電波の伝わり方について学ぶことにする。

2 － 1　送信機（Transmitter）

　送信機は図 2 － 1 に示すようにオーディオ、ビデオ、データなどの情報を周波数の高い電波（搬送波　Carrier）に乗せて遠隔地まで伝える設備で、ラジオやテレビ放送局、航法援助施設などに設置されている。

　送信機はアンテナに接続されており、電波は空間に伝わっていくので、アンテナからの距離が離れるほど弱くなる。電波を受信できる範囲をサービス・エリア（Service Area）と言う。

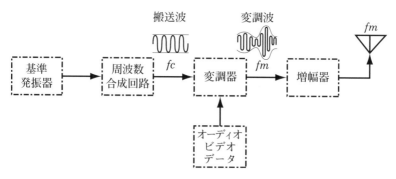

図2-1　送信機の系統図

2-2　受信機（Receiver）

　アンテナで受信した電波にはノイズや色々の電波が混じっているので、同調回路（Tuned Circuit）で目的とする電波のみをえらびだす。

　受信した電波は微弱なので、図2-2に示すように高周波増幅回路で増幅する。しかし増幅し過ぎると受信機の動作が不安定になるので、受信した電波とは異なる周波数（中間周波数）の電波に変換してから更に増幅する。その後復調器（Demodulator）で元の信号に戻す。

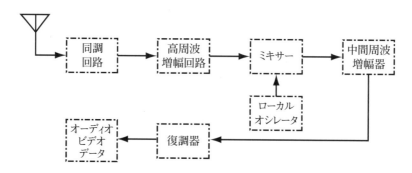

図2-2　受信機の系統図

2-3　電波の性質（The Characteristics of Radio Wave）

　アンテナから空間に放射された電気エネルギーは、**電磁波**（以後**電波**と呼ぶ）となり、アンテナを中心とした半径方向に光の速度で伝わる。電波の電界 E および磁界 H は、**図2-3**に示すようにともに進行方向にお互いに直角である。高周波電流によって生じた電波は、その高周波電流の周波数と同じ速さで強さが変わる。このような波の1周期の間隔、すなわち波長は波の進行速度（光速に等しい）を周波数で割ったものに等しくなり、次式で求められる。

$$\text{波　　長}\quad \lambda = \frac{C}{f} = \frac{3 \times 10^8}{f}\ (\text{m}) \quad\cdots\cdots\cdots\cdots\cdots\cdots\cdots\cdots\cdots\cdots\cdots\cdots\cdots \text{(2 - 1)}$$

　周波数の単位には、キロヘルツ（kHz）、メガヘルツ（MHz）、ギガヘルツ（GHz）などが用いられる。式（2 - 1）により周波数が低い電波は波長が長く、周波数が高い電波は波長が短いことが分かる。1（MHz）の電波の波長は 300（m）であり、1（GHz）の電波の波長は 30（cm）となる。

　電波の強さは空間に生じている電界の強さではかられる。電界は図2 - 3で分かるように、正弦波状で変化する。これは交流回路で述べたように、実効値を用いて測定する。実効値は最大値の $1/\sqrt{2} = 0.707$ 倍である。電界の単位は、すでに学んだように、ボルト毎メートル（V/m）であるが、これでは大きすぎるので、マイクロボルト毎メートル（μV/m）を用いるのが普通である。電界の強さ E（V/m）の空間には、次式で示す磁界 H（A/m）が存在している。

$$\text{磁　　界}\quad H = \frac{E}{120\pi}\ (\text{A/m}) \quad\cdots\cdots\cdots\cdots\cdots\cdots\cdots\cdots\cdots\cdots\cdots\cdots\cdots \text{(2 - 2)}$$

　この空間に長さ l（m）の導体を電界の方向に設置すると、電波はこの導体を光の速度で横切ることになる。この導体に誘起する電圧は『航空電子・電気の基礎』第5章の式（5 - 8）の誘導起電力の式から次のようになる。

$$\text{アンテナの起電力}\ V = C\mu_\text{o} H l = 3 \times 10^8 \times (4\pi \times 10^{-7})\frac{E}{120\pi} l$$
$$= E l\ (\text{V}) \quad\cdots\cdots\cdots\cdots\cdots\cdots\cdots\cdots\cdots\cdots\cdots\cdots \text{(2 - 3)}$$

すなわち　μV/m 単位ではかった電波の強さは、電波による磁束が長さ1（m）の導体に誘起する電圧（μV 単位）に等しい。実際の通信には、1（μV/m）程度の微弱電波から、500（mV/m）程度までの強い電波（放送局の近く）まで使われている。

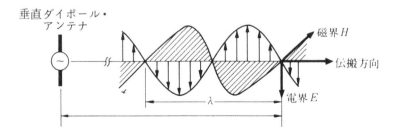

図2 - 3　垂直ダイポール・アンテナから放射される垂直偏波

　電界および磁界を含む面を**波面**という。電波は常に波面に対して垂直な方向に進行する。電界の方向をその波の**偏波方向**という。**図2－3**のように、垂直ダイポール・アンテナから放射された電波のように、電界が垂直ならば**垂直偏波**と呼ぶ。水平ダイポール・アンテナから放射された電波は電界が水平方向となり、**水平偏波**となる。また**図2－4**のように、ヘリカル・アンテナから放射される電波は、1波長ごとに電界が360°回転する**円偏波**となる。

　受信アンテナの偏波方向は送信アンテナの偏波方向と同じでなければならない。

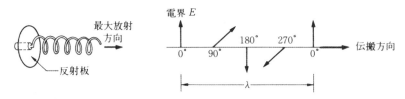

図2－4　ヘリカル・アンテナから放射される円偏波

　電波は送信アンテナから遠ざかるに従って次の種々の原因で減衰する。

(1)　電波が空間に広がっていくことによる当然の減衰。

(2)　大地による電波エネルギーの吸収や反射による減衰。

(3)　大気中の雨や霧などによる電波のエネルギーの吸収や反射による減衰。

(4)　電離層による電波のエネルギーの吸収や反射による減衰。

　このうち (1) の、電波が空間に広がっていくことによる当然の減衰のみがある空間（例えば真空中）のことを、**自由空間**（Free Space）と呼ぶ。

　〔アンテナ〕の章節では、もっぱらアンテナは自由空間にあるものとして述べる。

　〔電波伝搬〕の章節では主に大地、大気、および電離層などによる電波エネルギーの損失のある空間について述べる。

　電波の伝搬の仕方は全く複雑で、電波の周波数帯によって著しく異なる。**表2－1**に各種電波の伝搬の仕方の相違をとりまとめて示す。

　なお、マイクロ波については**表2－1**の分類のほかに、IEEE（米国電気電子学会）による周波数帯の分類もしばしば用いられる。いくつか例を挙げると、

L バンド：1～2GHz

S バンド：2～4GHz

C バンド：4～8GHz

X バンド：8～12GHz

Ku バンド：12～18GHz

表2-1　周波数の分類および伝搬特性

名称	周波数帯	周波数の範囲	波長の範囲	伝搬特性	主な用途
超長波	VLF	3kHz	100 km	年間を通じ減衰の少ない安定した伝搬をする。また時刻による変化も少ない。近距離は地表波で、遠距離は電離層による反射波で伝搬する。	潜水艦通信
長波	LF	30kHz	10 km	夜間伝搬はVLFと同様である。昼間は減衰がVLFより多くなる。また周波数が高くなるにつれて増す。季節や時刻による変化もVLFに比べて大きい。	ADF、ロランC長波標準電波船舶通信長距離固定局間通信
中波	MF	300kHz	1 km	減衰は夜間少なく、昼間に多くなる。また冬より夏が大きい。遠距離の通信はVLFやLFより変動が大きく不安定となる。また周波数が高くなるにつれてこの傾向が大きくなる。	AMラジオ放送ADF、ロランA船舶および陸上移動通信
短波	HF	3MHz	100 m	主に電離層反射波により伝搬するので、電離層の状態によって支配される。時刻や季節によって伝搬状態が大きく変わるので伝搬状態のよい周波数を用いる必要がある。	国際ラジオ放送アマチュア無線航空機HF通信その他、中・長距離の各種通信
超短波	VHF	30MHz	10 m	光の伝搬に近くなり、電離層をつきぬけるので、遠距離の通信はできなくなる。見通し距離内を直接波で伝搬する。	TV、FM放送、ELT、防災無線、消防無線、警察無線、コードレス電話、航空機VHF通信、VOR、マーカ、ローカライザ
極超短波／マイクロ波	UHF	300MHz	1 m	同　　　　上	TV(UHF)放送、グライド・パス、ATCトランスポンダ、タカン、DME、TCAS、SATCOM(航空機対衛星)、GPS、ELT、携帯電話、PHS、タクシー無線、防災無線、警察無線、コードレス電話、無線LAN
極超短波／マイクロ波	SHF	3 GHz	10 cm	同　　　　上	ウエザー・レーダー、ドプラー・レーダー、電波高度計、SATCOM(衛星対地上)、マイクロ・ウエーブ通信、放送番組中継、衛星放送、無線LAN
極超短波／マイクロ波	EHF	30 GHz	1 cm	同　　　　上	実用試験中電波天文、レーダー等
		300 GHz	1 mm		

2－4　半波長ダイポール・アンテナ（Half Wavelength Dipole Antenna）

　実際のアンテナの基礎となるのは、アンテナの全長が半波長である**半波長ダイポール・アンテナ**である。この2条の導線の中央に高周波電力を供給すると、**図2－5**に示すように電流が分布し、電気的共振状態となり、空間に電波が放射される。

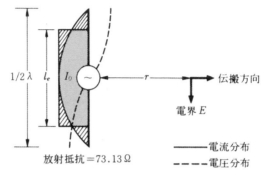

　　　　　　　　　　　1/2 λ　l_e　I_0　　　　　r　　伝搬方向

　　　　　　　　　　　　　　　　　　　　　電界 E

　　　　　　　　　　　　　　　　　　　　　　――――電流分布
　　　　　　　　　　　　　　　　　　　　　　－－－－電圧分布
　　　　　　　　　放射抵抗＝73.13Ω

図2－5　半波長ダイポール・アンテナからの放射

　大地から遠く離れたダイポール・アンテナから、水平方向に十分離れた点 r（m）に生じる最大放射方向の電界強度は、次の式であらわされる。

$$電界強度 \quad \left. \begin{aligned} E &= \frac{60\pi I_0 l_e}{\lambda r} \ (\mathrm{V/m}) \\ &= \frac{60 I_0}{r} = \frac{7\sqrt{P_r}}{r} \ (\mathrm{V/m}) \end{aligned} \right\} \quad \cdots\cdots\cdots\cdots\cdots (2-4)$$

$$実 \ 効 \ 長 \quad l_e = \frac{2}{\pi} l = \frac{\lambda}{\pi} \ (\mathrm{m})$$

$$放射抵抗 \quad R_r = \frac{P_r}{I_0{}^2} = 73.13 \ (\Omega)$$

　ここでは、l_e は、アンテナに一様に給電点電流 I_0 に等しい電流が流れたと仮定したときのアンテナの長さであり、**実効長**と呼ぶ。

　アンテナの放射電力を P_R（kW）、距離を R（km）であらわすと、式（2－4）は次式となる。

$$E = \frac{222\sqrt{P_R\,(\mathrm{kW})}}{R\,(\mathrm{km})} \ (\mathrm{mV/m}) \ \cdots\cdots\cdots\cdots\cdots\cdots\cdots\cdots\cdots (2-4)'$$

２－５　１／４波長接地アンテナ
（Quarter Wavelength Grounded Antenna）

今までは、アンテナは大地から遠く離れていると仮定していた。この仮定が成立しない場合には、大地の方向に放射されたエネルギーが大地により反射され、距離 r（m）における電界は図２－６のように直接波と反射波との合成となる。反射波は大地の反射によって生じると考えるよりも、地下にあるイメージ・アンテナから生じると考えたほうが計算が便利で、最大放射方向の電界強度は次式であらわせる。

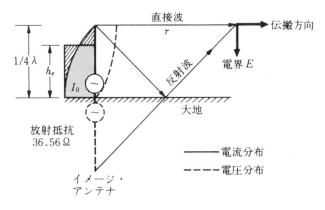

図２－６　1/4波長接地アンテナからの放射

電界強度　$\left.\begin{array}{l} E = \dfrac{120\pi I_0 h_e}{\lambda r}\ (\text{V/m}) \\[2mm] = \dfrac{60 I_0}{r} = \dfrac{9.9\sqrt{P_r}}{r}\ (\text{V/m}) \end{array}\right\}$ ·· (2 - 5)

実　効　長　　$h_e = \dfrac{\lambda}{2\pi}\ (\text{m})$

放射抵抗　　$R_r = \dfrac{P_r}{I_0^2} = 36.56\ (\Omega)$

ここで he は、アンテナに一様に給電点電流 I_0 に等しい電流が流れたと仮定したときのアンテナの長さで、実効高（Effective Height）と呼ぶ。

アンテナの放射電力を P_R（kW）、距離 R（km）とすると、式（2－5）は次式となる。

電界強度　　$E = \dfrac{313\sqrt{P_R\,(\text{kW})}}{R\,(\text{km})}\ (\text{mV/m})$ ····································· (2 - 5)'

　1/4 **波長接地アンテナ**を、共振周波数以外で使用し、アンテナ長が 1/4 波長より短くなる場合（l < 1/4 λ）には、図2−7（a）のように、アンテナ基部に**延長コイル** L_b を装荷する。アンテナ長が 1/4 波長より長くなる場合（l > 1/4 λ）には、図2−7（b）のように短縮コンデンサ C_b を装荷する。ダイポール・アンテナの等価回路はコイルとコンデンサの直列共振回路で表すことができ、このときの共振周波数は

$$f = \frac{1}{2\pi\sqrt{LC}}(\text{Hz})$$

である。直列共振回路については、講座9「航空電気・電子の基礎」6−7−1参照。ここにコイルを直列に挿入すると、コイルのリアクタンスが大きくなるので共振周波数が低くなる。従って共振時の波長が長くなり、電気的にアンテナが延びた状態になる。コンデンサを直列に挿入するとコンデンサのリアクタンスが小さくなるので逆の現象が起こる。このように装荷したリアクタンスとアンテナのリアクタンスを直列共振させることにより見かけ上アンテナの長さを調整できる。

　航空機の HF（短波）アンテナの共振周波数は約 14（MHz）付近で、使用周波数帯の中間にある。14（MHz）以下ではアンテナ長が 1/4 波長より短くなるので、アンテナ基部にアンテナ整合器を設置し、ここで延長コイルを装荷する。14（MHz）以上ではアンテナ長が 1/4 波長より長くなるので、逆に短縮コンデンサを装荷して使用している。

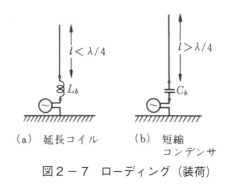

（a）　延長コイル　　（b）　短縮
　　　　　　　　　　　　　コンデンサ

図2−7　ローディング（装荷）

2−6　ループ・アンテナ（Loop Antenna）

　図2−8のような面積 S（m²）、巻数 n 回のループ・アンテナの**実効高**は、次式であらわされる。

$$\text{実　効　高}\qquad h_e = \frac{2\pi nS}{\lambda}\ (\text{m}) \qquad\cdots\cdots\cdots\cdots\cdots\cdots\cdots\cdots(2-6)$$

従って、ループ・アンテナの最大感度方向より到来する電波の電界の強さを E（V/m）とすれば、ループの両端に発生する電圧は次の式で求められる。

アンテナの起電力　　$V = \dfrac{2\pi nS}{\lambda} E = h_e E \ (\text{V})$ ・・・・・・・・・・・・・・・・・・・・・・・・・・・・・・・・・(2－7)

2－7　アンテナの指向性（Directivity of Antenna）

　アンテナの電波放射の方向特性を**指向性**という。電波を有効に利用するには、特定方向のみ指向性のあるアンテナを用いる。その特性の良さを示す指数として、**半値幅（Half Power Width）** がある。半値幅は最大放射方向を示すメイン・ローブの値に対して相対値が 0.707 倍（電力密度が 1/2 倍）になる値をもってあらわし、ビームの尖鋭度を示す。

　図2－9の例では、半値幅は 45°である。また、図2－8のループ・アンテナでは、ループ面の方向に最大感度点がある **8字特性（8-Shaped Directional Characteristic）** を示す。

　航空機用のアンテナは、全方向の地上局または航空機局とも交信が可能なように、水平面内は**無指向性**アンテナを使用している。ただし**気象レーダー**は、目標を的確にとらえるため半値幅約3°のペンシル・ビーム（Pencil Beam）を使用している。

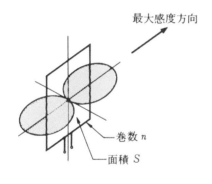

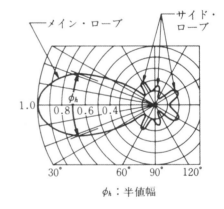

ϕ_h：半値幅

図2－8　ループ・アンテナ　　　　　図2－9　アンテナの指向性と半値幅

2－8　受信アンテナ（Receiving Antenna）

　今までは主にアンテナから電波を放射する送信アンテナについて考えてきたが、ここでは受信アンテナについて考えてみる。あるアンテナを送信アンテナとして使用したときと受信アンテナとして使用したときの特性は、実効長、放射抵抗、利得、指向性などそれぞれが全く同じとなる。これをアンテナの可逆性（Reversibility）と呼んでいる。

　電界強度 E（V/m）のところに置いた等方向性アンテナが、負荷に供給できる最大電力を**受信電力（Available Power）** といい、次の式で示される。

$$等方向性アンテナの \atop 受\quad 信\quad 電\quad 力 \qquad P_a = \frac{(l_e E)^2}{4R_r} = \frac{\lambda^2}{4\pi}\left(\frac{E^2}{120\pi}\right) = A_i W \text{ (W)}$$

$$\cdots\cdots\cdots\cdots\cdots (2-8)$$

λ：波長（m）
le：実効長（m）
R_r：放射抵抗（Ω）
Ai：等方向性アンテナの実効面積（m²）
W：ポインティング電力（W/m²）

注：等方向性アンテナとは、方向性がなくすべての方向に電波を一定強度で送受信できる仮想のア
　　ンテナである。実効面積とは、空間を流れる受信電波のエネルギーをどれだけ受信機に伝達で
　　きるかを面積で表わしたものである。
　　ポインティング電力とは、伝搬方向に直角な単位面積を通して流れる電磁エネルギーのことである。

この式は等方向性アンテナは、面積 $\lambda^2/4\pi$（m²）の面積を通過する電波の電力をすべて負荷に供
給することができると考えてよいことを示している。
　これを一般のアンテナに適用すると、

$$アンテナの受信電力 \qquad P_a = A_e G_a W \text{ (W)} \cdots\cdots\cdots\cdots\cdots\cdots\cdots (2-9)$$

A_e：アンテナの実効面積（m²）
G_a：アンテナの絶対利得

となる。損失のない線状アンテナの**実効面積**は、次の式で示される。

$$実\quad 効\quad 面\quad 積 \qquad A_e = \frac{30\pi}{R_r} l_e^2 \text{ (m²)} \cdots\cdots\cdots\cdots\cdots\cdots (2-10)$$

従って、半波長アンテナの場合は、

$$半波長アンテナの \atop 実\quad 効\quad 面\quad 積 \qquad A_e = 0.13\lambda^2 \fallingdotseq \left(\frac{1}{2}\lambda\right) \times \left(\frac{1}{4}\lambda\right) \text{ (m²)} \cdots\cdots\cdots\cdots (2-10)'$$

となり、$\lambda/2 \times \lambda/4$（m²）の面積の中の電波のエネルギーを吸収し、受信機に供給できるのが分かる。

2－9　アンテナの実例（Actual Samples of Antenna）

2－9－1　VLF（超長波）および MF（中波）アンテナ（VLF and MF Antenna）

　海外通信用に長波が使用されていたころには、長大な接地形アンテナが建設されたこともあった
が、長波通信がすたれてからは用いられることもなくなった。
　中波放送用アンテナは地表波伝搬を主に用いるので、地表で最大電界が得られ、かつ上方への電

波の打ち上げがない高さが0.53λ程度の接地形アンテナが用いられる。このアンテナの相対利得 G_h は3.2倍（5dB）程度である。実際のアンテナは図2－10に示すように、頂部に**容量環**を装荷し、高さを低く押さえた自立鉄柱アンテナが標準となっている。地上で中波を受信するには、フェライト・コア入りループ・アンテナや、ロング・ワイヤ・アンテナを用いている。

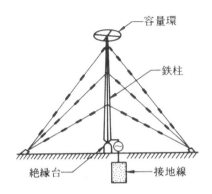

図2－10　中波放送用接地アンテナ（垂直偏波）

　航空機で200～400（KHz）帯のADF用電波を受信する場合、ADFの地上アンテナ（NDB）は無指向性なので、地上局の方向を探知するためには機上アンテナとして指向性アンテナが必要であり、そのためループ・アンテナが使用される。ループ・アンテナは非接地型であり、機体を接地板として使用する必要はない。また、ループ・アンテナの8字特性だけでは電波の到来方向が1つに決められないので、無指向性のセンス・アンテナと組み合わせて使用する。

2－9－2　HF（短波）アンテナ（HF Antenna）

　地上局のHF通信用アンテナは、半波長アンテナを基本とし、電離層伝搬を利用するHF帯では、**偏波面**に注意する必要がないので、垂直、水平のいずれの形でも用いられる。

　また、1波長アンテナを複数個組み合わせて、鋭い指向性をもったアンテナを使うこともある。

　航空機のHF通信用アンテナは機体全体を共振させる型のアンテナ（DC-10型機に使用されている）や、機体の一部を共振させて使用している図2－11（a）の**テイル・キャップ・アンテナ**（DC-8, DC-9型機に使用されている）や、同図（b）の**プローブ・アンテナ**（707, 727, 747型機に使用されている）や、**ロング・ワイヤ・アンテナ**（低速の小型機に用いられることが多い）などがある。また、近年の機種では垂直安定板の前縁にあるものが多い。これらのアンテナは、原理的には1/4波長接地型アンテナと考えてよい。

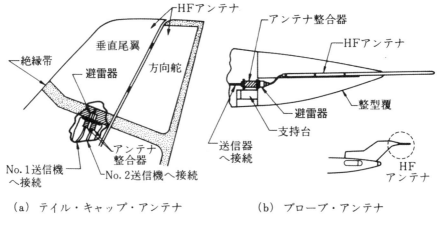

（a）テイル・キャップ・アンテナ　　　　（b）プローブ・アンテナ

図2－11　航空機用 HF（短波）アンテナ

2－9－3　VHF（超短波）アンテナ（VHF Antenna）

　地上局の VHF 通信用アンテナの基本は、1/4 波長のダイポール・アンテナであり、**図2－12** のブラウン・アンテナやスリーブ・アンテナなどが用いられる。

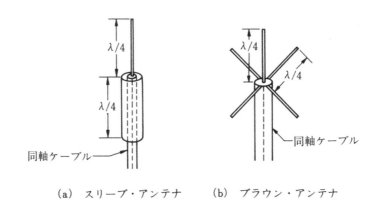

（a）スリーブ・アンテナ　　　（b）ブラウン・アンテナ

図2－12　VHF 通信用地上局アンテナ（垂直偏波）

　FM や TV などの送信アンテナには、**図2－13** のように半波長アンテナを2組十字形に配置して、おのおのに 90°位相の異なる電流を給電して、水平面内は無指向性で水平偏波を得る**ターンスタイル・アンテナ**を使用している。高利得が必要な場合には、これを何段か積み重ねて使用する。また、軍配形の素子を2枚十文字形に交差させたものに、おのおのに 90°位相の異なる電流を給電して用いる**スーパー・ターンスタイル・アンテナ**もよく用いられている。

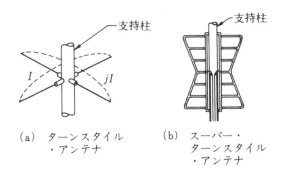

（a）　ターンスタイル
・アンテナ

（b）　スーパー・
ターンスタイル
・アンテナ

図 2 - 13　FM、TV 放送用アンテナ（水平偏波）

　FM や TV の受信には図 2 - 14 のような**半波長折り返しアンテナ**や、**八木アンテナ**が用いられる。
このアンテナの反射器は半波長よりやや長く、導波器は半波長よりやや短い。
このアンテナの最大相対利得は 25 倍（14dB）程度である。

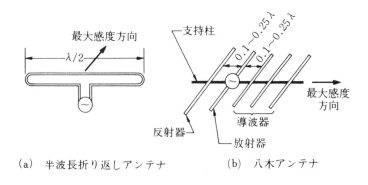

（a）　半波長折り返しアンテナ　　　　　　（b）　八木アンテナ

図 2 - 14　FM、TV 受信用アンテナ（水平偏波）

　超短波帯では航空機の寸法が波長に比べ十分に大きくなり、機体を大地と同じように利用できるよ
うになる。従って、図 2 - 15 に示すように大部分は **1/4 波長接地形アンテナ**となる。いずれの場
合もアンテナ長に比べ**輻射素子**を太くして広い帯域幅をもたせている。

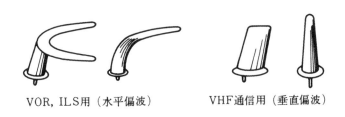

VOR, ILS用（水平偏波）　　　　　VHF通信用（垂直偏波）

図 2 - 15　航空機用 VHF（超短波）アンテナ

　乗客サービスのため機内でテレビを受信し、放映している。テレビの受信にはパラボラ・アンテナや、機内の窓に金属板を張りその一部を切り取った**スロット・アンテナ**（図2－18参照）等を使用している。

2－9－4　マイクロ波アンテナ（Microwave Antenna）

　マイクロ波の伝送には**導波管**が用いられる。そこで導波管の先端を徐々に広げた、**図2－16**のような**電磁ホーン**がアンテナの基礎となる。実際にはホーンの長さを波長に対して十分長くは作れないので高利得とはならない。そこで電磁ホーンは、**パラボラ・アンテナの1次放射器**として用いられる。

　パラボラ・アンテナは**図2－17**に示すような回転放物面の一部を反射鏡面として用いるアンテナで、その焦点に1次放射器が設けられている。このパラボラの特性を利用して、電波を鋭いビームに集中し大きな利得を得ている。

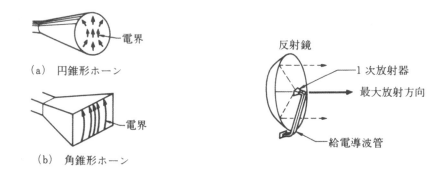

（a）　円錐形ホーン

（b）　角錐形ホーン

図2－16　電磁ホーン　　　　　　　　　図2－17　パラボラ・アンテナ

　図2－18に示すように、波長に対し十分大きな導体板に半波長の細長い穴（スロット）を開けたものを**スロット・アンテナ**という。このスロット・アンテナは、形が同じ大きさのダイポール・アンテナと同じ働きをする。

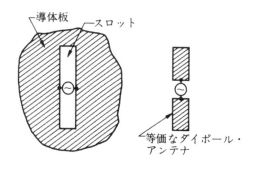

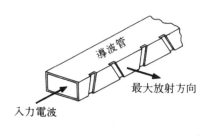

図2－18　スロット・アンテナ　　　　　　図2－19　スロット・アレー・アンテナ

実際には導波管に複数個のスロットを切った**図2－19**のような**スロット・アレー・アンテナ**を複数個並べ、鋭い**ペンシル・ビーム**や**ファン・ビーム**（扇状ビーム）を得ている。また**スロット・アレー・アンテナ**を数十本並べ、おのおのに位相差をもった電流を給電して、希望の放射パターンを得る**フェーズド・アレー・アンテナ**も使用されている。このフェーズド・アレー・アンテナの位相量をコンピュータで制御して、ビーム走査、放射パターンの変更を行うこともできる。

　航空機用のマイクロ波アンテナは、地上器用のアンテナを多少小型化したものが使用される。**気象レーダー**には従来はパラボラ・アンテナが使用されたが、今では**スロット・アレー・アンテナ**が用いられている。

２－９－５　航空機用アンテナ（Aircraft Antenna）

　航空機に用いられるアンテナは、電波を効率よく放射するとともに、飛行中の振動、風圧などに対し十分な強度をもっている。

　低速の小型機の電子装備品は、近距離の飛行に不可欠な2組のVHF通信装置、1組のADFシステム、1組のVOR／ローカライザおよびグライドスロープ装置、マーカー装置などで、低速機の場合はアンテナを機外に取り付けても、さほどの空気抵抗とはならないので、**図2－20**のように、ADFセンス・アンテナは機外に**ワイヤ・アンテナ**を張っている。ADFループ・アンテナやマーカー・アンテナは**埋め込み型アンテナ**である。VHF通信用アンテナは、アンテナ効率の関係から機外に突き出した**ブレード型アンテナ**で、VOR／ローカライザやグライドスロープ・アンテナも機外に突き出した形となっている。

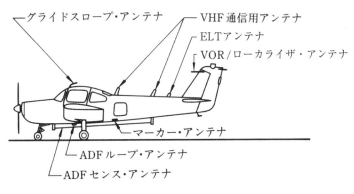

図2－20　小型機のアンテナ配置図

　大型機のアンテナ配置の例として、767型機をとり上げ**図2－21**に示す。高速の大型機では機外に突き出したアンテナは大きな空気抵抗となるので、できるだけ埋め込み型を採用するかレドームで覆われている。VHF通信用アンテナは小型機の場合と同じような理由で、ブレード型アンテナを使っている。マイクロ波を使用するATCトランスポンダやDMEアンテナも、機外に突き出したブレード型であるが、これは高さ2～3（in）の小型アンテナなので抵抗が少なく問題にはならない。

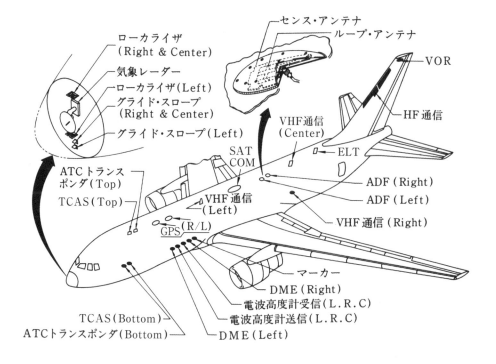

図2−21　767型機のアンテナ配置

同じマイクロ波を使用する電波高度計のアンテナは、機体下部に埋め込まれている。気象レーダー・アンテナ、ローカライザとグライドスロープ・アンテナは、機首のレドーム内に納められている。VOR アンテナ、HF 通信アンテナなどは、垂直安定板の中に埋め込まれ空気抵抗とならないように配慮されており、ADF はセンス・アンテナとループ・アンテナが1組にまとめられ、胴体中央上部に埋め込まれている。

2−10　給電線と整合装置（Feeder and Matching Circuit）

　アンテナと送信機を結び高周波電力を伝送する回路を**給電線（Feeder）**という。TV のフィーダーでよく分かるように、給電線には同軸ケーブルや平行2線式フィーダーなどが用いられるが、その特性は簡単な抵抗ではなく、インダクタンスやキャパシタンスが1（m）ごとに分布している**図2−22**のような**分布定数回路（Distributed Constant Circuit）**とみなされている。

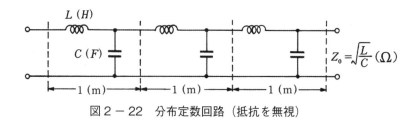

図2−22　分布定数回路（抵抗を無視）

　この回路の性質を示すのに**特性インピーダンス**（Characteristic Impedance）という用語が用いられており、

$$特性インピーダンス \qquad Z_0 = \sqrt{\dfrac{L}{C}}\ (\Omega) \quad \cdots\cdots\cdots\cdots\cdots\cdots\cdots\cdots\cdots\cdots\cdots (2 – 11)$$

であらわされる。同軸ケーブルには特性インピーダンス 75（Ω）と 50（Ω）の 2 種類があり、平行 2 線式フィーダーの特性インピーダンスは 300（Ω）である。

　送信機にアンテナを接続せず給電線だけを接続して電波を発射すると、**図 2 – 23**（a）のように負荷側を開放したことになるので、負荷端の電圧が最大に、電流がゼロとなる。また、負荷端を短絡した場合は負荷端では電圧がゼロに、電流が最大に達し、これらは $\lambda/4$ ごとにゼロと最大がくり返されて、送信機側に反射波として伝わってくる。このような給電線上の電圧電流の分布を定在波という。同図（a），（b）いずれの場合でもアンテナから高周波電界は放射されない。次に、給電線の特性インピーダンス Z_0 とアンテナの放射抵抗 Z_i が等しい場合には、同図（c）のように給電線上の電圧・電流の分布はなめらかになり、最大電力がアンテナから放射される。従って、アンテナの放射抵抗に合わせ給電線の特性インピーダンスは、50（Ω），75（Ω），300（Ω）などの種類があり、それぞれ使い分けられている。VHF 通信系統のように使用する周波数帯が狭い場合はアンテナの放射インピーダンスは一定しているが、HF 通信系統のように周波数帯が広い場合はアンテナの放射インピーダンスが変わり、給電線とアンテナが整合（Matching）しなくなる。そこでアンテナの基部に LC 回路を設け、給電線側より見たアンテナの放射インピーダンスが常に一定になるように調整する回路を、**整合回路**（Matching Circuit）という。地上の放送局などでは、きびしくアンテナと給電線の整合をとり、有効に電力を放射しているが、航空機の場合は取り扱う電力が少ないのでアン

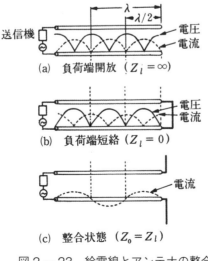

図 2 – 23　給電線とアンテナの整合

テナとフィーダーの整合はあまり問題にしておらず、整合回路を用いるのは HF 通信系統のみである。

　整合の程度を表わすものとして、電圧定在波比（VSWR：Voltage Standing Wave Ratio）がある。前述のように、給電線の特性インピーダンスとアンテナの放射抵抗が等しくない場合、信号の反射が生じ、進行波と反射波により定在波ができる。この定在波の最大電圧と最小電圧の比が VSWR である。反射係数を ρ とすると、VSWR $=(1+|\rho|)/(1-|\rho|)$ で表わされる。整合が取れている場合、反射はなく $\rho=0$ となり、VSWR は最小値 1 となる。

　同軸ケーブルのような不平衡回路から平行2線フィーダーのような平衡回路への接続点には、整合をとるため**平衡－不平衡変換回路（Balanced to Unbalanced Transducer：バラン）**が必要で、各種のバランを図2－24に示す。同図（a）は1次コイルの中心点を境にして逆方向に巻いたバランで、相互インダクタンス M を変えることにより変換比を変えることができる。同図（b）はテレビなどによく用いられるフェライト・コアにコイルを巻きつけたバランで、変換比は 1：4 となる。同図（c）は同軸ケーブルを使用して $\lambda_g/2$ の長さのう回路を付加したバランで、変換比は同じく 1：4 となる。λ_g は同軸ケーブル内の波長で空気中の波長の約 70% 程度である。

（以下、余白）

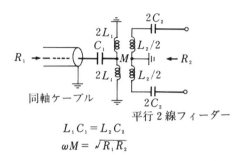

$$L_1 C_1 = L_2 C_2$$
$$\omega M = \sqrt{R_1 R_2}$$

(a) 集中定数によるバラン

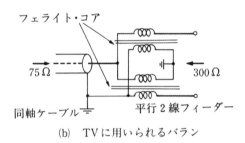

(b) TVに用いられるバラン

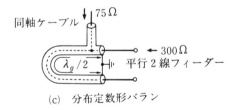

(c) 分布定数形バラン

図2－24 各種のバラン

2 − 11　地上波の伝搬（Transmission of Ground Wave）

　大地上を伝搬する電波のうち、大気の影響を無視できる範囲の伝搬を地上波伝搬といい、**直接波・大地反射波・地表波**として伝搬する。

　直接波は送信アンテナから**見通し距離**内にある受信アンテナに直接伝搬する電波である。**大地反射波**は送信アンテナから大地に反射した電波が、受信アンテナに伝搬する電波である。VHF帯やUHF帯では、送信および受信アンテナが見通し距離内にある場合は**図2 − 25**のように直接波と大地反射波の両方が受信アンテナに到達しお互いに干渉を生じる。これはテレビ放送の電波が建物などからの反射波と、直接波が受信アンテナに到達し、**ゴースト**を生じる現象として知られている。

　地表波は大地表面に沿って伝搬していく電波で、大地でエネルギーが消費されて減衰する。この地表波には次のような特長がある。

(a)　周波数が低いほど減衰が少ない。

(b)　海上伝搬と陸上伝搬では、海上伝搬のほうが減衰が少ない。

(c)　水平偏波より垂直偏波は減衰が少ない。

　中波のラジオ放送が、この地表波を利用している例である。

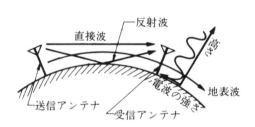

図2 − 25　地上波の種類

2 - 12　対流圏波の伝搬 （Transmission in Troposphere）

　対流圏は地表より 11 （km） までの間で大気の対流現象があり、気象変化が見られる範囲を指す。VHF 以上で伝搬通路が長くなると、気圧、気温、湿度の影響を受けるようになる。

2 - 12 - 1　見通し距離 （Optical Distance）

　自由空間では電波は直進する。しかし地球は球形のため地平線以上の距離には達しない。図2 -26 では、送信アンテナの高さを h_t （m）、受信アンテナの高さを h_r （m） とすると、**光学的見通し距離**は、次の式となる。

$$D = \sqrt{2r}\left(\sqrt{h_t} + \sqrt{h_r}\right) = 3.57\left(\sqrt{h_t} + \sqrt{h_r}\right) \text{（km）} \cdots\cdots\cdots\cdots\cdots\cdots (2 - 12)$$
$$\text{地球半径 } r \doteqdot 6,378 \text{（km）}$$

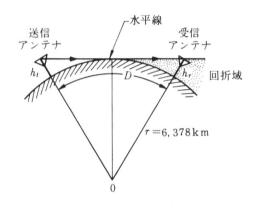

図2 - 26　見通し距離

2 - 12 - 2　大気中での電波の屈折 （Refraction of Radio Wave in Air）

　大気中を電波が通過する際の屈折率は、地表では大きく、上空に行くほど小さくなる。そのため対流圏では、電波は直進しないで少し地表に近づくように**屈折**する。それにより、式 （2 - 12） で示した光学的見通し距離より、実際はもう少し遠方まで届き、**電波見通し距離**は次の式であらわされる。

$$D = \sqrt{2kr}\left(\sqrt{h_t} + \sqrt{h_r}\right) = 4.12\left(\sqrt{h_t} + \sqrt{h_r}\right) \text{（km）}$$
$$= 2.22\left(\sqrt{h_t} + \sqrt{h_r}\right) \text{（海里）} \Bigg\} \cdots\cdots\cdots\cdots (2 - 13)$$
$$\text{等価地球半径係数 } k = 4 / 3$$

　このように電波は大気中でほぼ一定の曲率で湾曲するので、等価的に地球の半径を k 倍し、電波は直進すると考えることができる。ここで k を**等価地球半径係数** （Equivalent Earth Radius Factor）

と呼び、標準大気では　$k = 4 / 3$である。

例題2－1

(1) 航空機のVHF（超短波）通信で、高度 33,000 ft（約 10,060 m）において、航空機からの見通し通信距離を求めよ。ただし地上局のアンテナの高さは無視する。

(2) また航空機のVHFアンテナは、1/4波長接地アンテナで 25（W）の電力を放射しているとき、見通し通信距離での電界強度を求めよ。ただし大気による電波の減衰は無視する。

解答：

(1) 式（2 - 24）より見通し通信距離は

$$D = 4.12\left(\sqrt{h_t} + \sqrt{h_r}\right) = 4.12\left(\sqrt{10,060}\right) \fallingdotseq 413 \,(\mathrm{km})$$

(2) 1/4波長接地アンテナの最大放射方向の電界強度は、式（2 - 5）より

$$E = \frac{9.9\sqrt{P_r}}{r} = \frac{9.9\sqrt{25}}{413 \times 10^3} = 0.12 \,(\mathrm{mV / m})$$

（解答終わり）

2－12－3　対流圏での異常伝搬（Abnormal Transmission in Troposphere）

　対流圏では気象は絶えず変化しており、寒冷前線や温暖前線などの不連続線が発生している場所では、ある高さの所で温度と湿度が逆に高くなっている所がある。これを**逆転層**と呼ぶ。

　電波がこの逆転層を通過するといろいろな異常伝搬を起こす。図2－27（a）は大気の屈折率が一様に変化して、電波の通路の曲率と同じになった場合で電波は遠方まで届き電界強度も強くなる。**図2－27**（b）は地表より高さhまで逆転層が生じた場合で、電波は不連続面で屈折され、見通し外まで伝達する。**図2－27**（c）は逆転層の発生の仕方がはげしい場合で、電波は不連続面の間を上下に反射しながら伝わり、非常に遠方まで伝わる。このようにして電波が伝わる層を、**ラジオ・ダクト（Radio Duct）**と呼ぶ。

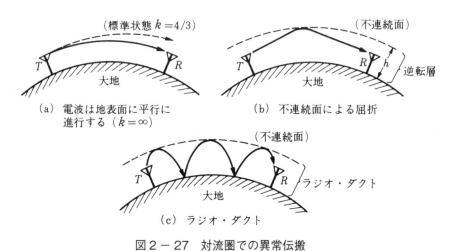

(a) 電波は地表面に平行に進行する（$k = \infty$）

(b) 不連続面による屈折

(c) ラジオ・ダクト

図2－27　対流圏での異常伝搬

2 - 13 電離層波の伝搬 (Transmission of Ionosphere)

2 - 13 - 1 電離層 (Ionosphere)

電離層とは太陽が放射する紫外線、X 線などによって、地球の上層空気が電離された領域をいう。

電離層の電波に及ぼす影響は、電子密度によって左右される。電離層は、図2 - 28 に示すように、地上約 60 ～ 80 (km) の付近に D 層が、約 110 (km) 付近に E 層が存在する。地上約 200 ～ 400 (km) 付近には常時 F_2 層が存在し、約 160 ～ 260 (km) 付近には日中 F_1 層があらわれる。また E 層とほぼ同じ高さに、特に電子密度の高い**スポラディック E 層** (E_s 層) が、夏期によく出現する。図2 - 28 でも容易に分かるように、電離層の電子密度は太陽の活動と密接な関係がある。

VLF (超長波)、LF (長波) 帯の電波は、昼間は D 層で夜間は E 層下部で反射し、大地と電離層間をちょうど導波管中の電波と同様なモードで伝搬する。

MF (中波) 帯の電波は、昼間は D 層が減衰層として働き、電離層からの反射はほとんどない。夜間 D 層の電子密度が減少したとき、E 層または F 層で反射される。

HF (短波) 帯の電波は D, E 層を突き抜け、F 層で反射される。従って短波帯の電波伝搬は、電離層の影響を強く受ける。

VHF (超短波) 帯以上では電離層を突き抜けてしまう。

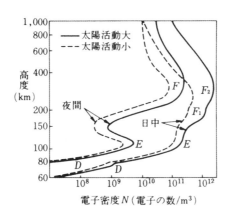

図2 - 28 電離層の高さと電子密度

2 - 13 - 2 臨界周波数 (Critical Frequency)

地上から上空に向かって垂直に電波を発射すると、周波数が低いときは電離層で反射して再び地上にもどってくる。発射周波数をだんだん高くすると、ある周波数以上では電離層を突き抜けてしまい、反射がなくなる。このように垂直入射波に対して、反射が起きなくなる限界の周波数を、**臨界周波数** f_C という。臨界周波数は、電離層の電子密度の平方根に比例するので、太陽活動の大小や昼夜で変化するが $f_C E$ (E 層の臨界周波数) は約 3.5 (MHz)、$f_C F_2$ (F_2 層の臨界周波数) は約 8 (MHz) 程度である。

2-13-3　最高使用周波数（Maximum Usable Frequency）

　図2-29のように電波が電離層に斜めに入射する場合は、周波数が臨界周波数より高くても反射されてくる。

　最高使用周波数 f_{max} と臨界周波数 f_c との間には、次の関係がある。

最高使用
周　波　数
$$f_{max} = f_c \sec \theta = f_c \frac{1}{\cos \theta} \text{ (MHz)} \quad\dots\dots\dots\dots\dots\dots\dots\dots (2-14)$$

　例えば入射角 $\theta = 60°$ の場合、臨界周波数の2倍の周波数まで使える。

　図2-29のように、簡単に大地、電離層とも平面とみなした場合、送受信点間の距離 D と電離層の見掛けの高さ h' とが分かると最高使用周波数は

最高使用
周　波　数
$$f_{max} = f_c \sec \theta$$
$$= f_c \sqrt{1 + \left(\frac{D}{2h'}\right)^2} \text{ (MHz)} \quad\dots\dots\dots\dots\dots\dots\dots\dots (2-14)'$$

で求められる。

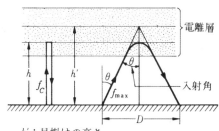

h'：見掛けの高さ
f_c：臨界周波数
f_{max}：最高使用周波数（MUF）
D：送受信点間の距離

図2-29　臨界周波数と最高使用周波数

例題2-2

　送受信点間距離 2,000（km）、F_2 層の見掛けの高さ 350（km）、臨界周波数 $f_c F_2$ 8（MHz）のとき、最高使用周波数を求めよ。

解答：

$$f_{max} = f_c \sqrt{1 + \left(\frac{D}{2h'}\right)^2} \qquad\qquad より$$
$$= 8.0 \sqrt{1 + \left(\frac{2,000}{2 \times 350}\right)^2} = 24.2 \text{ (MHz)}$$

（解答終わり）

2 - 14 電波伝搬の実際（Actual Radio Wave Transmission）

2 - 14 - 1 VLF（超長波），LF（長波），MF（中波）の伝搬
　　　　　　（Transmisson of VLF, LF and MF）

　この周波数帯では、大地と電離層（D層）間に反射して 10,000（km）あまりも伝搬する。VLF の遠距離での伝搬速度は、電離層の高さが大きく変化する日の出、日没時に急変する。

　LF（長波）や MF（中波）を利用する**無線航法援助施設**の1つに **ADF**（自動方向探知機）がある。ADF は航空機に設置したループ・アンテナとセンス・アンテナを組み合わせて電波到来方向を測定する装置で、200 ～ 415（kHz）の電波を利用している。ADF 用の電波を発射している地上局を **NDB**（無指向性ラジオ・ビーコン）と呼ぶ。

　地表波の伝搬速度は、陸上に比べて海上では 2 ～ 3% 程度速い。従って陸上から到来する電波を海上で測定する場合、電波は海岸線に近づく方向に屈折し方向誤差を生じる（**海岸線誤差**）。この誤差は周波数が高くなるほど大きくなるが、実用上気にしなくてもよい。

　また夜間 D 層の電子密度が減少し、E 層や F 層での反射のため受信電波に水平偏波成分が含まれる場合には、ループの判別機能が低下し、消音点が不鮮明になり誤差を生じることがある（**夜間誤差**）。ADF では NDB 以外にも中波の放送局を受信し、放送局の方位を知ることができるが、誤差は周波数が高くなるほど大きくなる。ADF の誤差は NDB が機首方向にあるとき、± 2 ° 程度である。

2 - 14 - 2 HF（短波）の伝搬（Transmission of HF）

　HF の伝搬はもっぱら電離層の反射によって伝搬し、地表波による伝搬は数十キロメートルしか期待できない。しかし電離層の反射を利用した伝搬では、4,000（km）以上の長距離通信も可能である。しかし HF の伝搬は、電離層の状態によって大きく変わる。

a. スキップ・ゾーン（Skip Zone）

　臨界周波数 f_c より高い周波数の電波で、図 2 － 30 の①のように高角度で放射された電波は、電離層をつき抜けてしまう。式（2 - 14）を満足する角度（**臨界角**）で発射された電波②は、電離層で反射して地上にもどってくる。すなわち地上で受信できるのは、B点より遠方のみとなる。

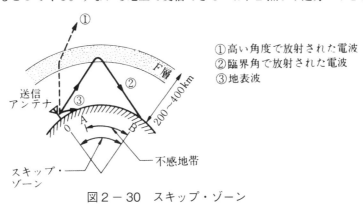

図 2 － 30　スキップ・ゾーン

　アンテナの位置0とB点の距離を、**スキップ・ゾーン**と呼ぶ。なお地表波③がA点まで届くとすれば、A，B点間では電波を受信できず**不感地帯**となる。F_2層の臨界周波数が8（MHz）ならば、それ以下の周波数では不感地帯は生じないが、それ以上ではスキップ・ゾーンは1,000 〜 2,000（km）程度となる。

b. フェージング（Fading）

　HF（短波）を受信していると、音量が変化したりゆがんだりする。この現象をフェージングといい、次のような種々の現象によって生じる。

(1) 干渉性フェージング（Interference Fading）

　送信アンテナから発射された電波が、2つ以上の異なった経路を通って受信アンテナに到達しているとき、その1つの経路の変動のため到達時間に差異が生じ、受信点で合成された電界強度が変化することによって生じるフェージングである。

(2) 吸収性フェージング（Absorption Fading）

　電離層で電波が反射したり、通過したりするとき減衰するが、この程度が変動することによるフェージングで、周期は比較的長い。

(3) 偏波性フェージング（Polarization Fading）

　電波が電離層で屈折や反射するとき、偏波面が変化することによるフェージングである。

(4) 跳躍性フェージング（Skip Fading）

　スキップ・ゾーン付近で、電離層のわずかな変化で電波が到達したりしなかったりするフェージングである。各種のフェージングに共通して、周期は長い場合は20 〜 30分、短い場合は秒単位である。このフェージングの周期は、電波の周波数が高くなるほど速くなる。このフェージングを防止する目的で、数波長離れた受信点で2基のアンテナと2基の受信機で受信し、その出力を選択または合成して、少しでもフェージングを防止することが行われている。これを**空間ダイバーシティ**（Space Diversity）という。

c. デリンジャー現象（Dellinger Phenomenon）

　デリンジャー現象とはHFの伝搬で、突然電界強度が低下し、または消失する現象である。早ければ20 〜 30分で回復し、遅くとも数時間で回復する。原因は太陽の爆発によって、多量の紫外線が放出され、E層以下の電子密度が上昇し、HF帯の電波がE層に吸収されてしまう現象である。この現象は、夜間にはあらわれることがなく、周波数が低いほど影響は大きく、20（MHz）以上はほとんど影響を受けない。

d. 磁気嵐（Magnetic Storm）

　磁気嵐とは太陽から放出される荷電粒子が**極光帯**（Aurora Zone）に集中し、地磁気を乱す現象である。それにともなって**電離層嵐**が発生し、主にE層が影響を受け、正常な電波の電離層反射が行われなくなる。この継続時間はかなり長く、数日間続くこともある。極地で発生した電離層嵐は、徐々に中緯度地方に伝わってくる。

e.　スポラディック*E*層（Sporadic *E* Layer）

*E*層の臨界周波数は3.5（MHz）程度であるが、この*E*層と同じ高さの所に突然臨界周波数が10〜15（MHz）になる層があらわれることがある。これを**スポラディック*E*層**と呼ぶ。これが発生すると送信点から500〜2,000（km）の範囲の電界強度が強くなり、容易に通信できるようになる。

　航空機ではHF帯（2.850〜18.350MHz）を**航空交通管制**や業務用の遠距離通信に用いている。地上局間ではスキップ・ゾーンが生じるが、航空機では約500（km）以内は見通し通信距離となり、スキップ・ゾーンはほとんど生じない。従来は両側波帯通信方式（DSB）を使用していたが、電波の有効利用の面から、単側波帯通信方式（SSB）に移った。

2－14－3　VHF（超短波）およびマイクロ波の伝搬（Transmission of VHF and Microwave）

　この周波数の伝搬は、主に**直接波**による**見通し距離内伝搬**である。この周波数帯では対流圏大気による影響のほかに、雨、霧、雲による減衰を受ける。雨、霧、雲による減衰は、周波数が高くなるほど大きい。

　この原理を応用したのが**気象レーダー**で、航空機では5,400（MHz）（Cバンド）と9,375（MHz）（Xバンド）の2種類の気象レーダーが使用されている。雨や雲による減衰はCバンドの方が少なく、対流圏内の伝搬損失もCバンドの方が少ない。従って、雨域の奥ゆきの深さや手前の雨域を透過して、その背後にあるさらに強い雨域を観測するには、Cバンド・レーダーが適している。しかし小雨やうす雲まで観測するにはXバンド・レーダーが適しており、同じ大きさのアンテナを使用すると、Xバンド・レーダーの方が波長が短いので分解能力がよく、雨や雲の切れ目を見つけやすい利点がある。但し、現在は航空機搭載用気象レーダーは、X-Bandがほとんどである。

　見通し距離以上の地点にも、VHFやマイクロ波の電波が到達することがあり、これを一般に**見通し外伝搬**（Beyond the Horizon Propagation）と呼び、次のような伝搬の仕方をする。

a.　山岳回折伝搬

　電波の通路上に山岳があると、陰の部分は電界が急激に低下するが、条件によっては、山頂による回折によって強い電界が生じることがある。回折伝搬はフェーディングが少なく安定した通信ができる。

b.　対流圏散乱伝搬

　大気は常に変動しており、これに電波が当たると電波は散乱し、見通し距離外まで伝搬する。

　このほかにラジオ・ダクト（Radio Duct）による伝搬や、**スポラディック*E*層による反射伝搬**、**流星による散乱伝搬**などがある。

　航空機では、近距離の航空交通管制や業務通信のため雑音が少なく、安定した通信を行えるVHF帯（118〜136MHz）を使用している。

第 3 章　通信システム

概要（Summary）

　電波はラジオ、テレビ、FM 放送、衛星中継などで日常生活になくてはならないものになっているが、各人が勝手な使い方をしては混乱し障害となるので、各国は法律によって電波の利用ルールを定めている。電波は海をこえて大陸間にも伝わるため、各国間でも使用規則を定めておかなければならず、各国間の調整は ITU（International Telecommunication Union；国際電気通信連合）が行っており、各国が使用できる周波数と、その使用目的を国際電気通信条約で定めている。従って、日本とアメリカでは FM 放送の周波数帯が異なったり、テレビ放送チャンネルの周波数割り当てが違ったりしている。ITU で定めた航空業務用に使える周波数でも、各国が無秩序な使い方をすれば国際線の運航上支障をきたすので、航空機の電波利用に関しては ICAO（International Civil Aviation Organization；国際民間航空機関）が調整の役割を果たし、国際民間航空条約の第 10 付属書（Annex10）で、航空通信と航空無線航法援助施設の標準方式、および運用方法を定めている。

　そのため、地上装置も機上装置もすべて標準方式で製作され維持管理されているので、どの国籍の航空機が、どの国の管制圏に入っても、全く同じサービスを受けることができるようになっている。これは例えば、テレビがアメリカや日本が NTSC 方式、ヨーロッパが PAL 方式、フランスとロシアが SECAM 方式であるように、各国によってその方式が異なるのと大きな違いがある。ICAO が通信および航法援助装置として標準方式を定めている主なものは、次の装置である。

(a)　VHF（超短波）通信システム

(b)　HF（短波）通信システム

(c)　セルコール・システム

(d)　衛星通信システム

(e)　データ・リンク通信システム

(f)　救命無線機（ELT）

(g)　自動方向探知機（ADF）と無指向性ラジオ・ビーコン（NDB）

(h)　超短波全方向性無線標識（VOR）

(i)　計器着陸装置（ILS）

(j)　距離測定装置（DME）

(k) ２次監視レーダ（SSR）とATCトランスポンダ

(l) 衝突防止装置（ACAS（TCAS））

(m) 全地球航法衛星システム（GNSS（GPS））

航空機に搭載する各装置の満たすべき技術基準は、やはり国際的に統一されており、RTCA（Radio Technical Commission for Aeronautics；アメリカ航空無線技術委員会）がその基準を作っており、日本からもこの委員会に参加している。われわれの日常生活に密着したテレビを例にとれば、RTCAはテレビ受信機の技術基準を示しているわけで、テレビ・メーカーは各自独創性や特性を競って、いろいろな形やデザインのテレビを作って売り出せるわけで、消費者は好みの製品を求めることができる。ところが、航空機メーカーや航空会社にとっては、A社の製品を取り付けると、型や大きさの違うB社の製品が適合しなかったり、操作方法も異なるというのでは困ってしまうので各装置の形状、重量、配線方法など細かく規定して、一般の電球やけい光灯のようにどのメーカーの製品でも自由に選択し取り付けられるよう、米国の通信サービス会社であるARINC（Aeronautical Radio Inc）の中の、機体製造メーカー、機器メーカー、航空会社などで構成されるAEEC（Airlines Electronic Engineering Committee）という委員会で、機器の設計、製造基準まで細かく定めたARINC規格を作り、機器の互換性を保っている。従って、国際民間航空条約の第10付属書で定めた搭載機器類は、どのメーカーのものでも航空会社は自由に選んで使用できるようになっている。最近ではこの考え方がさらに広がり、航空機で使用される多くの電気、電子機器はARINC規格に基づいて作られるようになっている。

機器が国際規格にのっとってつくられていても、勝手な使い方をしていては、いたずらに混乱を招くもとになるので、通信、航法機器の使用目的も厳密に定められている。特に通信機器の使用目的は、

(a) 航空交通管制のための通信（管制機関との通信）

(b) 運航管理のための通信（所属する航空会社との通信）

(c) 遭難通信、緊急通信（救難機関との通信）

に限定されている。

航空業務用に割り当てられている数少ない電波を有効に使用するため、航空通信の中のVHF通信およびHF通信では1つの周波数を送受信に使っている。従って、相手側が送信中の場合は自分は受信に、相手側が話し終わってからこちらが送信して相手側が受信にまわるという片通話方式がとられている。これは無線送信機のマイクについている送話ボタンを押すと送信側に切り替わるため**プレス・ツー・トーク（Press to Talk; PTT）方式**と呼んでいる。1つの周波数を使った片通話方式であることを正しくあらわすには、1チャンネル単信（Single Channel Simplex; SCS）方式と呼ぶ。

航空機の無線通信では相手側の呼び出しは音声で行われるので、管制機関のコントローラや航空会社のディスパッチャーは常時通信をモニターしている。

機上で通信を常にモニターするのは大変なのでセルコールと呼ばれる選択呼び出し装置をつけている。セルコールは各航空機に4文字の符号（電話番号のようなもの）をつけて、地上からまず符

号を送信し相手機を呼び出す。相手機が音声で応答してきてから通信を始める。全世界の航空機の
セルコール符号の割り当ては ARINC が行っている。

　航空機や船舶は、ともに人や貨物の輸送手段であるが、その運航管理面では大きく異なっている。
船舶は自由に公海上を航行して目的地に向かえるが、航空機はあらかじめ管制機関にフライト・プ
ランを提出し事前の承認を得なければ飛行できない。各国は国際民間航空条約によって管理する管
制圏が定められていて、その範囲は太平洋などの洋上にも及んでおり政府機関が統轄している。

　航空会社は所属する航空機と運航管理のための通信を行っている。この通信はあくまで航空機の
運航に必要な通信に限られており、公衆通信としては使えない。国内を飛行中の航空機との通信は、
航空会社の基地局より山頂にある VHF 無線局をリモート・コントロールして直接 VHF による通
信が可能である。国外を飛行中の航空機との通信は、極東地区ではホンコン・ドラゴン局、ファル
コン・バーレン局、欧州地区ではスピードバード・ロンドン局、ストックフォルム・ラジオ局、米
国地区では ARINC 局など、HF 航空無線業務を取り扱う地上局が通信回線を設定して通信の代行
を行い、内容をテレタイプまたは国際電話回線を使って航空会社の基地局に連絡してくるように
なっている。

　航空機と管制機関や航空会社との間には VHF、HF、衛星通信を利用したデータ・リンク・シス
テム（ACARS）があり、運航に必須な情報が人手を介さずに自動送受信されている。ACARS に
関しては第 7 章で述べる。

　周波数選択には各種の方法があるが、図３－１がアナログ Tuning 方式の機体で比較的多く用い
られている 2 out of 5 方式の例である。例えば、コントロール・パネルにある周波数設定ノブで 2 チャ
ンネルを選ぶと、ABCDE の 5 本の信号機のうち A と C が接地し 3 を選ぶと B と C が接地する。ど
の信号線が選ばれて接地するかは、表３－１に示しておく。図３－１の状態は 2 チャンネルが選ばれ、
無線機器内の周波数設定回路が 2 チャンネルを選んでいる状態である。この状態で 3 チャンネルを
選ぶと信号線 B が接地するため、モータは矢印の方向にウエハーの B 端子が開放するまで回転する。

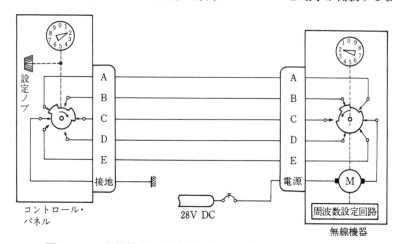

図３－１　無線機器の周波選択方法（2 out of 5 方式）

表3－1　2 out of 5 のコード表

	0	1	2	3	4	5	6	7	8	9 チャンネル
A		X	X						X	X
B	X	X		X	X					
C			X	X		X	X			
D					X	X		X	X	
E	X						X	X		X

信号線
コントロール・パネルでは X 印の付された端子は接地される。
無線機器では X 印の付された端子はモーターの下流の共通端子
より開放される。

3－1　VHF 通信システム（Very High Frequency Communication System）

　空港の管制塔から航空機に離陸、着陸の許可を与えたり、飛行中の航空機に管制機関の指示や航行に必要な情報等及び航空会社の関連部門と航空機間で運航に必要な情報等を提供するために VHF（超短波）通信システムが用いられている。

　VHF 帯の電波伝搬は前章で述べたように直接波による見通し距離内伝搬であるため、通達距離は飛行高度によって異なり、約 200nm 程度である。これではあまりに通達距離が短いので対流圏における散乱伝搬を利用した大電力の ER（Extended Range：遠距離）VHF 局があり、約 350nm の通達距離が得られる。

　VHF の周波数は ICAO では 118.00 から 136.975MHz が勧告されている。周波数間隔は 25KHz

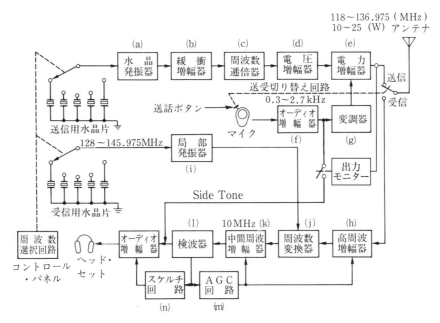

図3－2　航空機用 VHF 送受信機系統図

間隔で760チャンネルまたは、8.33KHz で 2,280 チャンネルが割り当てられている。航空機の送信機の出力は10〜25W程度である。

　変調方式はAM（振幅変調）の両側波帯通信方式を用いている。機上装置はアンテナ、送受信機、周波数選択装置で構成され、パイロットはフライト・インタホン用のマイク、ヘッドホン／スピーカを使用して送受信を行う。大型機では3重装備が普通であり、3系統独立して作動する。

　航空機用VHF無線送受信機は、図3−2に示す回路で構成されている。この回路は送受信機の基本回路であるので、回路の機能を述べることにする。

3−1−1　VHF送受信機の基本回路（VHF Transceiver Internal Circuit）

(a)　水晶発振器（Quartz Oscillator）

　コントロール・パネルで設定された周波数が、VHF送受信機に伝えられ、図3−1に示した回路によって送受信機内の周波数選択回路が水晶片を選び出す。航空機に用いる無線送受信機では、安定した電波を発射するために水晶発振器が用いられる。水晶片から直接VHF帯の電波を得るには水晶片が小さくなりすぎて無理なので搬送波の1/3とか1/5とかの安定した周波数をまず発振する。周波数安定度（Frequency Stability）は0.002％以下で、VHF帯での周波数のずれは 2.5（kHz）程度である。

(b)　緩衝増幅器（Buffer Amplifier）

　周波数逓倍器が水晶発振器の負荷となって発振周波数が変動しないように、バッファとして設けられる増幅器である。

(c)　周波数逓倍器（Frequency Multiplier）

　周波数逓倍器とは、入力周波数 f_0（Hz）の n 倍の出力を得る図3−3のような回路である。普通の増幅器を大きな入力でドライブし、高周波 歪（ひずみ）をもった出力を得る。出力回路には LC 並列共振回路があり、共振周波数が nf_0（Hz）に選ばれている。こうすると入力の n 倍の周波数が得られる。普通 n は2〜5程度の値が選ばれる。

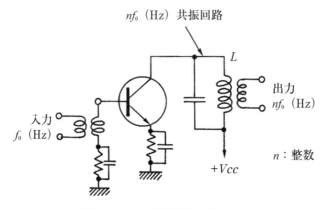

図3−3　周波数逓倍回路

(d)　電圧増幅器（Voltage Amplifier）

　電力増幅器をドライブ（励振）するための増幅器である。

(e)　電力増幅器（Power Amplifier）

　電圧増幅器からの搬送波入力を増幅するとともに変調器からの音声入力の大小に応じて高周波出力を変化させる（変調するという）。図３−４のような最終段の増幅器で変調を行い、出力同調回路で目的の電波だけを選び出してアンテナに供給する。民間輸送機では、無変調時の出力 25（W）程度の無線機が用いられている。

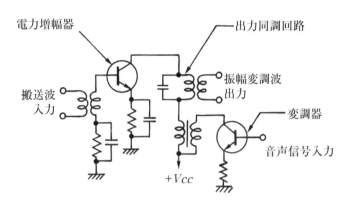

図３−４　コレクタ変調回路

(f)　オーディオ増幅器（Audio Amplifier）

　マイクロホンから入った音声信号を、変調器をドライブできるまで増幅するものである。低い周波数から高い周波数まで一様に増幅すると、品質のよい電波が発射できる。例えば音声信号を 10（kHz）まで送信するには、搬送波を中心として ± 10（kHz）の帯域を必要とする。それに送信機と受信機の周波数変動を考えると、必要とする帯域は ± 15（kHz）程度となり、航空機に割り当てられている 12.5（kHz）間隔をはみ出して、隣接チャンネルに妨害を与えることになる。航空機の場合は音声の通信なので、10（kHz）ほど広い帯域を使わなくても十分明瞭度が得られるので、伝送する周波数範囲を　0.3 〜 2.7（kHz）に制限している。

(g)　変調器（Modulator）

　音声信号を増幅して、高周波電力増幅器に加えるオーディオ増幅器である。電波を十分に変調するには、高周波出力の 50％のオーディオ出力が必要とされている。

(h)　高周波増幅器（High Frequency Amplifier）

　アンテナで受信した微弱な電波から、受信すべき信号を選び出して増幅する回路である。

(i)　局部発振器（Local Oscillator）

　受信する電波と中間周波数だけの差をもった発振器で、周波数変換器に信号を送り出す。

(j)　周波数変換器（Frequency Converter, Mixer）

　受信する電波と局部発振器の出力とを混合して、その差を得る回路である。118（MHz）の電波と

128（MHz）の局部発振器の出力を混合して、その差 10（MHz）を取り出し中間周波増幅器に送り出す。

(k)　中間周波増幅器（Intermediate Frequency Amplifier）

　周波数変換器で得られた中間周波信号を増幅する増幅器で、その帯域は±8（kHz）程度である。この帯域は電波に含まれる音声の帯域 3（kHz）、送信機と受信機の周波数偏差 5（kHz）の和となっている。受信機の感度（Sensitivity）はほぼ中間周波増幅器の性能で定まり、雑音対信号比（S／N比）を 6（dB）としたとき必要なアンテナ入力は約 2（μV）程度である。

(l)　検波器（Detector, Demodulator）

　中間周波信号から音声信号を分離する回路で、図 3－5 のようにダイオードやトランジスタの非直線部分を利用して信号を分離する。

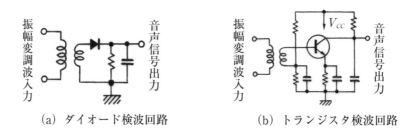

（a）ダイオード検波回路　　　　（b）トランジスタ検波回路

図 3－5　検波回路

(m)　自動利得調整（Automatic Gain Control）回路

　到来する電波の強さが変化しても、常に一定の音声信号が得られるよう、高周波および中間周波増幅器の利得を自動的に変える回路である。

(n)　スケルチ（Squelch）回路

　到来電波を受信しているときは、自動利得調整回路が働いて雑音があまりないが、到来電波がなくなると受信機の利得が上がるため雑音が増して耳ざわりになる。到来する電波がスケルチ制御回路で設定した値以下に低下したとき、オーディオ増幅器を不作動にし雑音を聞かないですます回路である。

　なお、マイクの送話ボタンを押して送話している間、実際に送信機が作動しているかどうかを確認するために送受信機内に Side Tone（側音）回路がある。これは、送信機出力をモニターし、出力が規定値以上あればマイクの音声を Side Tone としてヘッドセットに送る機能を果たす。つまり、自分の話した音声が自分の耳に聞こえることで、送信機が正常に作動していることが確認できる。

3－2　HF 通信システム（High Frequency Communication System）

　VHF 通信は電波見通し距離内しか届かないので、高度 40,000ft を巡航している航空機でも、地上の無線局から約 250nm（海里）以上離れると通信ができなくなる。これでは洋上の管制はできないので洋上を飛行する航空機は必ず 2 組の HF（短波）通信システムを装備することになっている。

　普通、航空機が装備している HF 無線機は、2MHz ～ 29.000MHz までの 1kHz 間隔で、28,000 チャンネルの送受信ができる型式のものが多い。

　2 ～ 30MHz 帯は地上の公衆通信、アマチュア通信、海上移動業務、航空業務、漁業通信などに細かに割り当てられており、航空業務に割り当てられている周波数はほんの一部である。太平洋地区や大西洋地域など地域ごとに割り当てられている周波数帯が異なるので、一応どの周波数の電波でも送受信できる無線機が使われている。

　航空業務に用いる HF 無線機は、電波の有効利用のため周波数間隔 3kHz の単側波帯（Single Side Band; SSB）通信方式を用いている。機上装置はアンテナ、送受信機、アンテナ同調器（アンテナ・カプラ）、周波数選択装置で構成される。2 重装備の場合、2 系統同時の送信はできないようになっている。図3－6 に SSB HF 送受信機の系統図を示す。これと図3－2VHF 送受信機はよく似ているが、SSB 化するための平衡変調器やビート検波回路、アンテナ同調器、周波数合成回路などの新しい回路があるので、主にこれらについて述べる。

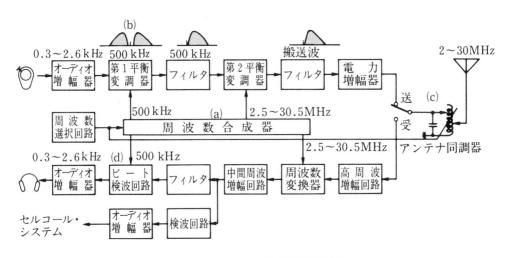

図3－6　SSB HF 送受信機系統図

3－2－1　HF 送受信機のみ適用の基本回路（Internal Circuit peculiar to HF Transceiver）

（a）　周波数合成回路（Frequency Synthesizer）

　HF 無線機のチャンネル数は 1kHz 間隔で 28,000 チャンネルもあり、最新の機器では 100Hz 間隔で 280,000 チャンネルを選択できる機器もある。このように多くの周波数を独立した水晶発振器を

使っていたのでは大変なので、基準水晶発振器と可変周波数発振器をもち、周波数選択回路で選ん
だ周波数を可変周波数発振器で発振し、それを基準水晶発振器の周波数と比較して発振周波数を修
正する方法が用いられる。この方法で全周波数帯の周波数のずれを 20Hz 以内に抑えている。
SSB 送受信機では周波数がずれると送受信できなくなるので、安定な発振周波数を得ることは非常
に大切なことである。

(b)　平衡変調器（Balanced Modulator）

　SSB 通信方式は DSB 通信方式から、まず搬送波を取り除いた両側波帯だけを作り出す必要があり、
この目的で使われるのが図3－7のような平衡変調器である。マイクからの音声信号は 0.3 ～ 2.6
（kHz）帯のみオーディオ増幅器で増幅され、第1平衡変調器の音声入力に加えられる。一方搬送波
入力回路には、周波数合成回路からの 500（kHz）が加えられる。この 500（kHz）が音声信号によ
りスイッチングされ、音声信号があるときのみ被変調波出力となってあらわれ、音声信号がないと
きはブリッジ回路が平衡して、搬送波は出力回路にあらわれない。この平衡変調器の出力は、図3
－6に示すように 500（kHz）を中心として上側と下側に分布している。このうち下側を水晶フィル
タを用いて切り取ると、SSB 通信に必要な上側波だけが残る。これをもう一度第2変調回路で変調
すると、周波数選択回路で指定した SSB 送信周波数となる。

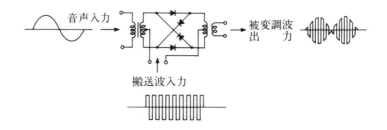

図3－7　平衡変調回路（リング変調器）

(c)　ビート検波器（Beat Demodulator）

　アンテナに到来した SSB 電波は、高周波増幅回路と中間周波増幅回路で増幅される。しかし、こ
のまま検波してももとの音声信号にはもどらない。もとの音声信号にもどすには、送信機の平衡変
調器で 500（kHz）の搬送波を注入して平衡変調したのと同じように、500（kHz）の搬送波を加えて、
これと中間周波とのビート（Beat：うなり）をとるともとの音声にもどる。

　送信側で 1（kHz）の音を送信していたと仮定すると、受信側の中間周波増幅器には 501（kHz）
の信号があらわれている。しかし受信側の 500（kHz）の搬送波が 500（Hz）ずれて、499.5（kHz）
になっていたとする。この両波のビートをとると 1.5（kHz）となり、送信側の 1（kHz）とは 500（Hz）
も異なった音となる。これが SSB 送信機の欠点で、これを防ぐため送受信機の周波数偏差を ± 20（Hz）
程度にきわめて正確に抑えている。しかし送信機、受信機の周波数偏位や電波のドプラー効果など
によって、50（Hz）程度の音声周波数のシフトは避けられない。しかし音声通信では、この程度の

周波数シフトは明瞭度にさほど影響がないので、十分実用になり得る。ただし周波数の異なる音を使って、個別に航空機を呼び出すセルコール・システム（Selective Calling System）では、音の周波数のずれは誤った呼び出しを行う危険があるので、今でも DSB 方式を用いることになっており、受信機では中間周波増幅器以後、DSB のセルコール専用の回路が設けられている。

　航空機の HF 送信機の出力はせいぜい 100 〜 400（W）程度であり、アンテナも効率が悪い。しかし地上局は効率の良いアンテナを用い、高感度の受信機と 4 〜 5（kW）の強力な送信機を持っているので、時間帯、空電などの状態によって HF 通信の通達距離は大幅に変わるが、条件の良いときには航空機と日本との通信は、ほぼホノルル、グァム島、バンコク（タイ）、北京（中国）付近からは十分できるといわれている。

３−２−２　アンテナ同調器（Antenna Coupler）

　HF 周波数帯の 2 〜 30（MHz）の電波を送信するのに適したアンテナは、37.5（m）から 2.5（m）と大型のアンテナとなる。このような大型のアンテナを航空機に取り付けることはできないので、波長に比べ短いアンテナを用いざるを得ない。そこで送受信機とアンテナの中間に電気的な整合をとる機器をもうけ、電波を効率よく放射する工夫を行っている。この機器がアンテナ同調器でアンテナ付近に装備し、周波数切り替え回路の指令により自動的に整合をとるようになっている。

　電源を入れたり、周波数を切り替えた場合、整合をとるため Tuning に数秒かかる。

３−３　セルコール・システム（Selective Calling System）

　輸送機では 2 〜 3 台の VHF 通信機を積み（小型機では 1 台のみ装備しているものもある）、管制機関や所属する航空会社からの呼び出しに対し、ただちに応答できるよう常に通信をモニターしている。しかし管制機関や航空会社は 1 つのチャンネルで多数の航空機と交信しているので、いつ自機が呼びかけられるか分からないので、すべての通信をモニターしていなければならないことになる。離着時などの短時間であれば自機の前後に発着する航空機の様子が分かるなど便利ではあるが、長時間の飛行のときは全部の通信をモニターすることは乗務員にとって、かなりの負担となる。そこで普通の電話のように航空機にあらかじめ登録符号を与え、地上からの呼び出しには通信の前に呼び出し符号を送信する。航空機側の符号解読器（Decoder）は、自機の呼び出し符号を受信したときだけチャイムと呼び出し灯の点滅で乗務員に地上からの呼び出しを知らせる**セルコール・システム**（選択呼び出し装置：SELCAL）が用いられている。

　SELCAL は 4 つの呼び出し音（Tone）の組み合わせで呼び出し符号が定められている。呼び出し音は**表３−２**のように A から S まで 16 種類の音が決められていて、これで 10,920 機を区別して呼び出すことができる。

表3－2　SELCAL の呼び出し音の周波数

符　号	周波数(Hz)	符　号	周波数(Hz)	符　号	周波数(Hz)
A	312.6	G	582.1	P	1,083.9
B	346.7	H	645.7	Q	1,202.3
C	384.6	J	716.1	R	1,333.5
D	426.6	K	794.3	S	1,479.1
E	473.2	L	881.0		
F	524.8	M	977.2		

注1　これらの呼び出し音は、どのような組み合わせをとっても、高調波が一致することがないよう
　　　選ばれている

3－3－1　SELCAL 地上呼び出し装置（SELCAL Ground Calling Device）

　SELCAL の地上呼び出し装置は、A から S までの 16 個のトーン発振器からできている。例えば、呼び出し符号が AM － LB という航空機を呼び出す場合には、図3－8 のように、まずファースト・トーンを AM と選び、次いでセカンド・トーンを LB と選ぶ。これで準備が完了したので動作ボタンを押すとモータが回転し、1（s）間ファースト・トーンが送信され、0.2（s）の間隔をおいてセカンド・トーンが 1（s）間送信される。

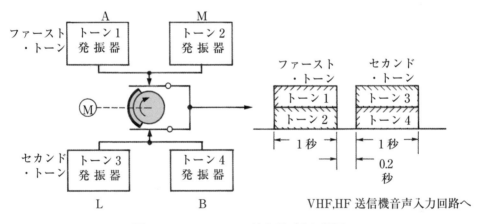

図3－8　SELCAL の地上呼び出し装置

3－3－2　SELCAL 機上符号解読装置（SELCAL Airplane Code Decoding Device）

　同一チャンネルを受信している航空機では、「ピーポー」という SELCAL の呼び出し音が聞こえるが、人間の耳ではどの機が呼ばれているのか解読できないので、図3－9のように専用の解読装置（SELCAL Decoder）が符号の解読に用いられている。

　VHF や HF 受信機からの音声信号がセルコール・デコーダに送り込まれる。デコーダの中には16個のリード・リレーがある。リード・リレーとはあらかじめ定められた周波数でドライブすると、リード片が大きく振動して通常はオープンしている回路を断続するようになるリレーである。呼び出し符号 AM－LB の航空機のセルコール・デコーダで、AM のファースト・トーンを1（s）間受信すると、A と M のリード・リレーが断続し直流28（V）は R を通して C を充電する。続いて次の1（s）間 LB のセカンド・トーンを受信すると、L と B のリード・リレーが断続しトランス T の1次側に音声帯域の信号電流が流れ、トランジスタで増幅されリレーを閉じてチャイムを鳴らし、呼び出し灯を点滅して地上から呼び出していることを知らせる。SELCAL は地上から航空機を呼び出すための装置であり、機上から地上局を呼び出す特別の装置はなく、音声による呼び出しだけである。

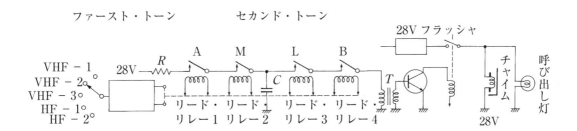

図3－9　SELCAL 機上符号解読装置系統図

（以下、余白）

3−4　オーディオ・システム（Audio System）

　輸送機の乗務員は、無線通信装置、航法装置、インタホン、拡声放送システム（Public Address System）などから必要なシステムを選び、受信したり送信したりしなければならない。このとき用いることのできるマイクとヘッド・セットは乗務員が装着している1組しか使えないことが多いので、どの装置も送話回路、キーイング回路、受話回路は図3−10のように共通して作られている。従って送受信機とマイク、ヘッド・セット間に制御器をもうけると、1操作でマイク、ヘッド・セットを各種の装置につなぎ替えることができる。この接続変更を行う装置がオーディオ・セレクト・パネル（Audio Select Panel）である。

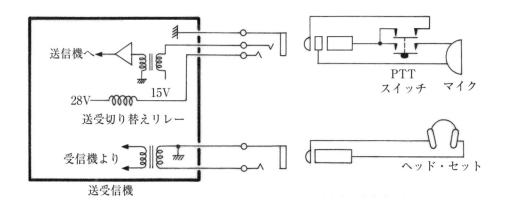

図3−10　送話、キーイング、受話回路

3−4−1　フライト・インタホン（Flight Interphone）

　フライト・インタホンは航空機の通信系統を制御するシステムで、運航乗務員相互の通話と通信航法システムのオーディオ信号を各乗務員に分配し自由に選んで聴取させ、またマイクロホンを通信装置に接続する機能をもっている。これらの操作は図3−11に示すように、オーディオ・セレクト・パネル（Audio Select Panel）で行われる。通常は手持ちマイク（Hand Mike）とヘッド・セット（Head Set）で通信を行うが、離着陸などで操縦桿から手を離せない場合は、マイクとヘッド・セットが一体となったブーム・マイク（Boom Mike）を用いる。このマイクを用いて送信するには、操縦桿についているPTTスイッチを使用する。酸素マスクを使用中は手持ちマイクもブーム・マイクも使用できないので、マスクに内蔵されている酸素マスク・マイク（Oxygen Mask Mike）を使用する。PTTスイッチはマスクに付属している型のものもあるし、操縦桿のPTTスイッチを用いる場合もある。

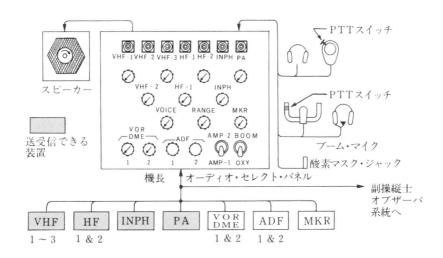

図 3－11　フライト・インタホン系統図

3－4－2　サービス・インタホン（Service Interphone）

　目的は主として整備用のインタホンである。大型機の場合、作業者がハンドセットを持参して、機体各所にあるサービス・インタホン用のジャックにハンドセットのプラグを差し込んで使用する。呼び出し装置はないので、相手を音声で呼び出す。ほとんどの機種にはフライト・インタホンとサービス・インタホンをつなぐスイッチがあり、これをオンにすることにより操縦室と機体各所と連絡を取りながら作業を進めることができる。主な構成品はオーディオ増幅器とジャックである。

3－4－3　キャビン・インタホン（Cabin Interphone）

　客室乗務員同士の連絡手段として装備されている。最近の大型機のシステムは、各 Attendant Station に電話番号を割り当て、個々に呼び出しができるようになっている。番号は操縦室にも割り当てられており、キャビン・インタホンを通して操縦室とも会話ができるようになっているのが普通である。主な構成品は客室乗務員のハンドセット、電話交換機などである。

3－4－4　拡声放送システム（Passenger Address System）

　操縦室または客室乗務員席から、乗客に向けて各種案内を行うための放送システムで、乗降時のバック・グラウンド・ミュージックの放送にも用いられる。これは非常事態が発生した場合の緊急放送にも用いられる大切なシステムで、大型機の場合、第1順位は操縦室からの放送（Cockpit PA）、第2順位は客室からの放送（Cabin PA）、第3順位は緊急放送等の予め録音された放送（Pre-Recorded Announcement）、第4順位は音楽放送（Boarding Music）の順に優先順位がつけられている。

　機内は騒音が大きいので乗客がどこにいても聞き取れるよう、スピーカーは客室の天井のほか調

理室（Galley）、化粧室（Lavatory）、乗務員席付近などに配置されている。また、乗客のイヤホンにもPA放送は送られ、乗客がイヤホンでEntertainmentその他を聴取していてもそれがPAで置き換えられ、PAを聞き取ることができるようになっている。中型機では出力40〜60（W）程度の拡声放送機が1台であるが、大型機では2台用いられていることが多い。

3－5　衛星通信システム（Satellite Communication System）

　衛星通信に使う静止衛星は地球から約3万6千キロ離れているので、電波が弱く特別の技術が使われる。衛星通信システムは、航空衛星（Space Segment；通信用静止衛星）、航空機地球局（AES：Aircraft Earth Station：航空機衛星通信システム）、航空地球局（GES：Ground Earth Station：地上局）で構成される。航空機地球局、航空地球局は電波法における無線局の名称である。図3－12に衛星通信システムの構成、図3－13に航空機地球局の構成を示す。使う衛星はインマルサット衛星である。なお、日本エリアにおいてはMTSAT（運輸多目的衛星）も使用される。

　衛星通信はHFやVHF通信と異なり同時に送受信するので、二つの周波数の電波を使うがアンテナは共用している。航空地球局は公衆電話回線とデータ・リンク専用回線につながっている。

　衛星通信はデータ通信と音声通信の機能があるが、共に位相変調による連続波でデジタル通信を行っている。位相変調については講座9「航空電子・電気の基礎」13－5－2b「ベースバンド伝送とブロードバンド伝送」参照。データ通信はBPSK、音声通信はQPSKを使用している。

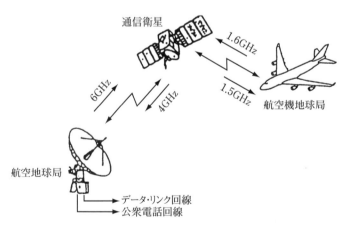

図3－12　衛星通信システムの構成

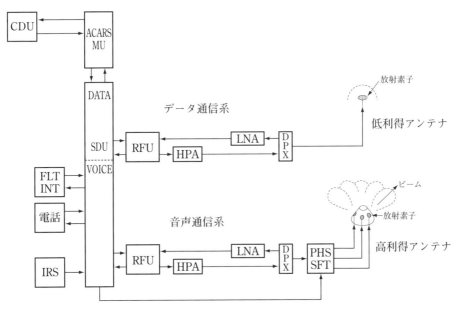

図3－13　航空機地球局の構成

3－5－1　航空機地球局（Aircraft Earth Station）

　衛星通信にはデータ・リンク・システムで用いるデータ通信回路と、電話回線の2種類がある。**図3－13**に示すようにデータ通信回線はACARS MUに繋がり、電話回線はフライト・インターホンとキャビン電話に繋がっている。

　データ制御装置（Satellite Data Unit）は衛星と通信して、通信の開始と終了の手続を行う。さらに2種類の通信内容を、衛星通信用に定められたデータ列に変換して中間周波数で無線機（Radio Frequency Unit）に送る。

　無線機はSDUからの中間周波数を通信に使う周波数に変換し、高出力増幅器（High Power Amplifier）を駆動する。

　データ通信は単素子の低利得アンテナ（Low Gain Antenna）で通信可能であるが、音声通信には複数の単素子アンテナを組み合わせた指向性のある高利得アンテナ（High Gain Antenna）が必要である。高利得アンテナのみ装備している機体が多く、この場合、高利得アンテナがデータ通信と音声通信の両方に使用される。

　高利得アンテナを使用する場合、アンテナからのビームを衛星に向ける必要があるが、衛星は静止衛星なので、航空機から衛星の方向は航空機の位置で決まり、機体の姿勢によっても変化する。したがって、慣性基準装置（IRS）の位置情報を基にSDUがビームの方向を計算し位相器（Phase Shifter）に指示する。

　位相器は高利得アンテナの単素子に供給する電波の位相を変えて、衛星の方向を指すビームを形成し衛星を追尾する。

　受信した電波は非常に弱いので、アンテナの近くで低雑音増幅器（Low Noise Amplifier）で増幅した後、無線機（RFU）に送る。

　送信の場合は無線機（RFU）からの電波をアンテナ近くの高出力増幅器で増幅し、短いケーブルでアンテナに接続している。

　ダイプレクサ（Diplexer）は高出力増幅器の電波が低雑音増幅器側に漏れないようにするフィルタである。

（以下、余白）

第4章　航法システム

概要（Summary）

　航法（Navigation）とは移動体がある地点から他の地点へ移動する場合、現在位置、移動の方向、時刻を知る手段で、航空機では表4－1の様な航法が使われる。地文航法、天測航法、推測航法などは衆知のことであり説明の要はない。

　この章では無線航法、自蔵航法と衛星航法について述べる。

　無線機類の装着場所は、小型機と大型機では若干異なる。小型機の無線機は機器メーカーがアイデアを競い合って、より使いやすいように工夫しており、ARINC の規格外の機器類が多い。小型機では装備する無線機の種類が少ないので、自動車のラジオのように計器板に取り付けるパネル・マウント型の機器が多く、ADF の例を図4－1に示す。大型機の場合は ARINC 規格に基づいて作られた機器が用いられ、DME の例を図4－2に示す。この規格では無線機器は電子機器ラックに収納することになっているので、操縦室にはコントロール・パネルと指示計器があり、無線機のオンとオフ、周波数の選択などは遠隔操作される。

ADF アンテナ　　　　　指示計　　　　　ADF 受信機

図4－1　小型機のパネル・マウント型無線機の例

表4－1　航空機で用いられている航法の種類

航　　法	解　　説
地　文　航　法 （Ground Reference Navigation）	地図上に記された地標を目視しながら行う航法で、有視界気象状態（VMC）のとき、小型機で用いられる航法である。
天　測　航　法 （Celestial Navigation）	六分儀で天体の高度を測定し、その時刻と天体の高度より天文暦表（Almanac）を用いて機の位置を決定しながら行う航法であるが、自蔵航法の発達により現在では用いられることはまれである。
推　測　航　法 （Dead Reckoning Navigation）	風向、風速を推測し航法計算盤（Dead Reckoning Computer）を用いて、対地速度、コースを算出し、自機の推定位置を求めながら行う航法であるが、無線航法、自蔵航法の発達により用いられることはまれである。
無　線　航　法 （Radio Navigation）	ADF、VOR、DME、TACAN、ILS、などの無線航法援助施設（Radio Navigation Aids）を利用して行う航法である。
自　蔵　航　法 （Self Contained Navigation）	天体観測や地上の援助施設などを必要とせず、移動体内部に設置された装置だけで行う航法で現在、自蔵航法装置として用いられているのは、ドプラー航法システムと慣性航法システム（INS）や慣性基準システム（IRS）で、大洋を横断する航空機にはほとんどこれらの装置が備えつけられている。
衛　星　航　法 （Satellite Navigation）	全地球航法システム（GPS）を用いて正確に移動体の位置を測定できる。ただし、GPSには種々の航法データを算出する機能がないので飛行管理システム（FMS）の位置データの更新に使われる。

DMEインタロゲータ　　　　速度、到着時間指示計

距離計

図4－2　大型機のラック・マウント型無線機の例

　なお、航空機にはいくつかのレーダーが装備されている。

　レーダー（RADAR）は、RAdio Detection And Ranging の略語である。すなわち、電波を使用して、目標物を検出しその位置を決定するという機能を持つものである。1次レーダー（Primary Radar）は、発射した電波が目標物に当たって反射し、その反射してきた電波を使用して測定するものである。2次レーダー（Secondary Radar）は、目標物（相手局）に対して質問電波を発射し、相手局からの応答電波を使用して測定するものである。

　航空機に装備される1次レーダーとして、気象レーダー、電波高度計があり、2次レーダーとして、DME、ATCトランスポンダ、TCASがある（ATCトランスポンダは航空機側が応答機である）。

４－１　自動方向探知機（Automatic Direction Finder; ADF）

　超短波やマイクロ波は光のように直進することはよく知られている。それほど高い周波数でなくても長波や中波の地表波も直進する性質があるので、長波や中波の無線局からの電波を**ループ・アンテナ**とセンス・アンテナを使って受信して電波の到来方向を知り、受信点から見た無線局の方位を探知することができる。この原理の装置を方向探知機（Direction Finder）といい、古くから船舶や航空機の航行援助設備として用いられてきた。

　航空機では、電波を受信してから無線局の方位を探知するのが自動化された**自動方向探知機**（Automatic Direction Finder）が使われている。ADFで使われる周波数は190〜1,750（kHz）で、

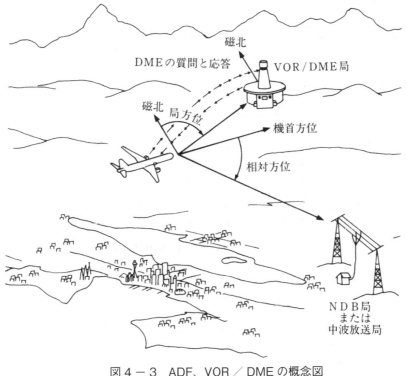

図４－３　ADF、VOR／DME の概念図

図4－3に航空機と無線局の位置関係を示す。地上の無線局はADFのために特別に設置されている**無指向性ラジオ・ビーコン**（Nondirectional Radio Beacon）でもよいし、一般の中波放送局でもよい。但し、航空路・各種経路等は中波放送局を利用しての航路設定はされておらず、中波放送局の運航への利用は、あくまでも補助的手段である。

　これら無線局が送信する電波には角度情報が含まれていないので、電波を受信したとき分かるのは**無線局が機軸（機首方位）に対してどの方向にあるか**ということである。

4－1－1　方向探知機の原理

　ループ・アンテナは図4－4（a）に示すように**8字形指向性**（"eight shape" Sensitivity）をもっているので、垂直軸まわりに回転した場合、受信感度が最大になる方位と最小になる方位がある。

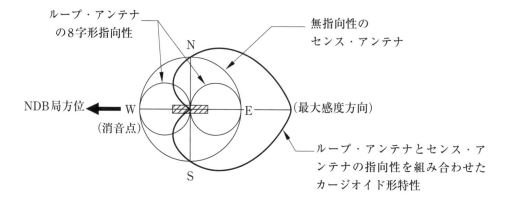

（a）ループ・アンテナとセンス・アンテナによる方向探知の原理

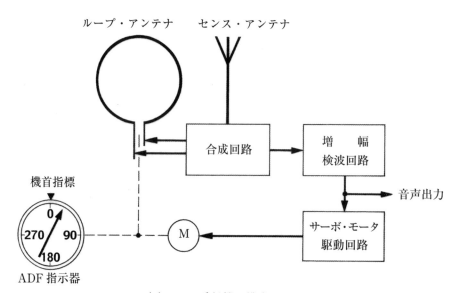

（b）ADF受信機の構成

図4－4　方向探知機の原理

同図で、ループ面がE−W方向を向いているループ・アンテナには、E方向またはW方向からの到来電波に最大感度があるが、受信電波がE方向からのものかW方向からのものか区別できない。そこで、これに無指向性センス・アンテナの出力を加え合わせると、**カージオイド形特性**（Cardioid Characteristic）といわれる、ほぼハート形に近い指向性が得られる。このアンテナの組み合わせで受信すると、E方向が最大感度方向になり、W方向が最小感度（消音点）方向となって電波の到来方向に区別がつけられる。カージオイド形特性は最小感度方向の指向性が鋭いので、ADFにはループ・アンテナを回転して消音点を見つけ出す方式を使用する。**図4−4**(a)ではW方向がNDB局方位となる。

ADF受信機は**図4−4**（b）に示すようにループ・アンテナとセンス・アンテナの受信電力を合成する回路があり、そのあとに増幅、検波回路がある。ADF受信機に特有な回路がモータ駆動回路で、ループ・アンテナに付属しているサーボ・モータを回してループ・アンテナを回転し、受信感度が最小となる方位（消音点）を追い続けている。

a. 機上ADFの作動原理

航空機に搭載されるADFでも電波の到来方向を決定するため、回転するループ・アンテナと無指向性のセンス・アンテナとを用いることは、一般の方位測定機と同じであるが、方位の指示を連続して自動的に得るため、切換カージオイド方式という形式が一般に用いられている。

いま、**図4−4−1**でLをループ・アンテナとすると、Lは図のような8字形指向特性をもつ。またセンス・アンテナは図のような無指向性であるから、両者の振幅と位相を適当にして合成した指向特性は、図に示すカージオイドAとなる。

もし、この場合、ループ・アンテナの出力を切り換えて180度位相を変えて、センス・アンテナの出力と合成すると、指向特性はカージオイドBとなる。

このようにセンス・アンテナの出力を一定にしておいて、ループ・アンテナの出力を切り換えて対称的な2つのカージオイド指向特性を得るとき、Pの方向から電波が到来すれば、カージオイドAで受信したときは、長さC、Oに比例した誘起電圧を得るが、カージオイドBで受信したときは、長さD、Oに比例した誘起電圧を得るので、この場合C、O＞D、Oとなり、誘起電圧に差が生ずることになる。

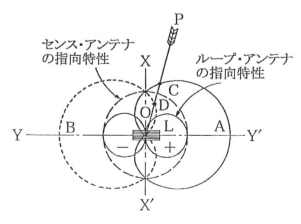

図4−4−1　切換カージオイド方式

次に、電波がループ・アンテナに直角の方向、すなわち、X の方向から到来したときは、カージオイド A でもカージオイド B でも等しい電圧が誘起される。

従って、なんらかの方法によって、ループ・アンテナの出力を切り替えて、カージオイドを連続的に切り替え、両者の場合における出力誘起電圧が等しくなるように、ループ・アンテナを自動的に回転させれば、ループ・アンテナの回転角度によって電波の到来方向の指示が得られることになる。

ADF では、ループ・アンテナ出力の切り替えは低周波（110Hz）による平衡変調によって行われる。

この方式は、たえず、ループ・アンテナが電波の到来方向を追尾するので自動追尾方式又はサーボ方式とも呼ばれる。

高速航空機用 ADF のループ・アンテナは、非回転式のアンテナで、二組のファライト・コアに巻いた直交固定コイル埋め込み型で、センス・アンテナは、板状のキャパシタンス・アンテナを用いて胴体中央下部に取り付けている。最新航空機では、直交したループ・アンテナとセンス・アンテナが組み合わさったもので ADF アンテナと呼ばれ胴体下部または上部に取り付けられている。

4－1－2　ADF の使用法（Usage of ADF）

航空機で最初に用いられた ADF は、図4－5（a）のように機首を基準とした NDB 局の相対方位（Relative Bearing）を指示していた。従って、A 地点にいる航空機でも B 地点にいる航空機でも ADF 指示器の指針は 45°を指し、これだけでは航空機の位置の決定はできなかった。当時の ADF は同図（b）のように NDB 局への直進飛行（Homing）に使用された。C 地点を NDB 局に向かって直進している航空機では ADF 指示器の指針は 0°を指示しており、NDB 局を通過し D 地点に到達した航空機では ADF 指示器の指針は 180°を指示する。すなわち指針の反転する地点が NDB 局の直上地点である。

ADF をホーミングにしか利用できないのは不便なのでコンパス・システムと組み合わせて航空機から見た NDB 局方位を指示する図4－6（a）のような改良型の表示方法が考案された。

改良型では ADF の指示は機首方位を示す無線磁方位計（Radio Magnetic Indicator; RMI）に示されるようになった。同図（a）の A 地点にいる航空機は北向きに飛行しており、このときの ADF の指示は 45°である。B 地点にいる航空機は西向きに飛行しており、ADF の測定する相対方位は 45°であるが、これを無線磁方位計のコンパス・カードの目盛で読むと 315°となり航空機からみた NDB 局方位となる。

このように改良した表示方法によると、ADF だけで航空機は NDB 局をある方向に見る直線上の1点にいることが分かる。従って地図上で位置の分かっている2つの NDB 局を使うと機の位置が決定できる。

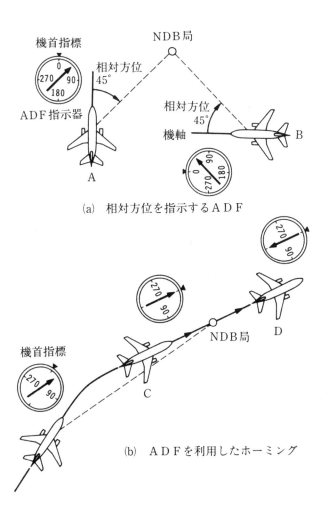

(a)　相対方位を指示するADF

(b)　ADFを利用したホーミング

図4－5　ADFの指示の原理

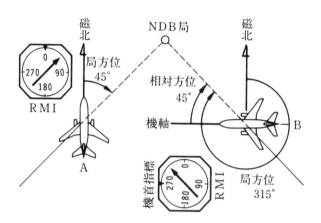

(a) 局方位を指示するADF

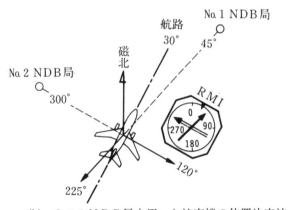

(b) 2つのNDB局を用いた航空機の位置決定法

図4−6 コンパスと組み合わせた ADF の表示方法

4 - 1 - 3　ADF の誤差（ADF Deviations）

　ADF は後述する VOR や TACAN のように測位のための方位信号を含んだ電波を利用しているのではなく、普通の長波や中波の放送や識別信号を含んだ電波を発射している NDB 局の電波を使い、電波の直進性に依存して方位を測定する装置であるから、航空機に取り付けるアンテナの設置場所や、山岳・海岸付近など局地的に電波が直進しない場所とか電離層からの反射波が強くなる夜間などでは誤差を生じやすい。

　但し、後述のようにアンテナは誤差が少なくなるよう最適な位置に取り付けられているので、基本的にその位置を変えることはできない。

　ADF を使う場合は、これらの誤差に注意していなければならない。自動操縦装置で電波でつくられた航路を飛行するのに VOR（後述）が利用されるが、ADF は誤差が大きく指示が不安定なため用いられることはない。

　ADF の平均誤差は NDB 局までの距離が近くて、その局が機首方向にあるとき±２°程度である。

a. 4分円誤差（Quadrantal Error）

　飛行中に ADF の誤差を調べてみると、機首や機尾方向に NDB 局があるときは誤差は少ないが、図４－７(a)に示すように45°、135°、225°、315°方向に NDB 局があるときは誤差が大きくなる。これは４分円誤差と呼ばれる ADF 特有の誤差であり、機体の金属構造（胴体、主翼）により到来電波が影響を受けることで発生する。つまり到来電波が胴体などで再輻射され、その再輻射された電波が到来電波に干渉し誤差となる。電波の到来方向が機軸方向、もしくはそれと直角の方向（主翼方向）であれば、再輻射の影響が最も少なく誤差は最小となり、機軸方向に対して45°の方向であれば最大屈折で再輻射し、影響が最大となって誤差も最大となる。ループ・アンテナを取り付ける場所によって４分円誤差は大きくなったり小さくなったりする。このようなことを考慮して、機体の最適な場所

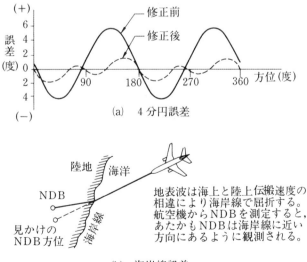

(a)　4分円誤差

(b)　海岸線誤差

図４－７　ADF に生ずる誤差

にループ・アンテナが取り付けてあるので、みだりにループ・アンテナの位置を変えることはできない。

　4分円誤差を補正するためには、電波を強く感じる機軸に平行なループ・コイルの利得を小さくしてやるとよいので、ループ・アンテナとADF受信機の間に減衰器を入れて補正している。

b. ティルト誤差（Tilt Error）

　NDB局に向かって飛行している場合、ADF指針は機首方位を指示しており、理想的にはNDB局上を通過したとき指針は反転して機尾方位を示す。しかし、実際にはADF指針の反転は局上通過の前にはじまったり、通過後にはじまったりする。これをティルト誤差と呼んでいる。

　ティルト誤差はセンス・アンテナの位置によって変わることが知られており、センス・アンテナの位置はできるだけ局上通過のときADF指針が反転するよう選ばれているので、やたらにその位置を変えることはできない。

c. 海岸線誤差（Coastal Error）

　地表波の伝搬速度は陸上に比べ海上が2〜3%程度速い。従って陸上から到来する電波を海上で探知する場合、電波は図4-7（b）のように海岸線に近づく方向に屈折し測定誤差を生じ、これを海岸線誤差という。この誤差は周波数が高くなるほど大きくなるが、実用上気にしなくてもよい。

d. 夜間誤差（Night Error）

　夜間になり、電離層からの反射が強くなって受信電波に水平偏波成分が含まれると、ループの判別機能が低下して消音点が不鮮明になり誤差を生ずる。この誤差はどうしても防ぐことができない誤差である。

4-1-4　ADF受信機の動作原理（Functional Principle ADF Receiver）

　図4-8に代表的なADF受信機の系統図を示し、各部分の動作について述べる。

（a）ループ・アンテナ（Loop Antenna）

　フェライト・コアに電線を巻きつけたアンテナで、電波の磁界成分によりループ・コイルに電圧

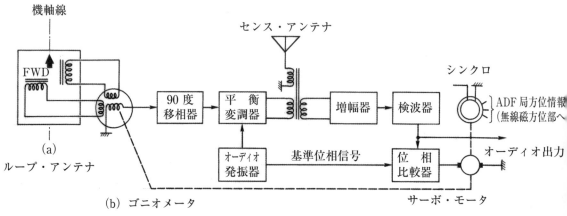

図4-8　自動方向探知機系統図

を誘起する。ループ・アンテナには２つのループ・コイルが直交して配置され、２本の同軸ケーブルで受信機に結合されている。同軸ケーブルの長さは約 30（ft）と定められている。

(b) ゴニオメータ（Goniometer）

ループ・アンテナの２つのループ・コイルの出力は、ゴニオメータの２つの固定巻線に加えられている。これでゴニオメータには機外のループ・アンテナと同じ磁界が形成される。ゴニオメータには回転子があり 360°自由に回転できる。このゴニオ回転子を回すことは、機外のループ・アンテナを回して無線局の方向を測定することと全く同じ効果がある。

(c) 90°移相器（90 degree Phase Shifter）

ループ・アンテナに生ずる電圧は電波の磁界成分で生ずるが、センス・アンテナには電波の電界成分により起電力を生じるのでお互いに 90°の位相差がある。そこで並列共振回路（共振周波数≪受信周波数）を用いて、位相を 90°進めて両者の位相が一致するようにする。

(d) 平衡変調器とセンス・アンテナ・ミクサー（Balanced Mixer and Sense Antenna Mixer）

ゴニオ回転子の左か右のどちらの側から電波が到来しているかを判定するためゴニオ回転子出力をオーディオ周波数で平衡変調した後、センス・アンテナ出力と加え合わせる。センス・アンテナ・ケーブルは約 60（ft）と定められている。

(e) 検波器とサーボ・モータ（Detector and Servo Motor）

ループとセンス・アンテナの合成信号は高周波、中間周波増幅された後に検波器を通すと電波の到来方向と検波器出力は図４−９の関係となる。ゴニオ回転子の左側から電波が到来している１の場合は、検波出力は基準位相信号（オーディオ信号）と同相となりサーボ・モータは左回転し、右側から電波が到来している３の場合は、検波器出力は基準位相信号と逆相となりサーボ・モータは右回転する。いずれの場合も、ゴニオ回転子が電波の到来方向と一致した２のとき、検波器出力はなくなりサーボ・モータは停止する。ADF による NDB 局方位のあらわし方は、初めて学ぶ人にはなかなか理解しにくいので、ここでもう一度述べることにする。まず**航法（Navigation）**では方位

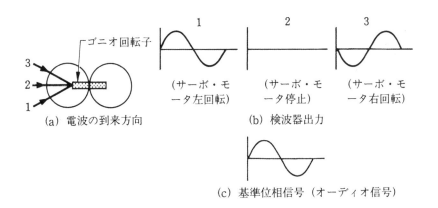

図４−９　ゴニオメータによる電波の到来方向の判定法

をあらわすのに3つの用語を用いている。**図4－10**参照。

(1)　機首方位（Heading）

　磁北から右回りにはかった機首の方位角である。図の①

(2)　局方位（Bearing）

　航空機から見た（地上）無線局の局の方向を磁北から右まわりにはかった方位角である。図の②

(3)　相対方位（Relative Bearing）

　航空機から見た（地上）無線局の方向を機首から右まわりにはかった方位角である。図の③

　この3つの方位は次式の関係にある。

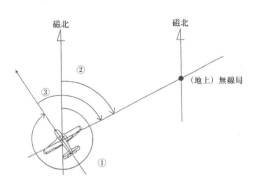

図4－10　方位の表わし方

$$局　方　位＝機首方位＋相対方位（度）　\cdots\cdots\cdots\cdots\cdots\cdots\cdots\cdots\cdots\cdots\cdots\cdots\cdots（4-1）$$

　ここまで理解したうえで、**図4－6**（a）を使ってADFの指示をもう一度考えてみる。同図のB地点にいる航空機の**機首方位**は270°である。従って無線磁方位計の機首指標にはコンパス・カードの270°が一致している。一方、ADFのループ・アンテナは**図4－8**のように機軸線に一致するように取り付けられている。従ってB地点にいる航空機のADF受信機の**相対方位**は45°を示す。

　ADF指針はRMIの機首指標を基準として時計方向に45°を指示する。この指針の位置をコンパス・カード上で読み取ると

$$315° \quad = \quad 270° \quad + \quad 45°$$
$$（局方位） = （機首方位） + （相対方位）$$

となる。

　ADF単体では相対方位の測定しかできないが、コンパス・システムと組み合わせることにより**局方位の指示**ができるようになった。

　後述するVORは地上局が発射する航法用の電波の中に方位情報が含まれているため、**VOR受信機は直接局方位を測定できる**。しかし、VOR局方位もADF局方位もRMIに指示されることが多いので、ADFもVORもともに局方位を指示すると考えてよい。

4－2　超短波全方位式無線標識
（VHF Omni‐Directional Radio Range; VOR）

　超短波全方位式無線標識は、1949年ICAOによって短距離航法援助装置として規定されたもので、わが国では1958年伊豆大島にVORが設置されたのが最初である。

　VOR局は108.00〜117.95（MHz）帯の電波を利用し、図4－3に示すように航空機から見たVOR局方位（Bearing）を測定できる方位情報を含んだ電波を発射している無線標識である。

　ADFとVORの違いは、ADFは機首方位を基準としたNDB局の相対方位（Relative Bearing）を測定するのに対し、VORは機首方位にかかわりなく航空機の位置から見たVOR局方位（Bearing）が測定できる点である。しかし、現在の航空機ではADFの指示はコンパス・システムと組み合わされ、VORと全く同じように局方位（Bearing）を表示するように改良されている。指示の仕方からすればVOR、ADFも同等であるが、VORはADFに比べ精度が良く指示も安定している。（ADF用の）NDB局は廃局が進み、VORが主たる短距離航法援助装置である。航空路はVORを基準に設定されている。

　VORチャンネルは50（kHz）ごとに割り当てられているので、前述の周波数帯で200チャンネルとれるが、このうち40チャンネルはILSに割り当てられているので、VORが使えるのは160チャンネルである。

4－2－1　VORの原理（Principle of VOR）

　VOR地上局は図4－11（a）に示すように、受信方位により位相が変化する30（Hz）の可変位相信号と、全方位にわたり位相が一定の30（Hz）の基準位相信号を含む電波を発射している。これを機上VOR受信機で受信し、基準位相信号と可変位相信号に分離すると同図（b）にようになり、航空機の地上局に対する方位により可変位相信号の位相が遅れる。この位相の遅れを測定するとVOR局から見た航空機の磁方位を知ることができる。

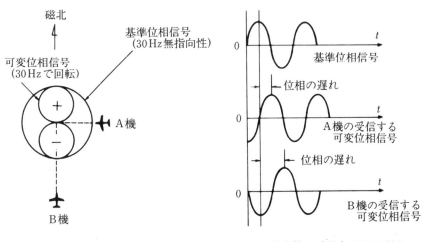

(a)　VORの原理	(b)　航空機の受信するVOR信号

図4－11　VORの原理図

　VOR 地上局には従来型の標準 VOR（Conventional VOR：C − VOR）とドップラー VOR（Doppler VOR：D − VOR）があり、基準位相信号と可変位相信号の変調方式が異なっている。C − VOR は基準位相信号が FM、可変位相信号が AM であり、D − VOR はその逆である。AM と FM が逆でも、VOR は基準信号と可変信号の位相差を測定して方位を知る仕組みなので、従来の VOR 受信機でも D − VOR は受信可能である。C − VOR は障害物がある等の設置条件が悪い所では誤差が大きくなる欠点がある。D − VOR はその欠点を解決したもので、現在国内の地上局はすべて D − VOR になっている。

4 − 2 − 2　VOR 地上局（VOR Ground Station）

a.　標準 VOR（Conventional VOR：C − VOR）

　C − VOR 地上局の系統図を図 4 − 12 に示す。まず基準位相信号は副搬送波 9,960（Hz）を 30（Hz）の信号で周波数変調（FM）する。これを行っているのはトーン・ホイールである。トーン・ホイールは 332 個の歯型を持ち、これが 30（Hz）で回転することにより 9,960（Hz）の副搬送波が生じる。歯型の配置により周波数が変動するように作られており見かけ上 30（Hz）で周波数変調されているのに等しく、これがピック・アップコイルから送信器に送られる。この信号および VOR 局識別のためのコード化された 1,020（Hz）信号で搬送波（VOR 周波数）を変調し、これが 2 分割されて高周波ブリッジの C 点に給電される。C 点に給電された基準位相信号は 4 素子のアドコック・アンテナ（ま

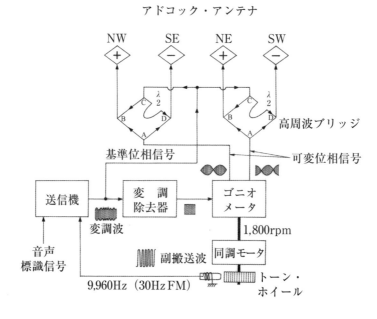

図 4 − 12　標準 VOR（C − VOR）地上局系統図

たはアルホード・アンテナ）から同位相（無指向性）で輻射される。一方、可変位相信号は変調除去器で振幅変調成分を除去した搬送波のみにし、これをゴニオメータを介して高周波ブリッジのA点に供給される。4素子のアドコック・アンテナからから放射される電波は合成され、8字特性の電波を30（Hz）で回転することになる。結局4素子のアドコック・アンテナで無指向性アンテナと8時形パターンの両方の役目を行わせることができる。トーン・ホイールとゴニオメータは同軸で回転しており、基準位相信号と可変位相信号が磁北の方向で位相差ゼロになるように調整されている。

基準位相信号のアンテナ・パターンを図4－13（a）に示す。基準位相信号を受信して30（Hz）の信号を取り出すと、30（Hz）の位相はVOR局を中心としたどの方位でも一定である。可変位相信号のパターンは図4－13（b）に示され8字形パターンで、これが30（Hz）で回転する。（a）と（b）の合成パターンは（c）のカージオイドとなり、結局これが30（Hz）で回転することになる。

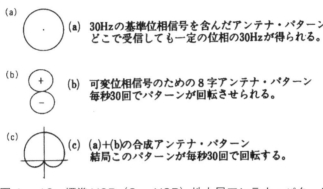

(a) 30Hzの基準位相信号を含んだアンテナ・パターン
どこで受信しても一定の位相の30Hzが得られる。

(b) 可変位相信号のための8字アンテナ・パターン
毎秒30回でパターンが回転させられる。

(c) (a)+(b)の合成アンテナ・パターン
結局このパターンが毎秒30回で回転する。

図4－13　標準VOR（C－VOR）地上局アンテナ・パターン

これをある地点で受信すると、あたかも30（Hz）で振幅変調された電波を受信するのと同じになる。しかもこの30（Hz）の位相は受信する位置によってそれぞれ異なってくる。図4－14に可変位相信号の位相が、受信点でそれぞれ異なっている様子を示す。これから明らかなように、P、Q、Lの各受信点での30（Hz）の位相はそれぞれ異なっている。

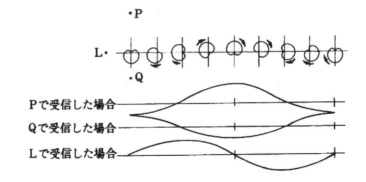

図4－14　標準VOR（C－VOR）受信点による位相の違い

b.　ドップラーVOR（Doppler VOR：D－VOR）

　音波のドップラー効果はよく知られるところである。音源と観測者の相対運動により、波の周波数が変化することをドップラー効果という。電波においても同様の現象を生じる。図4－15に示すように、航空機で電波を受信しているとき、電波の発射源（アンテナ）が近づくと受信周波数が高くなり、遠ざかると受信周波数が低くなる。

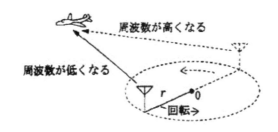

図4－15　電波のドップラー効果

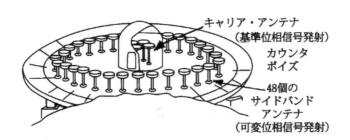

図4－16　D－VOR地上局アンテナ

　図4－16のように、D－VOR地上局は中心のキャリア・アンテナと円周上に沿って置かれた48個のサイドバンド・アンテナで構成される。このサイドバンド・アンテナに高周波（VOR周波数）を次々に切り替えて供給する。そうすると1つの電波の発射源が円周上を移動するのと同じ効果が得られる。移動の速さは毎秒30回（30Hz）である。サイドバンド・アンテナに実際に供給される高周波は、搬送波（VOR周波数）±9,960（Hz）であり、これがドップラー効果により、30（Hz）で変化する周波数変調（FM）を受ける。

　移動する電波源を図4－17（a）のP、Q、Lの各受信点で受信すると、ドップラー効果により、例えばP点で考えると、スタート位置（図で270°の位置）から180°までは電波源が遠ざかるので、周波数は低くなり、180°から0°までは電波源が近づくので周波数が高くなり、0°から270°までは、電波源が遠ざかるので周波数が低くなる。その結果図4－17（b）で示したような30（Hz）で周波数が変化する波形が得られる。図から明らかなように、各受信点で受信する信号の位相が変化

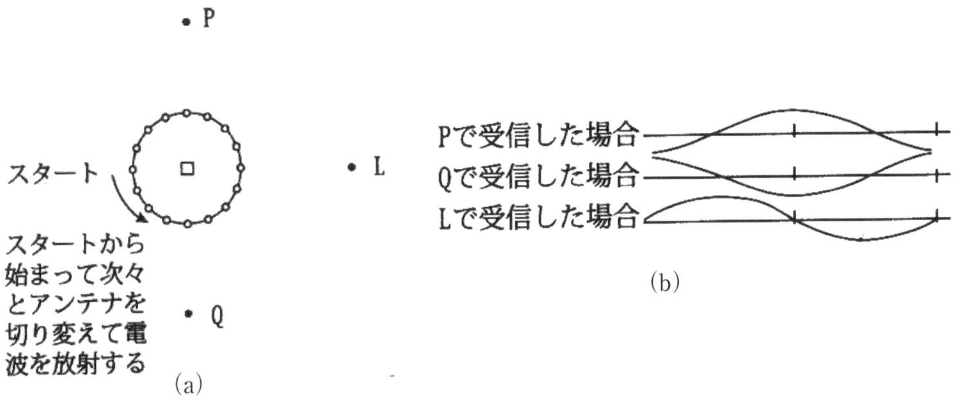

図4－17　D－VOR可変位相信号

している。これが可変位相信号である。

　図4－14と同じような図であるが、D－VORの場合は、振幅の変化ではなく周波数の変化であることに注意する。

　一方、基準位相信号は高周波（VOR周波数）を30（Hz）で振幅変調した後、中央の無指向性キャリア・アンテナから放射する。

　機上VOR受信機は、VOR電波を受信後、復調（検波）して30（Hz）の信号を取り出し、30（Hz）の基準位相と可変位相の位相差で方位を出すようになっているので、C－VORでもD－VORでも変更の必要はない。

4－2－3　VOR受信機の動作原理（Functional Principle of VOR Receiver）

　図4－18にVOR受信機の系統図を示す。高周波部分はVHF通信機と全く同じである。VHF受信機で受信したVOR信号はAM検波された音声信号となる。この音声信号には30（Hz）の可変位相信号と、30（Hz）で周波数変調された9,960（Hz）の基準位相信号が含まれている。この2つの信号を分離し位相の比較を行う方法について述べる。

(a)　FM検波器（FM Detector）

　9,480～10,440（Hz）の間で変化している音声信号成分から、30（Hz）の基準位相信号を取り出すのがFM検波器である。

(b) 30Hz レゾルバー回路

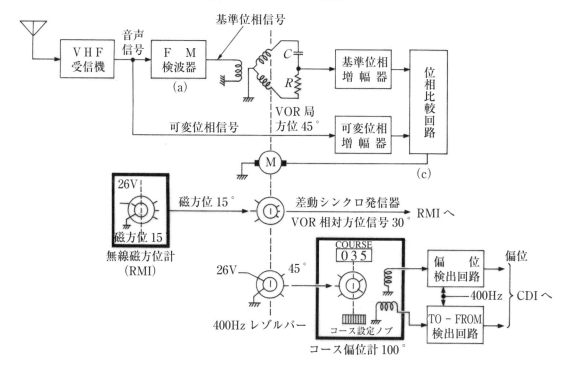

図 4 - 18　VOR 受信機系統図

(b)　30Hz レゾルバー回路（30 Hz Resolver Circuit）

　レゾルバー回路は基準位相信号をレゾルバーの回転角に比例して、位相を変化させ可変位相信号と比較し、VOR 局から見た航空機の磁方位を求める最も重要な部分である。まず 30（Hz）の基準位相信号でレゾルバーをドライブする。レゾルバーのサイン巻線とコサイン巻線は CR 回路で結合されている。このような結線をするとレゾルバーの機械角に比例して出力電圧の位相が変化する。

(c)　位相比較回路（Phase Comparison Circuit）

　レゾルバー回路で位相が変化する基準位相回路と、可変位相回路の位相が一致するまでモータで 30（Hz）レゾルバーを回転する回路である。モータが静止したとき VOR 局から見た航空機の磁方位が求められる。

4 - 2 - 4　VOR 局方位の表示方法（Indication Method of Bearing to VOR Station）

　図 4 - 19 に VOR 局と航空機の位置関係を示す。機首方位は 15°であり、VOR 局からみて 225°の方位に航空機が位置している。無線磁方位計（RMI）のコンパス・カードは機首方位の 15°を指示している。VOR 受信機の可変位相信号は、基準位相信号より 225°遅れている。位相比較回路は基準位相信号が（225 + 180）°のときモータの回転を止めるように作られているので 30（Hz）レゾ

ルバーの回転角は航空機より VOR 局を見た方位の 45°で停止する。**図4－18**に示す VOR 受信機の差動シンクロ発信器には、機首方位信号の 15°が送られているので出力 45°－ 15°＝ 30°となり、航空機より VOR 局を見た相対方位の 30°の信号が得られる。この信号は無線磁方位計（RMI）に送られ、これをコンパス・カード上で読み取ると 45°となり、航空機から見た VOR 局の磁方位となる。

　本項は C－VOR を受信した場合を説明している。

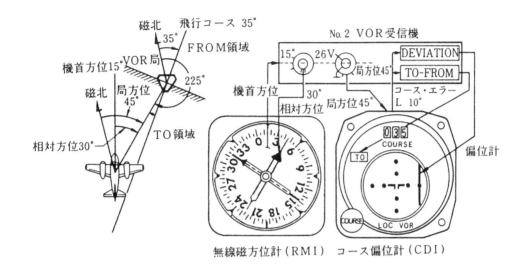

図4－19　VOR 局方位の表示法

4－2－5　VOR局を利用した航法（Navigation Using VOR Station）

　図4－19に示すように、VOR 局を利用して、あらかじめ飛行コースを設定し、そのコースに沿った飛行ができる。同図の場合は飛行コースを 35°に選んでいるが、航空機が機首方位 15°、VOR 局の相対方位 30°でコースの左側にずれているが、VOR 局に近づきつつある様子を示している。

　飛行コースは、コース偏位計（Course Deviation Indicator; CDI）で設定する。設定した飛行コースと航空機から見た局方位との差角（ビーム・エラー角）が 10°のとき、CDI の偏位計は 2 ドット振れるように調整されている。VOR 局に向かって飛行しているか（TO 領域）、あるいは VOR を通過して離れつつあるか（FROM 領域）は TO－FROM 指示計で表示される。

　TO 領域と FROM 領域は、VOR 局を基準にして、選択したコースに直角な線（**図4－19**の斜線部）で分けられる。今設定したコースが 35°なので飛行機は TO 領域にいるが、同じ位置でコースを 180°反対方向（215°）に設定すると飛行機は FROM 領域にいることになる。

4 - 3　計器着陸装置（Instrument Landing System; ILS）

　計器着陸装置は、ICAO が航空機の電波による精密進入用援助施設として 1950 年に定めた方式で、図 4 - 20 に示すように電波によって空港への進入路を形成する地上施設と、この電波を受信して着陸コースからの航空機の偏位を示す機上装置とで構成されている。

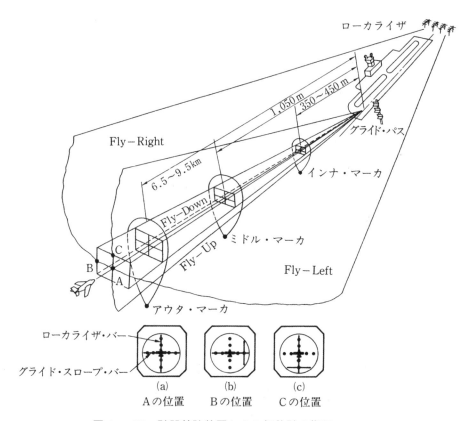

図 4 - 20　計器着陸装置と ILS 偏位計の指示

　ILS 地上施設は、滑走路の中心線の延長面を示す VHF 帯の電波を利用した**ローカライザ装置**（Localizer）、降下路をつくりだす UHF 帯の電波を利用する**グライド・パス**（Glide Path）もしくは**グライド・スロープ**（Glide Slope）装置、および滑走路末端までの距離を示す**マーカ・ビーコン**（Marker Beacon）から成り立っている。

　ILS 機上装置は、ローカライザ／グライド・パス／マーカ各アンテナ、ローカライザ受信機、グライド・パス受信機、ローカライザ周波数選択装置、マーカ受信機、ILS 偏位指示器、マーカ・ライトから構成されており、電波でつくりだされている降下路に対し機がどの位置にあるかを指示する。**図 4 - 20** の中の偏位計の表示がクロスバー方式になっているが、現在は ADI ／ HSI ／ PFD ／ ND でのポインタ表示が主流である。

4－3－1　ローカライザとグライド・パスの原理（Principle of Localizer and Glide Path）

a. ローカライザ（Localizer）

　ローカライザ（以下 LOC と表記）地上アンテナは図 4－21 に示すように、滑走路端から 250（m）後方に設置された 11 個のダイポール・アンテナからできており、これでキャリア・アンテナとサイドバンド・アンテナが構成されている。キャリア・アンテナは 11 個のダイポール・アンテナ全部を使って LOC コース中心に対し 10° の幅で先の尖ったパターンで、かつ 10° から 35° までは電界が徐々に減少するようなパターンで、搬送波（LOC 周波数）を 150（Hz）と 90（Hz）で振幅変調した電波（キャリアという）を放射している。サイドバンド・アンテナは、中央の 1 個を除く 10 個（5対）のダイポール・アンテナを使って、コースの左側ではマイナス位相の 150（Hz）とプラス位相の 90（Hz）で平衡変調した電波を、右側ではプラス位相の 150（Hz）とマイナス位相の 90（Hz）で平衡変調した電波を放射している。このパターンを保つために、アンテナから見て滑走路中心線の左右 10° の範囲内には、ハンガーなどの建物を建てることができない。

注：平衡変調：振幅変調波には搬送波成分と信号波（側波）成分があるが、そのうち搬送波成分を抑圧し、信号のみ送る方式である。

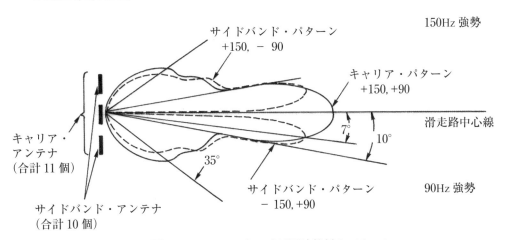

図 4－21　ローカライザ電波放射のパターン

　プラス位相の意味は、キャリアを変調している 90（Hz）と 150（Hz）に対して、サイドバンドの 150（Hz）と 90（Hz）が同相の場合をプラス、逆相の場合をマイナスとしている。

　キャリアとサイドバンドを合成すると、コースの中心線上では 90（Hz）と 150（Hz）の変調度が等しくなり、左側では 90（Hz）の変調度が 150（Hz）の変調度より大きく、右側ではその逆となる。変調度とは信号波の振幅と搬送波の振幅の比であり、たとえば左側では 90（Hz）の方はキャリア、サイドバンド共にプラスなので、90（Hz）の振幅が合わさり大きくなるが、150（Hz）はキャリアがプラス、サイドバンドがマイナスなので、振幅が小さくなる。コース上ではサイドバンドは放射されていないので、90（Hz）と 150（Hz）成分はキャリアのものだけであり、等しくなっている。図 4－22 はこれをベクトル的に表したものである。

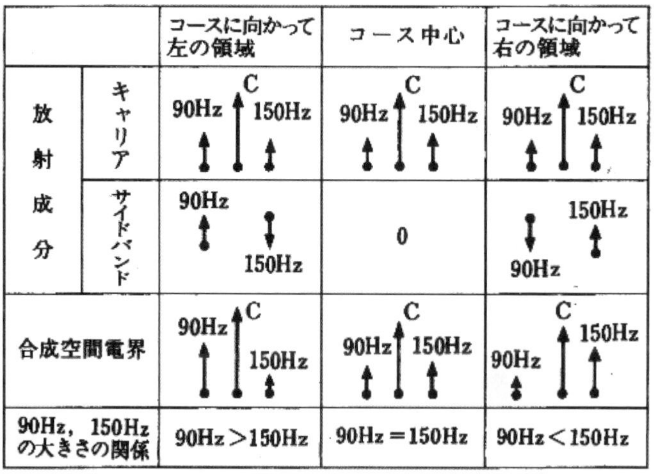

		コースに向かって左の領域	コース中心	コースに向かって右の領域
放射成分	キャリア	90Hz C 150Hz	90Hz C 150Hz	90Hz C 150Hz
	サイドバンド	90Hz / 150Hz	0	150Hz / 90Hz
合成空間電界		90Hz C 150Hz	90Hz C 150Hz	C 150Hz 90Hz
90Hz，150Hz の大きさの関係		90Hz＞150Hz	90Hz＝150Hz	90Hz＜150Hz

図4－22　ローカライザ電波の電界ベクトル図

　変調度を比べるのに変調度差（Difference in Depth of Modulation；DDM）という用語が用いられる。これは変調度の大きい信号の変調度（%）から、小さい信号の変調度（%）を差し引き、100で割った数値である。航空機がLOCコースから左または右にずれた場合、機上のLOC偏位指示器のLOCポインタの振れはDDMに比例し、DDM = 0.155のとき2ドット（フル・スケール）になるように調整されており、地上装置は左右どちら側でも2°ずれたときにDDM = 0.155となるよう調整されている。

　少し細かく言うと、コース中央のDDMはゼロで、それから左右にずれるに従ってDDMは急激に増加し、7°付近で最大となりその後減少するが、±35°の範囲ではDDM = 0.155を下回ることはなく、航空機側から見ると、LOCコースに35°まで接近するとLOC偏位指示器はフル・スケール（2ドット）振れており、この状態がコース2°付近に接近するまで保たれている。2°以内に近づくとLOCポインタの振れはコースからのずれ角に比例することになる。LOCの有効通達距離は25（海里）以上である。

b.　グライド・パス（Glide Path）

　グライド・パス（以下GPと表記）電波は、LOCと搬送周波数は異なるが、原理的にはLOCの放射パターンを水平から垂直にしたものと考えてよい。

　GP地上アンテナは着陸地点付近の滑走路わきにある。

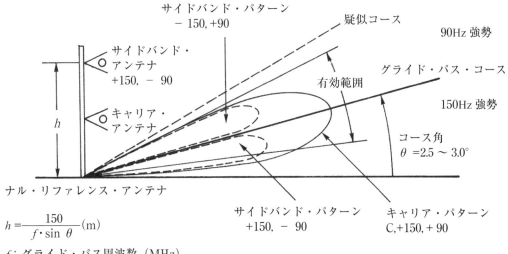

図 4 - 23　グライド・パス電波放射のパターン

　GP 地上アンテナは**図 4 - 23** に示すようにキャリア・アンテナとサイドバンド・アンテナから構成されている。これらのアンテナから直接放射される電波と、地面からの反射波が合成されて図のような GP が作られる。従って、アンテナ前方約 450（m）の範囲は平たんに整地されていなければならない。

　DDM の考え方は LOC と同じである。GP の降下角は 2.5°〜 3.0° に設定されており、航空機が GP コースから約(1/3)° 上にずれた場合、GP 偏位指示器の GP ポインタは 1 ドット触れるようになっている。このとき DDM = 0.0875 となるよう GP 地上装置が調整されている。

　実際の ILS 地上装置では降下角は 3° に設定されることが多い。この場合、1.35° から 5.25° の範囲が GP の有効範囲であるが、特に降下角 6° 付近に疑似コースができており、疑似コース上では GP ポインタは中央にもどってしまい、あたかも正常なコースを降下しているような誤指示を与えることがあるので注意が必要である。GP の有効通達距離は 10（海里）以上である。

4 - 3 - 2　ILS 受信機の動作原理（Functional Principle of ILS Receiver）

　ILS に割り当てられているローカライザ周波数は、108 〜 112（MHz）までのうち 40 チャンネルである。それと対になってグライド・パス周波数は 329 〜 335（MHz）の中で割り当てられており、その組み合わせを**表 4 - 2** に示す。ILS 受信機は**図 4 - 24** に示すように、ローカライザ受信機とグライド・スロープ受信機より構成される。ローカライザ受信機の周波数選択回路で、グライド・スロープ受信機の周波数選択も一緒に行われる。グライド・スロープ受信機もローカライザ受信機も作動原理は全く同じであるので、グライド・スロープ受信機を例にして説明する。

　UHF 受信回路で受信され、AM 検波された信号は、90（Hz）と 150（Hz）フィルタで 2 つの信号に分離される。この 2 つの信号は**図 4 - 25** に示す比較回路に加えられる。90（Hz）の信号はダ

表4－2　ローカライザとグライド・パスの周波数の組み合わせ

ローカライザ (MHz)	グライド・パス (MHz)	ローカライザ (MHz)	グライド・パス (MHz)
108.10	334.70	110.10	334.40
108.15	334.55	110.15	334.25
108.30	334.10	110.30	335.00
108.35	333.95	110.35	334.85
108.50	329.90	110.50	329.60
108.55	329.75	110.55	329.45
108.70	330.50	110.70	330.20
108.75	330.35	110.75	330.05
108.90	329.30	110.90	330.80
108.95	329.15	110.95	330.65
109.10	331.40	111.10	331.70
109.15	331.25	111.15	331.55
109.30	332.00	111.30	332.30
109.35	331.85	111.35	332.15
109.50	332.60	111.50	332.90
109.55	332.45	111.55	332.75
109.70	333.20	111.70	333.50
109.75	333.05	111.75	333.35
109.90	333.80	111.90	331.10
109.95	333.65	111.95	330.95

イオードで整流されてプラスの直流となって偏位計に加えられ、150（Hz）の信号はマイナスの直流となって偏位計に加えられる。すなわち、偏位計は90（Hz）と150（Hz）信号の差に応じて振れ、グライド・パスに対する航空機の位置を示すことになる。警報フラグ回路には90（Hz）と150（Hz）信号の和が加えられている。これは航空機がグライド・スロープから離れていて、受信信号が微弱なときや、地上装置の故障で電波が停止したとき、また機上受信機の故障で電波が受信できなくなったとき、警報フラグを出してグライド・スロープ偏位計が使えないことを示すためである。

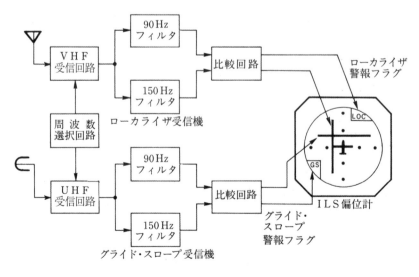

図4－24　ILS受信機系統図

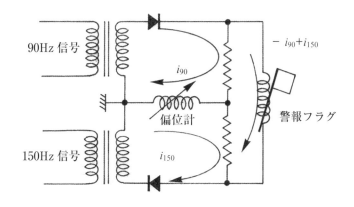

図4－25　ILS 受信機の偏位計、警報フラグ回路図

4－3－3　マーカ・ビーコンの原理（Principle of Marker Beacon）

　航空機が滑走路進入端までの距離を知るためにマーカ・ビーコンがあり、滑走路に近い方からインナ・マーカ、ミドル・マーカ、アウタ・マーカの順に設置されている。このほかに航空路マーカ・ビーコンがある。

　マーカ受信機の出力は図4－26に示すように、フライト・インタホンに接続されており、400、1,300、3,000（Hz）の信号音で滑走路端からの航空機の位置を示すとともに、計器盤に設けられている青、アンバー、白のマーカ灯を点灯する。ILS に併設されているマーカを受信する場合、航空機とマーカ局との距離がきわめて近いのでマーカ灯の点灯時間を調整するため、受信機の感度をわざと下げて低感度（Lo 位置）として使用する。航空路マーカを受信するときは高感度（Hi 位置）に切り替えて使用する。

表4－3　マーカ・ビーコンの識別

マーカの種類	識　別　符　号		マーカ通過時間
	音　　　声	灯　火	
インナ・マーカ	3,000Hz　連続ドット	白	3秒
ミドル・マーカ	1,300Hz　ドットとダッシュのくり返し	アンバー	6秒
アウタ・マーカ	400Hz　連続ダッシュ	青	12秒
航空路・マーカ	3,000Hz　モールス符号	白	－

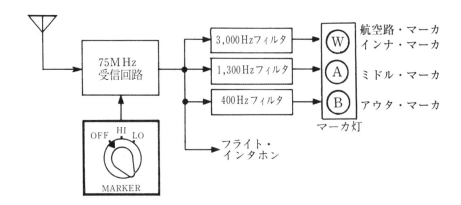

図4－26　マーカ受信機系統図

　なお、滑走路からの距離情報を知る装置として、規定上アウター・マーカとミドル・マーカの代わりに、小出力のDME（ターミナルDME：T－DME）を使用できる。DME（距離測定装置）そのものについては4－4で述べる。T－DMEを使うと、マーカと異なり滑走路からの距離が連続的に与えられる。T－DMEはアウター・マーカの距離をカバーできる程度の出力があればよく、有効通達距離は25NM程度である。T－DMEの地上アンテナは、グライド・パス地上アンテナの横に設置されている。近年はマーカよりT－DMEが主流である。

4－3－4　全天候運航

　定期運航を行うための重要な条件として、天候が挙げられる。すなわち、悪天候下でも運航できることは定期運航の維持に大きく寄与する。天候条件については、運航マニュアルに最低気象条件が定められており、この条件下で行う運航を全天候運航という。このうち、進入および着陸段階での最低気象条件下での運用について、簡単に紹介する。

　ILSを用いた進入・着陸（精密進入・着陸）を行う場合、運航のカテゴリーが定められている。カテゴリーⅠ、カテゴリーⅡ、カテゴリーⅢa、Ⅲb、Ⅲcがある。それぞれのカテゴリーに応じた滑走路視距離（RVR：滑走路中心線上のパイロットが滑走路中心線灯などを視認できる最大距離）や決心高〔カテゴリーⅠ運航ではDA（Decision Altitude）、カテゴリーⅡ運航ではDH（Decision Height）：その高さにおいて精密進入に必要な視覚目標物が見えなければ進入復行を行わなければならない高さ〕、警戒高（AH（Alert Height）：カテゴリーⅢ運航でこの高さ以上で自動着陸システムまたは関連地上施設に故障が発生した場合、進入復行を行わなければならない高さ）が決められている。DAは気圧高度、DH/AHは電波高度を使用する。

　たとえば、カテゴリーⅠ運航はRVR550メートル以上且つDA60メートル以上、カテゴリーⅡ運航はRVR350メートル以上且つDH30メートル以上、カテゴリーⅢa運航はRVR200メートル以上およ

びカテゴリーⅢb運航はRVR50メートル以上で、自動操縦によって精密進入を行うことができる。

　運航実施のためには、すべてのカテゴリーに対して、乗員（所定の運航の資格を有すること）、RVR/DA/DH/AH、機材（航空機関連システムの作動状況）、地上施設（空港、滑走路設備）の要件を満足している必要がある。

4 – 4　距離測定装置（Distance Measuring Equipment; DME）

　距離測定装置は、航空機が搭載しているDMEインタロゲータ（質問器）と地上装置のDMEトランスポンダ（応答器）の組み合わせで作動する2次レーダーで、1,000（MHz）帯の電波によるパルス信号が航空機とDME地上局との間を往復する時間をはかって、航空機側でDME地上局までの斜め距離（Slant Distance）を測定する装置で、ICAOにより1960年に短距離航法援助施設と定められた。

　DME地上局は**図4 – 3**、**図4 – 27**のようにVORまたはILSと併設されている。航空機側のDMEインタロゲータの周波数選択は、VOR/ILSの周波数選択で同時に行われるので、DME単独のコントロール・パネルはない。

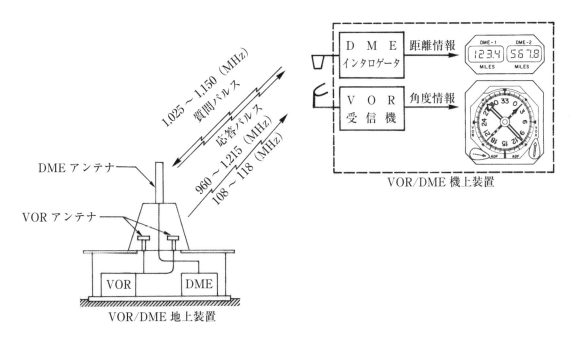

図4 – 27　VOR/DMEの構成

4－4－1　DME の原理（Principle of DME）

　DME インタロゲータは、1,000（MHz）帯の電波で DME 地上局に向けて質問パルスを発射する。地上局は質問パルスを受信後、図4－28 に示すように50（μs）の遅延時間をおいて質問波とは 63（MHz）異なった周波数で応答パルスを発射する。図4－28 に示すように、パルスは単パルスではなく、パルス・ペア（パルス対）になっている。パルス・ペアを確実に受信してから応答するために50（μs）の遅延時間をおいている。インタロゲータは質問パルスを発射してから応答パルスが受信されるまでの時間 T を測定し、航空機と DME 地上局の斜め距離 D を次の式で算出し、DME インジケータで表示する。

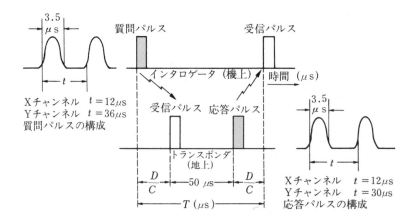

図4－28　DME の質問、応答パルスの時間関係

$$\text{斜め距離}\quad D = \frac{(T-50)}{12.3}\;\text{海里）} \quad\cdots\cdots\cdots\cdots\cdots\cdots\cdots\cdots\cdots\cdots\cdots\cdots\cdots\cdots (4-2)$$

$$T：質問パルスを発射後、応答パルスを受信するまでの時間（\mu s）$$

　DME は質問と応答パルスの構成によって X チャンネルと Y チャンネルとに区分され、それぞれ 126 チャンネルの周波数の組み合わせが表4－4 のように定められている。このうち 200 チャンネルが VOR/ILS 周波数と組み合わされている。

表4－4　DME チャンネルと周波数の組み合わせの例

チャンネル	VOR/ILS周波数 （MHz）	インタロゲータ周波数 （MHz）	トランスポンダ周波数 （MHz）
1X	—	1,025	962
1Y	—	1,025	1,088
〉	〉	〉	〉
17X	108.00	1,041	978
17Y	108.05	1,041	1,104
〉	〉	〉	〉
126X	117.90	1,150	1,213
126Y	117.95	1,150	1,087

　DME 地上局は、機上のインタロゲータからの質問がないときでも、1,000PPS（Pulse Per Second：ツイン・パルスのくり返し数）でランダム・パルスを送信している。質問の増加にともない送信パルス数も増大し、最大 2,700PPS となる。

　航空機のインタロゲータが距離測定を完了するまでの状態を捜索状態（Search Mode）と呼ぶ。このとき質問パルスの数が最も多く約 150PPS 程度である。距離測定後も距離の変化に追従して正しい距離の指示を維持し続ける状態を追跡状態（Track Mode）と呼び、このとき質問パルスの数は約 25PPS 程度である。従って、捜索状態の航空機 5 機と追跡状態の 95 機からの質問が 1 つの DME 局に殺到すると、3,125PPS の質問パルスとなり、DME 局の能力 2,700PPS をこえるので約 20% の質問には応答しないことになる。しかし、DME インタロゲータは質問の 70% に応答が得られると十分機能するように作られているので、1 つの DME 地上局で 100 機に対して距離情報を提供できる。

4－4－2　DME インタロゲータの動作原理（Function Principle of DME Interrogator）

　図 4－29 に示す DME インタロゲータのパルス・エンコーダは、不規則ではあるが、そのインタロゲータ独特のあるきまりをもったパルスを作り出す。これをもとにしてインタロゲータは、変調された高周波の質問パルスを送り出す。DME 地上局からは、ランダム・パルス、自機への応答パルス、他機への応答パルス、識別符号パルスなどが送られてくる。受信回路が受信した高周波パルス信号は、63（MHz）の中間周波増幅器で増幅されたのち、パルス・デコーダに送られる。ここでは正しく 12（μs）（X チャンネルの場合）のパルス対をなす応答信号だけが取り出される。この中から自機への応答を見つけ出さなければならない。

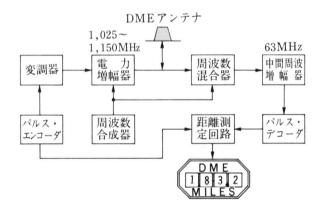

図 4－29　DME インタロゲータの系統図

　距離測定回路にはパルス・エンコーダからのパルスと、パルス・デコーダからのパルスが入ってくる。まず図 4－30 のようにパルス・エンコーダのパルスから一定遅延時間 T（μs）だけ遅れて距離ゲートを開き、距離ゲート出力にパルス・デコーダのパルスが見つかるか捜索する。もしパルスが見つからなければ遅延時間 T を少しずつ延ばしながら捜索を続ける。この状態が Search Mode

である。距離ゲート出力に70%以上のパルスを見つけると遅延時間 T を固定し、DMEインジケータに距離情報を表示する。その後は距離ゲート出力パルスを見失わないように、航空機の移動速度に合わせてわずかずつ遅延時間を変えながら距離の計算を続ける。この状態が Track Mode である。

　DMEの有効距離はVORの有効距離と同じく、電波見通し距離内の200〜300（海里）程度で、精度は0.5（海里）程度である。

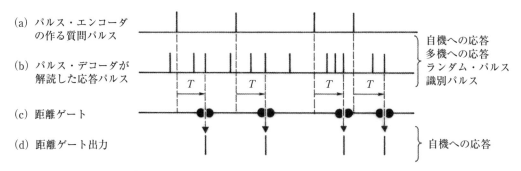

図4-30　DMEインタロゲータの時間差測定の原理

4-4-3　VOR/DME局を利用した航法（Navigation Using VOR/DME Station）

　軍用の近距離航法システムの1つに戦術航法システム（Tactical Air Navigation System; TACAN）がある。これは1,000（MHz）帯の電波を利用する地上無線施設から、航空機に方位情報と距離情報を与えているシステムである。その距離測定部分がDMEとしてVORとともに民間航空機に用いられているもので、実際の地上施設としてはVOR/TACAN局とVOR/DME局があるが、そのいずれもVOR/DME局として利用することができる。

　航空路はVOR/DME局またはVOR/TACAN局を基準として、**図4-31**のように、これらの局を結ぶ直線上に設定されている。この航空路上ですれ違う航空機には、それぞれに異なる高度を与えて衝突を回避している。しかし交通量が多くなるとこの高度差方式でもさばききれなくなる。そのため**航空路**に平行して複数の航空路を設定する方式が考え出され、**エリア・ナビゲーション**（Area Navigation; RNAV）と呼ばれている。

　VORとDMEを用いると、VOR局から見た自機の方位 θ とDME局からの距離 ρ を知ることができ、現在位置が計算できる。この方法を**$\rho - \theta$航法**と呼んでいるが、2局以上のVOR/DME局またはVOR/TACAN局を使うと現在位置は、さらに精度よく計算できる。

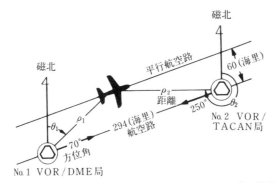

(a)　VOR／DME局およびVOR／TACAN局と航空機の位置関係

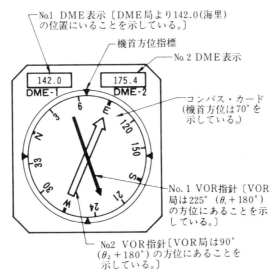

(b)　無線磁方位計に示された機首方位と
　　VOR／DME局およびVOR／TACAN局の標示

図4－31　ρ-θ航法とエリア・ナビゲーション

　しかし、VOR/DMEだけでは平行航空路をたどって飛行するのは難しいので、エリア・ナビゲーション・コンピュータ（RNAV Computer）を使って航路の計算を行った時期もあった。そのうち大型機には慣性航法装置（Inertial Navigation System；INS）が用いられるようになり、今日ではINSが独自に計算している現在位置を、VOR/DMEを用いて位置修正（Up Date）を行いより正確な現在位置を求め、VOR/DMEでつくる航空路に平行した航空路の飛行や、いくつかのVOR/DME局を避けて短縮直行飛行などを行っている。

4－5　ATC トランスポンダ（ATC Transponder）

　航空機の飛行方式にはパイロット自身の判断で飛行できる**有視界飛行方式**（Visual Flight Rules）と、常に航空管制機関の指示に従って飛行する**計器飛行方式**（Instrument Flight Rules）がある。

　VFR はパイロットの目視に頼って飛行するため、十分な視界がある**有視界飛行状態**（Visual Meteorological Condition）のときだけ許可される。IFR は VMC より視界が不良な**計器飛行状態**（Instrument Meteorological Condition）のとき、計器指示を頼りに飛行する方式で、パイロットは**計器飛行証明**の資格をもっていなければならず、航空機には IFR に必要な**姿勢、高度、および位置または針路**を測定するための ADF，VOR，DME 等の装置を装備していなければならない。もちろん VMC のとき IFR で飛行もでき、大型機ではいつでも IFR で飛行するのが通例である。

　全国の主要な空港の周辺で飛行場管制が行われている航空交通管制圏や、航空路にそった航空交通管制区を飛行するには VHF 送受信機と ATC トランスポンダを備えなければならない。

　ATC トランスポンダは、管制機関が航空機の位置を確認するために使っているレーダーの質問に対し応答する機上装置で、航空機側にはなんの情報も提供しないめずらしい装置である。そこでこの装置の発達過程を調べてみる。

　空港監視レーダー（Airport Surveillance Radar；ASR）や航空路監視レーダー（Air Route Surveillance Radar；ARSR）などの1次レーダーで機の所在は確認できるが、レーダー・スコープ上に複数の機影があらわれた場合、どれが管制の対象機であるかを識別するため、管制官は旋回飛行を指示して、その指示に従って動いた機影を見つけて識別していた。空の交通量が多くなると航空機の識別を容易にするため、第2次大戦中に開発された敵味方識別装置（Identification Friend or Foe）を利用する方法が、ICAO で採択され、1957 年に SSR と呼ぶ標準方式が定まった。

　2次監視レーダーは、インタロゲータ（質問機）と呼ばれる地上機から 1,030（MHz）の電波で質問パルスを発射する装置である。ATC トランスポンダは、SSR の質問パルスを受信して、あらかじめセットしてある応答符号を 1,090（MHz）の電波で応答する装置で、SSR と ATC トランスポンダが一対となって航空機の識別ができる。

4－5－1　2次監視レーダー（Secondary Surveillance Radar; SSR）

　航空交通管制のための地上設備として、1次監視レーダー（PSR：Primary Surveillance Radar）と2次監視レーダー（SSR：Secondary Surveillance Radar）が対になって稼動している。空港では ASR と SSR が対になっており、航空路では ARSR と SSR が対になっている。SSR アンテナは、**図4－32** のように PSR アンテナの直上に設置されている。ATC レーダー・スコープには2つのレーダーの像が重なって表示される。

　なお、航空路については1次レーダーの廃局が進み、SSR のみとなってきている。

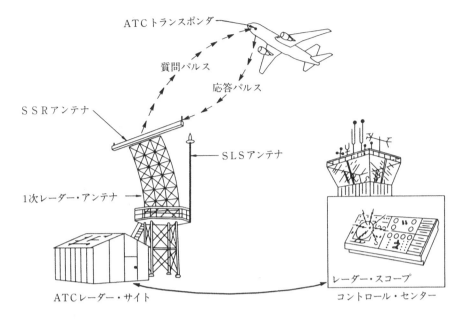

図4－32 2次監視レーダー（SSR）とATCトランスポンダ

SSRに用いられるアンテナは、回転するSSRアンテナと固定されたサイド・ローブ抑圧アンテナ（Side Lobe Suppression Antenna）が使われる。SSRからの質問パルスには、図4－33のように3パルス方式が主に用いられる。

3パルス方式の場合、P_1パルスとP_3パルスがSSRアンテナから放射され、P_2パルスがSLSアンテナから放射される。この場合、P_2パルスの強さはP_1, P_3パルスのサイド・ローブの強さより大きくなっている。ATCトランスポンダはP_1、P_3パルスがP_2パルスより強いとき（6dB以上）、自機あての質問と判断して応答するように作られている。

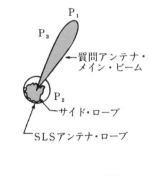

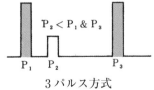

図4－33 SSRの質問パルスの方式

4－5－2　質問モード・パルスと応答コード・パルス（Interrogation Pulse and Response Pulse）

　地上のSSRから、航空機に向けて発射する質問パルスをモード・パルス（Mode Pulse）、航空機のATCトランスポンダからの応答パルスをコード・パルス（Code Pulse）と呼ぶ。

　SSRのモードはP₁パルスとP₃パルスの時間間隔で定まり、図4－34のようにA，B，C，Dの4種類のモードがあるが、現在使用されているのはモードAおよびモードCだけである。

　SSRからモードAのパルスで質問されたときは、ATCトランスポンダは自機に割り当てられた応答コードを答え、モードCのパルスでの質問には自機の高度を答える。管制官は航空機を区別するため、パイロットに対し4桁の0000～7777の範囲で応答コードを指定する。パイロットはATCトランスポンダの制御盤に、この応答コードを設定する。こうすると、ATCトランスポンダはモードAで質問を受けたとき、この応答コードで答える。

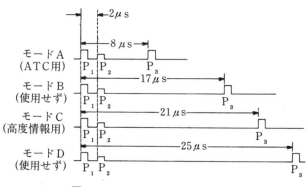

図4－34　SSRのモード・パルスの種類

　ATCトランスポンダのコード・パルスは、図4－35に示すように2個のフレーミング・パルス（Framing Pulse）と、1個の識別パルス（Ident Pulse）、12個の情報パルス（Information Pulse）から構成されている。フレーミング・パルスは、SSRが応答を解読するさいの基準となるパルスである。第2フレーミング・パルスより4.35（μs）遅れたところに識別パルスがある。これは管制官の要請に応じて、パイロットがATCトランスポンダの制御盤の識別符号ボタンを押すと発射するパルスで、特に航空機を識別したいときに使われる。

$$1,000 + 200 + 20 + 10 + 4 = 1,234$$

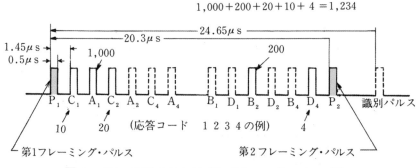

図4－35　ATCトランスポンダのコード・パルス列

　12個の情報パルスは、$A_1A_2A_4$，$B_1B_2B_4$，$C_1C_2C_4$，$D_1D_2D_4$ パルスで構成され、A は 1,000 の位を、B は 100 の位を、C は 10 の位を、D は 1 の位を指示する。従って、1234 と応答する場合は、$A_1B_2C_1C_2D_4$ のパルスが発射される。緊急事態発生のときは、コード 7700、通信機障害の場合はコード 7600、ハイジャック発生の場合は、コード 7500 で地上に連絡することになっている。

　モード C で質問を受けたときは、ATC トランスポンダは航空機の飛行高度を 12 個の情報パルスでコード化し、100（ft）間隔で応答する。このとき、応答する飛行高度は気圧高度計の気圧高度規正（Barometric Setting）にかかわりなく、29.92（inHg）で気圧規正した高度を応答することになっている。

4 − 5 − 3　ATC トランスポンダ機上装置（ATC Transponder Airborne Equipment）

　SSR からの 1,030（MHz）の質問電波は図 4 − 36 に示すように、ほぼ無指向性の ATC アンテナでとらえられ、受信回路に送られてここでビデオ信号となり、モード・デコーダに伝えられる。モード・デコーダではパルスの振幅を比較し SSR のメーン・ビームからの質問か、サイド・ローブによる質問かを判別しメーン・ビームからの質問のときのみ、その解析結果をエンコーダに送る。

　モード・デコーダはモード A の質問信号かモード C の質問信号かを P_1 パルスと P_3 パルスの時間間隔で区別し、エンコーダ（コード・パルス発生器）に伝える。もしモード A の質問であれば、エンコーダはパイロットが図 4 − 37 に示す操作盤に設定した 4 桁の応答コードに相当するコード・パルス列を作り出す。モード C の質問であれば、エンコーダはエアデータ・コンピュータからの高度情報を 100（ft）単位のコード・パルス列に作り変える。エンコーダで発生したコード・パルス列は変調器に送られ、変調器は送信機をパルス変調して、1,090（MHz）の電波を ATC アンテナを経て放射する。送信信号の一部はモニターに与えられ、検波出力があれば操作盤の作動灯を点灯し、トランスポンダが機能していることを知らせる。

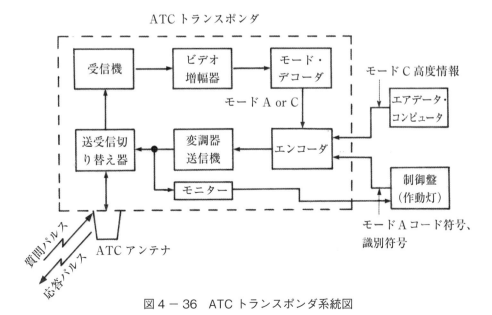

図 4 − 36　ATC トランスポンダ系統図

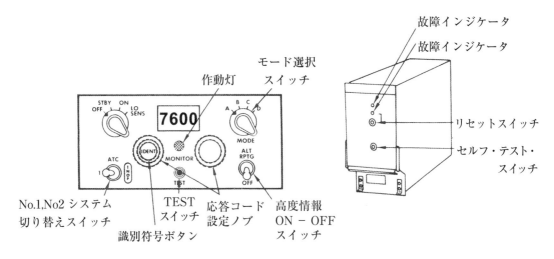

(a) ATC トランスポンダ制御盤　　　　(b) ATC トランスポンダ

図4－37　ATC トランスポンダの例

4－6　個別識別トランスポンダ（Mode S Transponder）

　航空交通管制機関はレーダーを使って航空機の所在を監視しながら、VHF 通信によって航空機と管制官相互の連絡をとり合い管制を行っている。年ごとに増大する交通量に対処するには、当然監視能力の拡大と通信の自動化が必要となる。そこで、従来の ATC トランスポンダをより発展させた**個別識別**トランスポンダが、ICAO の標準方式となった。また個別識別トランスポンダを利用した衝突防止システム（Traffic Alert and Collision Avoidance System; TCAS）もある。

4－6－1　SSR モード S の特徴（Characteristic of SSR Mode S）

　テレビ放送の歴史を振り返ってみると最初モノクローム（白黒）放送であったが、やがてカラー放送の時代となった。モノクローム受信機でもカラー放送をモノクロームとして十分受信できるように作られており、この両放送の間には両立性（Compatibility）が保たれている。

　SSR モード S は、**図4－38**に示すように、航空機に割り当てられた**個別アドレス**（電話番号と同様に考えてよい）を使用する。地上モード S 質問機から、アドレスを指定して質問をすると指定された航空機は応答し、その他の航空機は応答しない。しかし、これではモード S トランスポンダを搭載した航空機に対する管制はできるが、従来の SSR モード A/C のトランスポンダのみ装備した航空機の管制はできないことになる。この不都合を解消するため、モード S 質問機は**図4－39**のように、モード A/C トランスポンダでも応答できるような質問もでき、モード S とモード A/C との間にテレビ放送の場合と同じような両立性を保つよう作られている。

　SSR モード S は、モード A/C に比べ、次のような特徴を持っている。

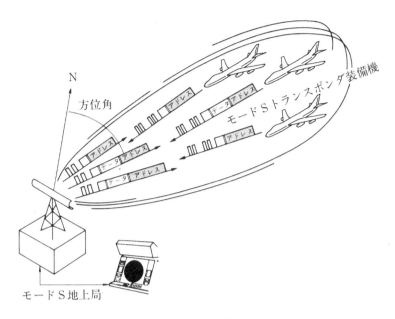

図 4 − 38　SSR モード S の質問と応答方式

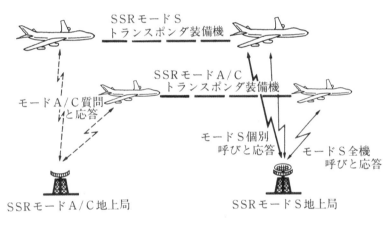

図 4 − 39　SSR モード A ／ C とモード S の両立性

(a)　目的とする航空機にのみアドレスを指定して質問ができる。

(b)　従って、交通量の多い空域でも目的機を見つけやすい。

(c)　管制側と航空機間とでメッセージやデータ交換ができ、音声の通信量が少なくてすむ。

4 − 6 − 2　質問と応答フォーマット（Interrogation and Response Signal Format）

　個別識別（Mode S）トランスポンダが応答する質問は、モード A，C，S でモード A，C は ATC トランスポンダで述べたフォーマットと同じである。

　モード S 質問と応答フォーマットを図 4 − 40 に示す。モード S 質問は P_1，P_2，およびデータ・パルス群で構成されている。データ・パルス群（データ・ブロック）には 56 または 112 ビットで構

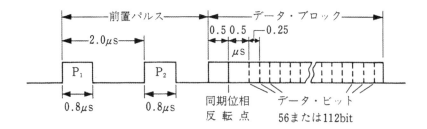

(a) モードS質問フォーマット

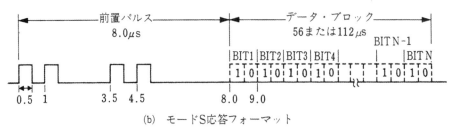

(b) モードS応答フォーマット

図4－40　モードS質問と応答フォーマット

成されており、差動位相変調（Differential Phase Shift Keying; DPSK）されている。差動位相変調については講座9「航空電子・電気の基礎」13－5－2b「ベースバンド伝送とブロードバンド伝送」参照。

このデータ・パルス群に個別アドレスが含まれており、質問フォーマットに自機に割り当てられた個別アドレスが見つかると応答する。

4－6－3　SSR モード S の運用（SSR Mode S Operation）

個別識別トランスポンダはATCトランスポンダと同様に航空機側では航空交通管制機関がどのような質問をしたのか、また自機がどんな応答をしたのか全く解らない機器である。管制側でモードSトランスポンダをどの様に利用しているのか調べてみる。

(a)　全機呼び（All － Call）

SSR モード S 質問機の管制圏内に、どのような航空機が飛行中なのかをまず知らなければならない。そこで、モードSトランスポンダを搭載した航空機を捕捉するため、**全機呼び**質問を行う。この質問にはSSRモードA/Cトランスポンダも、モードSトランスポンダも応答する。モードSトランスポンダからの応答には、アドレス符号と高度情報が含まれている。モードS質問機は、質問に対する応答時間差から距離を求め、また、方位角はアンテナの方位角で求められるので、管制圏内の航空機の位置とアドレスが分かり、この情報はコンピュータにファイルされる。

(b)　個別呼び（Roll － Call）

地上質問機に近い順序で、個別アドレスを用いた**個別呼び**を行い、航空機の位置を確認する。

(c)　管制の移管（Air Traffic Control Handover）

　航空機が隣のモードS質問機の管制圏に移動しつつあるときは、アドレスと航空機の位置を隣の
コンピュータに移管する。（Air Traffic Control Handover）

(d)　応答停止（Lock － Out）

　一度"個別呼び"に応答したモードSトランスポンダは、モードA／C質問や"全機呼び"には再
度の応答をしないようにロックアウトされる。しかしながら、地上質問機が4回捜索する16（s）間、
自機に対して質問がなされない場合は、このロックアウト機能は解除され、すべての質問に対して
応答する。

4－6－4　モードSデータリンク（Mode S Data Link）

　モードSトランスポンダには通常のSSRに対する応答機としての機能のほかに、データリンク機
能がある。データリンク機能を利用したシステムとして、TCAS、マルチラテレーション、ADS-B
などがある。TCASのデータリンク機能については、4－7「衝突防止装置」参照。本項ではマルチ
ラテレーションとADS-Bについて簡単に紹介する。

a.　マルチラテレーション（Multilateration：MLAT）

　MLATとは、空港面を走行する航空機を監視するため、航空機のモードSトランスポンダから送
信されるスキッタ（Squitter）と呼ばれる信号を、3か所以上の受信局で受信して、受信時刻の差か
ら航空機の位置を監視するシステムである。スキッタとは、SSRに対する応答と同じパルス波形の
信号であって、SSRに対する応答とは別に、ランダムなタイミングで送信されているパルス列のこ
とである。データの長さが異なる捕捉（Acquisition）スキッタと拡張（Extended）スキッタがあり、
捕捉スキッタにはモードSアドレスのみしか含まれないのに対し、拡張スキッタにはそれに加えて
位置情報や速度情報等が含まれる。捕捉スキッタは約1秒に1回、拡張スキッタは1秒当たり6回
を超えない程度送信される。

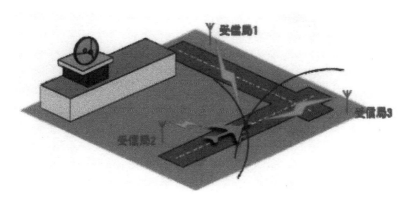

図4－41　マルチラテレーションの原理

　図で受信局1と受信局2で、空港面上のある航空機からの同じスキッタを受信したときの受信時刻の差により、双曲線をひくことができる。同様に受信局1と受信局3でもその時間差により双曲線をひくことができる。その双曲線の交点に航空機がいるという原理である。つまり、MLATは双曲線による測位を行うという意味で、従来の双曲線航法と類似している。

　少し細かい手順を述べると、MLATは捕捉スキッタもしくは拡張スキッタを受信し、測位を行う。この時点では航空機はモードSアドレスのみで識別される。次にMLATは送信機から気圧高度要求と識別コード要求の質問信号を発する（Mode S Only All Callは使用しない）。航空機からの応答信号により測位を行う。この応答により、モードSアドレス、気圧高度、識別コードが1元化される。

　従来、空港面監視システムとして、空港面探知レーダ（ASDE：Airport Surface Detection Equipment）が利用されていたが、航空機の識別情報が得られない、非常に高い周波数を使うので雨で性能が低下する、建物によるブラインド・エリアがある等々の課題があった。MLATはこれらの課題を解決できる特徴を持っており、現在ASDEを補完するシステムとして国内の主要な空港で実運用されている。

b.　ADS-B（Automatic Dependent Surveillance － Broadcast：放送型自動従属監視）

　ADS-Bは航空機がGNSS（GPS）から得られた自らの位置情報を送信（放送）し、それを地上で受信することで航空機の位置を知るという監視システムである。図4－42参照。

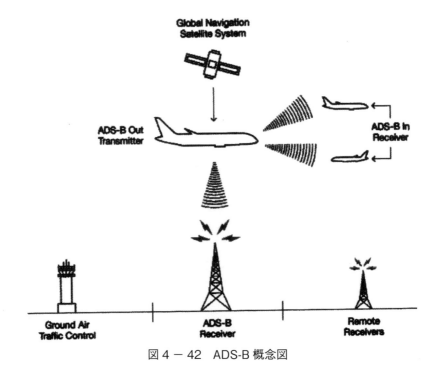

図4－42　ADS-B概念図

　航空機から自動送信するシステムをADS-B Outと呼び、ADS-B Outの媒体としては、モードSトランスポンダの拡張スキッタを使用する。つまり、簡単に言えば、航空機がGPSを受信し、それ

により測位した自機の位置をモードＳトランスポンダの拡張スキッタを通して、他の情報（速度、方位、高度、アドレス等々）と共に地上のアンテナ経由管制機関に送り、それに基づき管制が行われるという仕組みである。GPS の位置情報は非常に正確で、且ついろいろな情報を付加できるので、より正確で、効率的な管制が可能になる。

　ADS-B を受信する側を ADS-B In と呼ぶ。地上側には、ADS-B アンテナ、ADS-B 受信機が必要である。ADS-B Out 信号を周囲にいる航空機が受信し、送信している航空機の位置を Cockpit Display に表示させるという機能も用意されている。この場合機上 ADS-B In 機器としては TCAS が使用される。

　外国では ADS-B 地上局の設置が進行しており、一部では ADS-B の運用が義務化されている。今後も義務化は進む予定である。国内の管制ではまだ運用されていないが、将来運用の方向である。ADS-B が運用されている地域へ飛ぶ航空機では ADS-B Out が運用できるようになっている。

4－7　衝突防止装置
（Traffic Alert and Collision Avoidance System; TCAS）

　TCAS は、空中における航空機同士の衝突の危険を減少させる目的で開発された。TCAS の呼称は FAA によるものであり、ICAO では ACAS（Aircraft Collision Avoidance System）として技術基準を定めている。実質的に TCAS ＝ ACAS とみなしてよい。

　TCAS は周囲の航空機の ATC トランスポンダに対して、地上 SSR と同じタイプの電波を使用して質問信号を送り、その応答信号から周囲の航空機と自機との相対位置関係を測定し、衝突の危険性に関する情報をパイロットに提供するというシステムであり、典型的な 2 次レーダである。

　従って、TCAS の送信周波数は ATC トランスポンダの受信周波数と同じであり、TCAS の受信周波数は ATC トランスポンダの送信周波数と同じになる。TCAS は ATC トランスポンダを装備しない航空機に対しては機能しない。

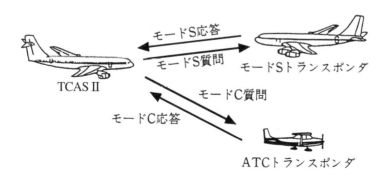

図 4 － 43　TCAS Ⅱ の質問と応答

　TCASは周囲の航空機を衝突の危険性の度合い（脅威度）に応じて、RA（Resolution Advisory：回避指示）、TA（Traffic Advisory：接近警報）、Proximate Traffic（自機から6nm以内、および±1,200ft内にいる脅威でない航空機）、Other Traffic（その他の脅威でない航空機）に分けて警報、指示を与える。

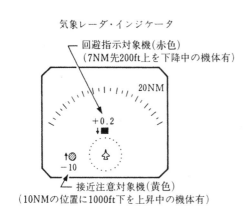

図4－44　接近情報の表示例（TCAS Ⅰ）

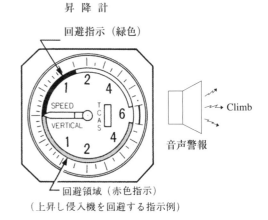

図4－45　回避指示の表示例（TCAS Ⅱ）

　TCASがRAと判定した場合、音声警報と共に、該当航空機が、TCASディスプレー（通常ND）上でRAと表示され、更に、回避の方向を指示する回避指示がPFDや昇降計に表示される。TAと判定されると、音声警報と共に、TCASディスプレー上でTAと表示される。Proximate Traffic、Other TrafficはTCASディスプレー上の表示のみである。

　TCASはその機能によりTCAS Ⅰ、TCAS Ⅱ、TCAS Ⅲに分けられる。TCAS ⅠではTAのみを与えられる。主として小型のコミュータ機やGeneral Aviation用に使用される。TCAS Ⅱは、相手機がMode CかMode S トランスポンダを装備していればTAおよび垂直方向のRAを与える。相手機が更にTCAS ⅡかⅢを装備していれば、それに加え、航空機同士で回避方向の調整（自機と相手機が同じ方向に回避しないようにする）ができる。相手機がTCAS装備機の場合、自機のトランスポンダは相手機のTCASに応答するので、回避方向の調整は自機のTCASとモードSトランスポンダ、相手機のTCASとモードSトランスポンダ間でできるループを通して行われる。主としてエアラインの航空機、大型コミュータ、商用機に使用される。TCAS ⅢはTCAS Ⅱの機能に加え、水平方向のRAを与えることができる。TCAS Ⅲはまだ装備されていない。

4－7－1　TCAS Ⅱの構成

　図4－46に示すように、TCASを構成する主なComponentは、TCASコンピュータ、TCAS表示器、アンテナ、コントロール・パネルである。

　コントロール・パネルはモードSトランスポンダのコントロール・パネルと一体になっており、

TCASに関しては、作動モードの選択、TCAS Display内容の調整機能などがある。

　TCASコンピュータは送受信機の機能とコンピュータの機能を持つ。アンテナは胴体のTopとBottomに1台ずつ装着されており、これで自機の上方と下方のTarget（相手機）をCoverしている。Targetの方向を測定するため指向性アンテナが使用される。TCAS表示は、Traffic表示とRA表示があり、Traffic表示は周囲の航空機の自機に対する相対的な位置・動き、現在の脅威度の状況などを表示するもので、専用の表示器やND（Navigation Display）などの集合計器に表示される。RA表示はRA発生時の回避方向を指示するもので、昇降計に表示するタイプや、姿勢指示器にPitch Cueとして指示するタイプなどがある。図4－44は気象レーダ・インジケータを使ったTraffic表示の例、図4－45は丸型昇降計を使ったRA表示の例を示している。

　モードSトランスポンダは、相手機がTCASを装備している場合、自機のTCAS関連機器となる。

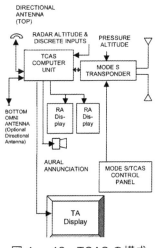

図4－46　TCASの構成

4－7－2　TCAS Ⅱの機能

a. Targetの監視

　TCASは近くにいる航空機の位置と高度に関する情報を得るため、その航空機の監視を行う。1,030MHzで質問電波を出し、近くにいる航空機が1,090MHzで応答する。この応答信号から以下の情報を得る。

（a）機別の識別符号（アドレス）により侵入機を識別する（これはTargetがモードSトランスポンダを装備している場合にのみ適用）。

（b）指向性アンテナにより侵入機の方位を測定する。

（c）質問と応答の時間差から、自機と侵入機の距離を測定する。

（d）侵入機の応答に含まれる高度情報から、飛行高度を知る。

　TCAS は 30nm の範囲内で最大 30 のトランスポンダ装備機を同時に追尾できる。

　Target がモード S トランスポンダを装備している場合、モード S には選択アドレスの機能があるため監視は比較的ストレートに行われる。モード S トランスポンダは 1 秒に 1 回その航空機のモード S アドレスを含むスキッタ信号を送信している。TCAS はそれを聴取しており、スキッタ・メッセージを受信し、解読するとそのモード S アドレスへモード S の質問を送信する。モード S トランスポンダはこれに応答し、TCAS はこの応答に含まれる情報からモード S 機との距離や、方位、高度を決定する。

　Target が Mode A または C トランスポンダ装備機の場合、監視方法はやや複雑となる。TCAS は近くにいるモード A/C トランスポンダに、Mode C Only All Call と呼ばれる修正されたモード C の質問を送信する。モード A/C トランスポンダはこれに応答する。但し、モード A の質問を使用しないのでモード A コードは TCAS には分からない。この応答からモード A/C 機との距離や、方位を測定する。Target がモード C 機の場合は、更に高度も測定できる。

　モード A/C Target の TCAS 監視は、地上からの反射（マルチパス）に加え、Synchronous Garble や Nonsynchronous Garble の問題により複雑となる。Synchronous Garble は、モード A/C トランスポンダからの応答メッセージは 20.3 μ秒の長さがあるため、TCAS からの距離の差が 1.7nm 以内にある複数のモード A/C トランスポンダからの応答が互いに Overlap してしまい正しい測定ができなくなることである。図 4 － 47 参照。

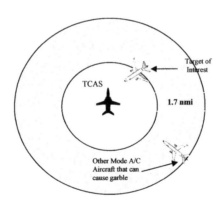

図 4 － 47　Synchronous Garble Area

　Nonsynchronous Garble は、地上からの質問、および他の TCAS からの質問によって引き起こされる自機にとって不要な応答により発生するものである。これらの問題は、いずれも TCAS コンピュータ内の修正アルゴリズムにより排除されるが、そのうち Synchronous Garble の排除法について述べる。この技術は WS（Whisper Shout）と呼ばれる。図 4 － 48 参照。

　WS 過程では、最初の質問では低パワー・レベルが使用される。次のステップで、最初の質問より少し低いレベルで Suppression（抑圧）パルスが送られ、その 2 μ秒後に少し高いレベルで質問される。この動作により、一つ前の質問に対し応答したトランスポンダのほとんどを抑圧できる。そ

して、一つ前の質問に応答しなかったその他のグループからの応答を引き出す。WS 過程はモード A/C トランスポンダの応答をいくつかのグループに分けるために 24 段階になっており、これにより Overlap の可能性を減らしている。WS 過程は各々の監視 Update 周期（通常 1 秒）間に 1 回送信される。

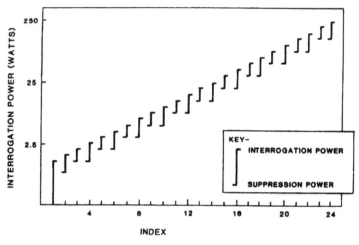

図 4 − 48　Whisper Shout 質問過程

b. 脅威の判定

　TCAS の脅威の判定は、SL（Sensitivity Level）、Tau、Protected Volume（防護空間）などの考え方が基本となっている。

SL（Sensitivity Level）

　衝突防止が効果的に作動するためには、必要な Protection と不要な Advisory との Trade-Off（折り合いをつけること）が要求される。これは SL をコントロールすることにより行われる。これにより後述の Tau をコントロールし、更に TCAS 機周囲の Protected Air Space の大きさをコントロールする。SL が大きければ、より大きな防護が得られるが、不要な Alert の発生も多くなる。

　SL を決める一つの方法はパイロットの手動による選択である。パイロットは TCAS コントロール・パネルで 3 つの作動モードを選択できる。スイッチが Standby 位置に置かれると、TCAS は SL1 で作動する。SL1 では TCAS は如何なる質問も出さない。SL1 は通常航空機が地上にいるとき選ばれる。パイロットがコントロール・パネルで TA-ONLY を選択すると、TCAS は SL2 になる。

　SL2 では監視機能が作動し、必要に応じて TA を発する。パイロットがコントロール・パネルで TA-RA あるいはそれと同等のモードを選ぶと、TCAS は自機の高度に基づき自動的に適当な SL を選択する。各 SL における高度の幅、および各 SL おける Tau の値を表 4 − 5 に示す。

　これらの SL において、TCAS はすべての監視機能が作動し、必要に応じて TA と RA を発する。SL3 までは Radio Altitude に基づきセットされ、残りの SL では Pressure Altitude に基づいてセットされる。

表4－5　Sensitivity Level

Own Altitude (feet)	SL	Tau (Seconds)		DMOD (nmi)		ZTHR (feet) Altitude Threshold		ALIM (feet)
		TA	RA	TA	RA	TA	RA	RA
< 1000 (AGL)	2	20	N/A	0.30	N/A	850	N/A	N/A
1000 - 2350 (AGL)	3	25	15	0.33	0.20	850	600	300
2350 – 5000	4	30	20	0.48	0.35	850	600	300
5000 – 10000	5	40	25	0.75	0.55	850	600	350
10000 – 20000	6	45	30	1.00	0.80	850	600	400
20000 – 42000	7	48	35	1.30	1.10	850	700	600
> 42000	7	48	35	1.30	1.10	1200	800	700

Tau（タウ）

　Tau は自機と Target 機が最も接近する点（CPA: Closest Point of Approach）までの時間の近似値を秒単位で表わしたもので、Range Tau と Vertical Tau の2つがある。

　Range Tau は現在の2機間の Slant Range（nm）を接近速度（knot）で割って 3,600 倍したものに等しい。接近しているということが前提なので、Target が近くにいても離れつつある場合は TA/RA の対象にならない。例えば Tau が 40 ということは、最接近点に達するまでの時間の余裕が 40 秒という意味となる。

　Vertical Tau は現在の2機間の高度差（ft）を Combined Vertical Speed（ft/min）で割って 60 倍したものに等しい。Range Tau と同様高度差が減少しているということが前提であり、Target が近くにいても高度差が開きつつある場合は TA/RA の対象とならない。

　TCAS の作動はすべての Alert 機能について、Tau の考え方に基礎を置いている。表4－5で各 SL における TA および RA を発する Tau の値が示される。例として SL5 における Range Tau を図4－49に示す。図の境界線は、40秒 Range Tau で TA をトリガし、25秒 Range Tau で RA をトリガする Range と接近率の組み合わせを示している。Vertical Tau に対しても同様の図が描ける。

　接近率が非常に小さい場合、Target 機が Range Tau 境界を Cross せずに、従って TA や RA を発することなく非常に近くまで来る可能性がある。このような状況に対する Protection のため、Range Tau 境界は図4－50に示されるように修正される。この修正は DMOD と呼ばれる。DMOD の値は SL によって変わる。これも表4－5に示される。

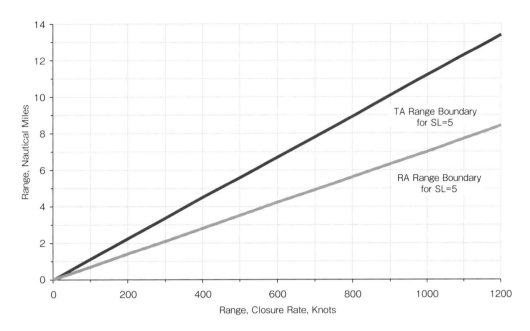

図 4 － 49 TA/RA Range Tau for SL5

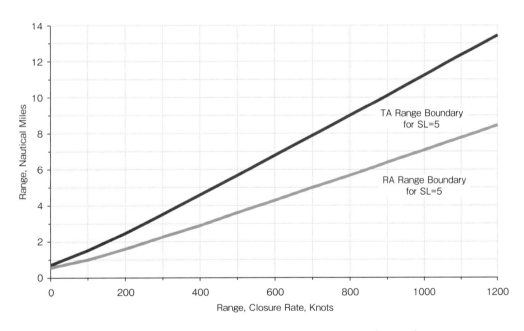

図 4 － 50 Modified TA/RA Range Tau for SL5（DMOD）

　Combined Vertical Speed が小さい場合も上記と同様のことが当てはまる。この場合、TCAS は TA/RA を発するかどうかを決定するのに Fixed-Altitude Threshold を使用する。この値も SL によって変わる。これも**表 4 － 5** に示される。なお**表 4 － 5** の一番右欄の ALIM は、Altitude Limit の略であり、CPA における Desired Vertical Separation を表わす。

たとえば、同じ高度差を保ちながら接近しているような場合、Range Tau が TA/RA Criteria を満足しても衝突の危険性は少ないと言える。従って、TA/RA が発せられるためには、Range と Vertical の Criteria（Tau もしくは DMOD/Fixed Threshold）の両方が満足されなければならない。なお、高度情報をレポートしない Target の場合、同じ高度にいると見なされ、Range のみで判定される。但し、RA は高度情報をレポートしない Target については発せられない。従って、Target がモード A トランスポンダしか装備していない場合、自機が TCAS II であっても TA のみしか発しない。

Protected Volume

　TCAS は Protected Volume で囲まれている。図 4 − 51 参照。

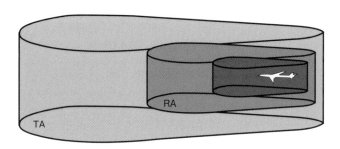

図 4 − 51　TCAS II の質問と応答

　前述の Tau と DMOD Criteria が水平方向の境界を形作り、Vertical Tau と Fixed Altitude Threshold が垂直方向の大きさを決定する。Protected Volume のサイズは基本的に距離ではなく Tau に基づいている。Tau は航空機の速度や Heading により変化するので、Protected Volume の大きさもそれによって変化する。この Volume の中に Target が侵入すると Alert が発生することになる。前述のように接近速度が非常に小さい場合、TA/RA の Volume が小さくなり Alert を発することなしに接近することになる。この対応として、DMOD や Fixed Altitude Threshold が設定されており、図の濃い部分がそれにより Protect された Volume を表わしている。

　TCAS II は、水平方向で 1,200 knot まで、垂直方向で 10,000 ft/min までの Rate で接近している 2 機について衝突回避の Protection を与えることができる。

4−8　気象レーダー（Weather Radar）

　気象レーダーは、夜間や視界の悪いときでも航路前方の悪天候地域を検出してこれを回避し、安全、快適な飛行をするのに使われる無線装置である。

　悪天候地域は一般に雲が多かったり雨の場合が多いので、気象レーダーは雨滴からの電波の反射を利用し、降雨量の多い場所をレーダー・スコープに映し出してパイロットに回避すべき地域を示す。また陸地と水面では電波の反射の強さが異なるので、海岸線、河川などを地図のように画像化することもでき、航法の目的にも使用できる。

　高高度では悪天候域に必ずしも雲や雨があるとは限らず、雲のないところに乱気流が発生することがあり、これを**晴天乱流**（Clear Air Turbulence; CAT）と呼んでいる。晴天乱流域には電波を反射する物質がないので、気象レーダーでは検出できない。

4−8−1　気象レーダーの原理（Principle of Weather Radar）

　気象レーダーは、周波数5.4（GHz）のCバンド・レーダーと周波数9.4（GHz）のXバンド・レーダーの2種類がある。レーダー送信機はパルス幅5（μs）、出力約60（kW）のパルス状の電波を、

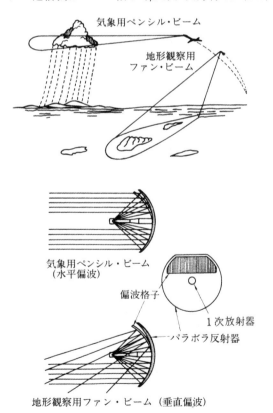

注；　1次放射器より垂直偏波の電波が放射されると、偏波格子が反射器の作用をしてファンビームとなる

図4−52　気象レーダーから放射される2種類のビーム

1秒間に200回程度マグネトロンで発振する。これを導波管でパラボラ・アンテナに導き、気象観測用にはペンシル状のビームを、地形観察用にはファン状のビームを図4－52のように放射する。

　なお、後述のカラー・デジタル気象レーダで使用される平板アンテナでは、地形観察用のファン・ビームは作られないが、別の方法で地形観察機能が与えられている。

　パラボラ・アンテナは機首のレドーム（Radome）に収納されていて、4秒間で機首前方180°回転する。アンテナから放射された電波は、雨やあられなどにあたると一部が反射し航空機側にもどってくる。この反射波は降雨量に比例することが知られている。微弱な反射波をパラボラ・アンテナで受信し、レーダー・スクリーン上に表示すると降雨量に比例した輝度をもつ映像となる。

　積乱雲（Cumulo－nimbus）の最上部は輸送機の巡航高度である 35,000 ～ 40,000（ft）以上に達している。この高度の雲は図4－53のようにほとんど氷の結晶（Ice Crystal）であり、レーダー波は大部分が透過してしまって反射（Echo）が得られずレーダー・スクリーンにあらわれないことが多い。高度 20,000（ft）近くの雲は乾いたあられ（Dry Hail）となっており、レーダー波を反射するのでレーダー・スクリーンに表示される。さらにその下になると湿ったあられ（Wet Hail）となって、この部分が最もよくレーダー波を反射する。さらにその下が降雨域となっている。気象レーダーを上手に使うには雲の構成をよく理解し、レーダー・ビームの中心が雲底付近をヒットするようアンテナを水平よりやや下向きにして使うのがよい。

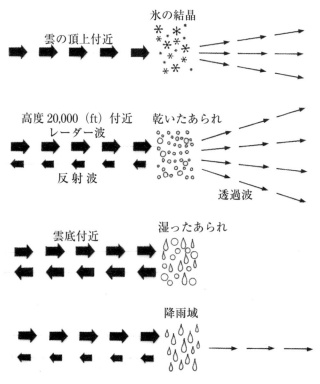

図4－53　積乱雲の構造とレーダー波の反射強度

　雨やあられによるレーダー波の反射の様子は、使用する電波の波長によって大きく異なる。
Ｘバンド・レーダーでは降雨によるレーダー波の減衰が大きいので、図4－54（a）のように手前に
ある雲の後ろにある強い雨域が映らない場合がある。Ｃバンド・レーダーは降雨によるレーダー波の
減衰が少ないので、手前の雲を通して背後の雨域を映し出すことができる。いずれの場合でも探知距
離は200～300（海里）程度である。航空機のレドームは小さいので、使用できるパラボラ・アンテ
ナにも制限があり、直径75（cm）のアンテナを用いている。この場合、Ｘバンド・レーダーのビー
ム幅は約4°、Ｃバンド・レーダーのビーム幅は約7°となる。従って、Ｘバンド・レーダーのほう
が方位分解能がよく、雨域や密雲の切れ目がはっきり映し出せる。Ｃバンド・レーダーではビーム幅
が広いため、2つに分れている雨域でも図4－54（b）のように1つの雨域のように映ってしまう。

　レーダー・スクリーンには図4－55のように雨や雲からのエコー（反射信号）の強弱が輝度の強
弱として表示されるが、ある程度以上強い反射信号では最大輝度となってしまい、エコーの強弱が
判定できなくなる。このため1時間の降水量が12（mm）以上の部分が黒く抜けて表示されるコン
タ（Iso－Contour）回路がある。この回路を作動させるとドーナッツのように雲の周辺が輝いてあ
らわれ、強い雨域は黒抜きとなる。

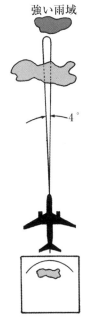

手前の雲によるレーダー波
の減衰のため背後の強い雨
域が映らないことがある。

（a）Ｘバンド・レーダー

方位分解能がよく雲の切
れ目がはっきり映る。

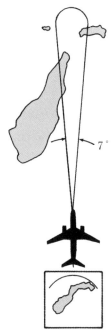

方位分解能が悪く2つの
雲が1つにしか映らない。

（b）Ｃバンド・レーダー

図4－54　Ｘバンド・レーダーとＣバンドレーダーの特徴

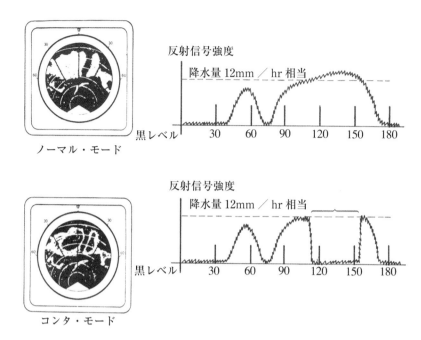

図 4 − 55　気象レーダーの表示例

　X バンド・レーダーと C バンド・レーダーの得失について前述しているが、現在ほとんどの機体で X バンドが使用されている。従来から気象レーダーの使い方として、遠方の雲まで観察して、安全な範囲でなるべく危険な雲に近づいて最小限の回避で飛行しようという Penetration（突破）を主体とした考え方と、なるべく早く危険な雲を見つけて早めに回避しようという Avoidance（回避）を主体にした考え方の 2 つがあった。Penetration を優先する運航会社は手前の雲による減衰が少ない C バンドを、Avoidance を優先する運航会社は解像度の良い X バンドを採用していた。後述のデジタル気象レーダーになって、手前の雲による減衰を補正する機能が加わり、その分 X バンドの不利な点が少なくなっている。また、危険な雲の判定はエコーの強さに加え、エコーの形も重要な要素である。カラー・デジタル気象レーダーになって、エコーの強さを段階的に色分けして表示できるため、X バンドの解像度の良さという利点の効果がより大きくなった。ドップラー効果を利用したタービュランス・モードなども加わり、現在は航空機の気象レーダーにおいては、X バンド・レーダーで危険な雲を回避するという考え方が中心となっている。

4 − 8 − 2　気象レーダーの動作原理（Functional Principle of Weather Radar）

　気象レーダーは図 4 − 56 に示すように、アンテナ、送受信機、インジケータ、コントロール・パネルから構成されている。

　気象レーダーの特長は自由に運動する航空機に搭載するので、機体姿勢が変わってもアンテナの走査面（Sweep Pattern）が変動しないよう**アンテナ安定回路（Antenna Stabilization Circuit）**が付属していることで、気象レーダーの系統図を図 4 − 57 に示す。

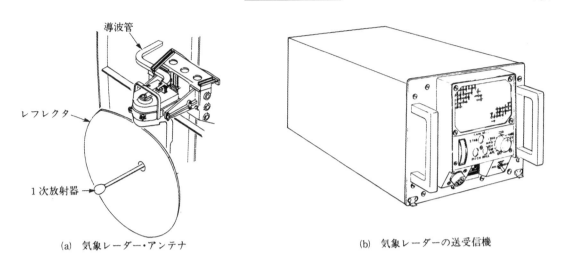

(a)　気象レーダー・アンテナ　　　　　　　　(b)　気象レーダーの送受信機

(c)　気象レーダー・コントロール・パネル　　　(d)　気象レーダー・インジケータ

図4－56　ベンデックス社製 RDR－1E 型気象レーダー

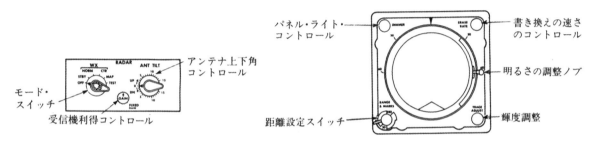

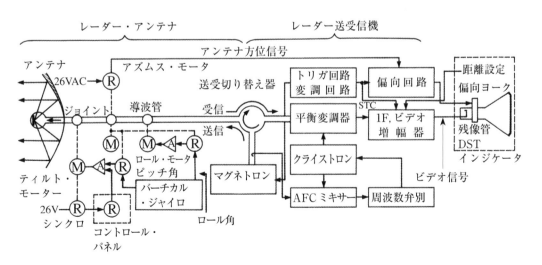

図4－57　気象レーダーの系統図

　アンテナはアズムス・モータで機首を中心に扇風機のように前方180°の首振り運動をしており、周期は4（s）である。すなわち、インジケータは1画面を4（s）で描くことになる。レーダー・コントロール・パネルにはアンテナ・ビームのティルト角（上下角）を設定するノブがあり、通常は水平位置より1°〜2°下向きにビームを発射している。このためアンテナのティルト角を調整するティルト・モータがあり、バーチカル・ジャイロからのピッチ角とレーダー操作盤の設定値によって駆動されている。航空機がロールすると、それによってもスウィープ・パターンが異なってしまうので、バーチカル・ジャイロからのロール角によって動くロール・モータがあり、機体がどんな運動をしてもアンテナ・パターンを一定に保っている。

　レーダー送信機にはマグネトロン発振器があり、パルス幅5（μs）程度のほんの短い時間だけ持続する電波を発射している。マグネトロンが電波を発射すると、フェライト送受切替器が自動的に送信側に切り替わり、マグネトロンとアンテナを結合しアンテナからパルス性の電波を発射する。マグネトロンの出力がなくなると送受切替器は受信側に切り替わり、アンテナと受信機を結合し雲や地面からの反射波は受信機に導かれる。受信機にはクライストロン発振器があり、マグネトロンが発射している電波より中間周波数（例えば30MHz）だけ異なる周波数を発振して、平衡変調器に送っている。ここで両方を混合して中間周波数となり、増幅、検波された後、ビデオ信号となる。マグネトロンの発振周波数はさほど安定しておらず絶えず変化するので、それに合わせてクライストロン発振器の周波数を変える**自動周波数安定回路**（Automatic Frequency Control; AFC）がある。

　雲や雨域などの目標物（Target）からのエコーは、目標物が近ければ近いほど強く、目標物までの距離の4乗に逆比例して弱くなる。従って、近い目標物からのエコーでも遠い目標物からのエコーでも、レーダー・スクリーン上でより正確な降水量を示すためには、エコーを距離で補正する回路（Sensitivity Time Control; STC）が必要で、受信機の中に設けられている。

　レーダー・インジケーターには、ビデオ信号とアンテナ方位信号が送られ、テレビと同じ原理でブラウン管にレーダー・エコーが描かれる。しかし、ブラウン管上の映像はアンテナの回転と同期しており、4(s)に1回しか更新されないので、少なくとも4(s)間はもとの映像を残す**残像管**（Display Storage Tube; DST）を用いている。航空機からの雲や陸地までの距離はパルス波を発射してから反射波がもどってくるまでの時間ではかられ、レーダー・スクリーン上の距離マーク（Range Mark）で読み取ることができる。

　航空機無線システムの給電線は通常同軸ケーブルが使用されているが、気象レーダーでは導波管（Waveguide）が使用される。同軸ケーブルでは、中心導体の表皮効果による損失、中心導体と外部導体間の絶縁体による誘電損失があり、マイクロ波以上の高周波（SHF以上）になってくるとこの影響が大きくなる。導波管は円形または方形の断面を持つ金属製の中空の管であり、同軸ケーブルの誘電損失の原因となっている絶縁体を空気にし（絶縁体を無くして中空にしている）、導体損失の原因となっている中心導体を取り除いたものである。損失が少ないということは、効率的な伝送が可能であり、大電力の伝送ができる。気象レーダーの周波数は民間大型機に装備される無線通信・

航法システムの中では一番高く（9GHz帯：SHF）、また電力も大きい。したがって、気象レーダーでは給電線として導波管が用いられる。

　なお、最近の気象レーダーシステムでは、送受信機がアンテナの側に取り付けられているものがあり、この場合は導波管の長さは非常に短いものとなる。

4 - 8 - 3　カラー・デジタル気象レーダー（Color Digital Weather Radar）

　最近のエレクトロニクスの進歩によって、従来のレーダーで用いられていたマグネトロンやクライストロンなどの電子管も、すべて半導体素子で置き換えることができるようになり、今までのパラボラ・アンテナより高性能の平板アンテナ（Flat Plate Antenna）に変わり、より鋭いビームを発射できるようになった。送信機がマグネトロンから水晶発信器に変わり、位相のそろったパルスを1（GHz）程度まではトランジスタで増幅し、その後はダイオードの非直線性を利用して逓倍し、5～9（GHz）の電波を100～300（W）まで簡単に発射できるようになった。発射する電波の周波数が安定しているので、受信機の帯域もそれにともなって狭くでき、従って雑音が少なくターゲットからのエコーを効果的に受信できるようになり、ここに新しい気象レーダーが誕生した。

　このレーダーはマイクロプロセッサとデジタル技術を応用したレーダーで、レーダー・スクリーンは降水量に応じて緑、黄、赤、マゼンタ（赤紫色）、黒の色彩でカラー化され表示されるようになり、今までよりずっと見やすくなった。

　これら新技術の導入により、動いている雲からの反射波がドプラー効果によって周波数が偏位することを利用して、降水量が少なくても気流のじょう乱がある場所を見つけて表示するタービュランス・モードが使えるようになった。この気流の乱れのある場所はマゼンタで表される。Weatherは専用のインジケーターではなく、ND上に表示されるのが一般的である。

　最近の気象レーダーにはPWS（Predictive Windshear System）の機能が組み込まれている。これはタービュランス・モードと同様、ドプラー効果による反射波の周波数偏位を利用して、低高度において機体前方のウィンドシアを検出する機能である。

図4 - 58 - 1　平板アンテナ（フラット・プレート・アンテナ）

4 － 9　電波高度計（Radio Altimeter）

　航空機には気圧高度計があり高度を知ることができるので、そのほかの高度計は不要と思われがちである。しかし気圧高度計は平均海水面からの高度を知る計器であり地表面からの高度を知ることができない。一方、航空機の着陸時に必要な情報は対地高度である。そこで考えだされたのが、対地高度（Terraine Clearance Altitude）を測る**電波高度計**で、主として着陸のとき用いられる。

　電波高度計は**図4 － 59**に示すように航空機より下向きに4.2～4.4（GHz）の電波を発射し、この電波が地表面で反射され再び機上にもどってくるまでの遅延時間を測定し、地表面を基準とした航空機の高度を求める一種のレーダーであり、1系統当たり1台の送受信機と送信用、受信用各1個、計2個のアンテナ、1～2個の高度指示計で構成されている。

　最近の電波高度計は2,500(ft)以下の低高度を精密に（高度誤差2%以内）測定するように作られている。この電波高度計は低高度を測定するという意味でLRRA（Low Range Radio Altimeter）と呼ばれる。高度は高度指示計に指示されるほか、対地接近警報装置(GPWS)や自動操縦装置(AFCS)に機体の高度と降下率を知らせる重要な装備品である。

　電波高度計の目盛は、機体が滑走路上に静止しているとき0（ft）を指すように調整されているが、機種によっては異なる場合がある。特に大型機においては、着陸時に主脚が接地したときを0（ft）としている。従って、大型機では、地上で機体が静止しているとき、電波高度計はマイナスを指示する。しかし、地面からアンテナまでの高さやアンテナから送受信機までのケーブルの長さなどは機種によって異なる。これでは、異種機間では電波高度計の互換性を失うことになるので、地表面から送受信機までの距離（Aircraft Installation Delay；AID）は、40、57、80（ft）の3種類に限定している。例えば、地表面からアンテナまでの高さ5（ft）、アンテナから送受信機までのケーブルの長さ30（ft）の機種の場合、ケーブル全体の長さを35（ft）になるよう製作し、余分な5（ft）のケーブルは送受信機の近くでループ状にして巻き込んでおく必要がある。送受信機はAID 40（ft）で作動するように指定のプログラム・ピンを接地すると、地表面から着陸脚下端までの正確な距離が指示される。

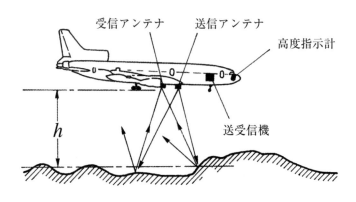

図4 － 59　電波高度計の原理

4－9－1　FM － CW 型電波高度計

(Frequency Modulated Continuous Wave Radio Altimeter)

FM － CW 型電波高度計は図 4 － 60 のように 0.005（s）間に 4,250（MHz）から 4,350（MHz）まで周波数が変化し、次の 0.005（s）間に再び 4,250（MHz）までもどる。

地表面からの反射波は τ（s）後に機上にもどってくるが、そのときの送信波と反射波の間には Δf（Hz）の周波数差が生じている。FM 変調くり返し時間を T（s）、FM 偏位幅を B（Hz）とすると、周波数偏位 Δf（Hz）は次のようにして求められる。

遅延時間　　　$\tau = \dfrac{2h}{c}$（s）　.. (4 － 3)

h：航空機高度（f t）

c：光速（9.84×10^8 f t/sec）

周波数偏位　　$\Delta f = \dfrac{2B}{T} \times \tau = \dfrac{4B}{cT} \times h$（Hz）.. (4 － 4)

B：FM 偏位幅（Hz）

T：FM 変調くり返し時間（s）

従って周波数偏位 Δf を周波数カウンタで教えることにより、高度 h を知ることができる。

2 重装備の場合、No.1 システムと No.2 システムで繰り返し周波数 T を変えることで No.1 と No.2 が混信しないようにしている。3 重装備の場合も同様である。

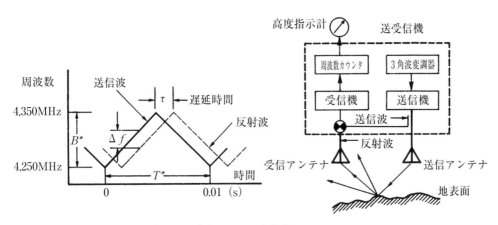

B^* および T^* は固定、τ が高度によって変化する

（a）FM － CW 波の波形　　　　　　（b）FM － CW 型の基本原理

図 4 － 60　FM － CW 型電波高度計の原理

4－9－2　反射波前縁捕捉型電波高度計

（Spectrum Leading Edge Detection Radio Altimeter）

　反射波前縁捕捉型電波高度計は、FM－CW型より測定精度が優れているといわれている。この型の電波高度計はFM－CW型のそれとよく似ているが、**図4－61**（a）に示すように送信波と受信波の周波数偏位Δfが一定となるように、FM変調くり返し時間T（s）を変化する型の電波高度計である。この電波高度計の反射波の周波数偏位は、航空機と地表との最短距離での反射が最も強く、**図4－61**（b）に示すように反射波前縁は鋭く立ち上がり、地表に斜めに当った電波の反射波は必ず周波数偏位が大きく、かつ弱くなるので反射波の前縁を確実にとらえることができ、正確な高度測定ができる。

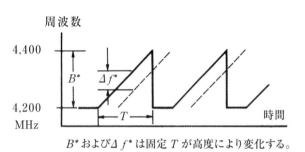

（a）反射波前縁捕捉の波形　　　　　　　　（b）反射波の周波数偏位

図4－61　反射波前縁捕捉型電波高度計の原理

　この電波高度計では、高度の計算は式（4－4）を変形することにより、

　　　FM変調くり返し時間　　　$T = \dfrac{2B}{c\Delta f} \times h \,(\mathrm{s})$ ･････････････････････････････････ （4－5）

で求められる。従って、遅延時間Tを測定することにより高度hを知ることができる。

4－9－3　電波高度指示計

　電波高度計は**図4－62**（a）に示す丸型計器が用いられていたが、その後航空機が地表に接近する様子が直感的に理解できる同図（b）のような縦型計器が多く用いられるようになった。また、最近の航空機では、専用の電波高度指示計を装備しているものは少なくなっており、PFDなどにデジタル表示されるものが多い。

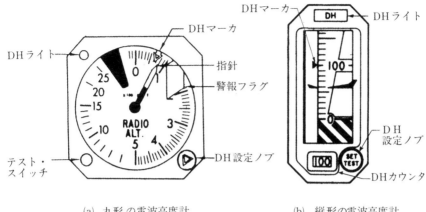

(a)　丸形 の電波高度計　　　　　(b)　縦形の電波高度計

DH：(Decision　Height) 着陸に際して進入を継続するか、着陸を中止し
て上昇するか、パイロットが決定しなければならない高度で 100 ～
200 (ft) に選ばれることが多い。

図 4 － 62　電波高度指示計

4 － 10　慣性航法システム (Inertial Navigation System；INS)

　距離の変化率（距離を時間で微分したもの）は速度であり、速度の変化率（速度を時間で微分したもの）が加速度である。従って、加速度を測定し、それを 2 回積分すると移動した距離が求められる。航空機の現在位置が分かっていれば、東西方向、南北方向、垂直方向の加速度を連続的に測定し、移動距離を計算していけば、自機の位置（緯度、経度、高度）を知ることができる。慣性航法とはこのような原理に基づいた航法である。

　デジタル・コンピュータの進化と共に、それを組み込んだ慣性航法装置の開発が進み、民間機としてはボーイング 747 型機に初めて慣性航法装置が標準装備品として搭載された。慣性航法装置あるいは、同様の原理に基づくシステムである後述の慣性基準装置は、援助施設を必要としない自蔵航法装置であり、長距離洋上を飛行する航空機には標準的に装備されている。

4 － 10 － 1　慣性航法の原理 (Principle of Inertial Navigation)

　航空機に積んで移動している加速度計に加わる加速度は、航空機の慣性空間での移動に伴う加速度である。地球は自転しているため、加速度の出力には航空機の地球上での移動に伴う加速度の他に、自転による見かけの加速度成分（コリオリの力）が含まれている。慣性航法は航空機の地球上の移動を基本にして行う航法であるから、加速度計の出力から見かけの加速度を除いた、地球上での移

動に伴う加速度のみを算出してから航法計算を行っている。

a.　加速度計

　加速度計は加速度を受感し、これを電気信号に変換するセンサで、原理は**図4－63a**に示すように、測定用質量（シャトル）と拘束用のバネからできている。このシャトルに加速度が働くと、バネが変位し、その質量を電気信号として取り出せる。加速度計が傾くと重力によりあたかも加速度が加わったような状態になり、正しい加速度が測定できない。

　つまり、加速度計が正しい加速度を測定するには、水平方向の加速度を測定する加速度計は、水平に置かれていなければならない。従って、加速度計を設置する台（プラットホームと呼ぶ）は水平でなければならない。

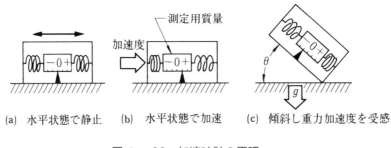

| (a)　水平状態で静止 | (b)　水平状態で加速 | (c)　傾斜し重力加速度を受感 |

図4－63　加速時計の原理

　また、東西方向の加速度を正しく測定するには、東西方向加速度計は正しく東西方向を向いていなければならない。南北方向も同様である。プラットホームを正しく水平で一定方向に保つために、3個のジャイロを使用する。

b.　ジャイロスコープ

　INSは**図4－64**に示すようなレート積分ジャイロを使用している。レート積分ジャイロは自由度1のジャイロであり、ジャイロ・ロータを密閉したケース（フロート）の中に入れ、フロートを粘度の高い制動油に浮かべた構造をしている。

　ジャイロを入力軸まわりに回転すると、フロートは出力軸まわりに回転運動を生じ、出力軸の回転角は入力軸の回転角に比例する。レート・ジャイロは変位（回転角）をSpringを使って元にもどすが、レート積分ジャイロは入力が無くなっても変位（回転角）を元に戻さない。変位がなくなって、そこに留まっても構わないのは、4－10－3「安定化プラットホーム」のところで述べるように、ジャイロはINSのプラットホーム上に取り付けられているので、プラットホームが動くことによりジャイロに入力が入り、その結果フロートが変位しても、プラットホームは水平でかつ一定方向になるように常に制御されているので、その制御信号で今度は最初の動きと逆の方向にプラットホームが動き、その動きによる逆方向の入力がジャイロに入るので、結果としてジャイロの入力軸はいつも一定方向で、かつ入力軸と出力軸の関係はいつも一定方向に保たれると考えればよい。

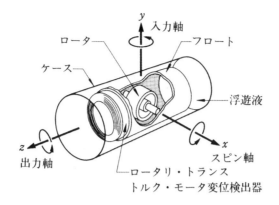

図 4 － 64　レート積分ジャイロの構造

4 － 10 － 2　慣性航法装置の座標系（Coordination System of INS)）

　航空機に用いられる慣性航法装置の基本は、図 4 － 65 ように航空機の姿勢変化や移動に関わらず、常に局地水平に垂直な Az 軸と、常に北を指し続ける N 軸、これに直交する E 軸に、加速度計とジャイロの入力軸を一致させ、加速度や自転率（アース・レート）を測定している。このような座標系をノース・スレーブ座標系（North Slaved Coordinate System）という。

　ノース・スレーブ座標系（航法座標系）の計測データは最後に地球座標系に変換され、緯度、経度などが計算される。

　基準となるのは地理上の北極であり、慣性航法装置で得られる方位は磁方位（Magnetic Heading）ではなく、真北（True North）を基準とする真方位（True Heading）である。現在位置は当然緯度、経度で表わされる。

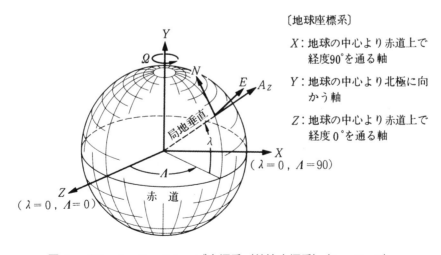

図 4 － 65　ノース・スレーブ座標系（航法座標系）（Az、N、E)

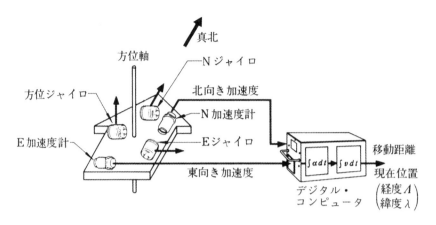

図４－66　プラットホーム上のジャイロと加速度計の配置

４－10－３　安定プラットホームの原理

　局地水平に平行で北向きに設定したプラットホームの上に、**図４－66**のように２個の加速度計を、
１個は真北に向け、他の１個は真東に向けて設置する（実際には垂直加速度計も設置され、３次元の
位置計算を行っているが、安定プラットホームの原理には関わらないためここでは省略している。）。

　プラットホームを正しく北向きで水平に保つために、**図４－67**のように３個のジャイロを使用す
る。３個のジャイロは方位ジャイロ（Azimuth Gyro）、ノース・ジャイロ（North Gyro）、イースト・
ジャイロ（East Gyro）であり、入力軸がそれぞれ局地垂直（Local Vertical）と平行、真北（True

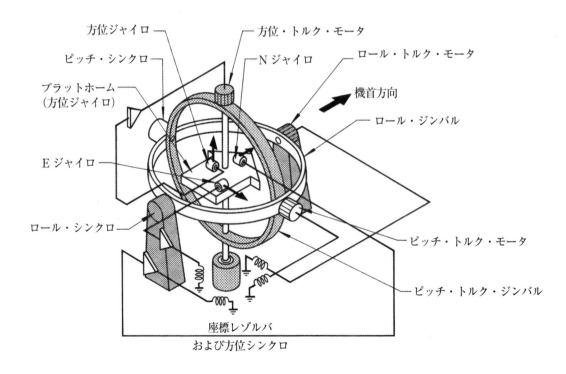

図４－67　安定プラットホームのメカニズム

North)、東方向を指すようにプラットホームに配置する。

　安定プラットホームは3個のジンバルで構成され、内側からプラットホーム（方位ジンバル）、ピッチ・ジンバル、ロール・ジンバルの順になっており、ロール・ジンバルが支持機構を介して機体に取りつけられている。

　プラットホームを水平に保つために、ノース・ジャイロ（ロール・ジャイロ）とイースト・ジャイロ（ピッチ・ジャイロ）の出力は座標レゾルバでピッチ姿勢信号とロール姿勢信号に分離した後、各々のトルク・モータに加えてプラットホームを水平に制御している。プラットホームを北向きに保つためには、方位ジャイロの信号を方位トルク・モータに加えて、プラットホームが常に北を向き続けるよう制御している。

　このような制御を続けると、機体の姿勢が変化してもプラットホームは図4－68（a）のように慣性空間に対して安定する。しかし、プラットホームは地球に対して安定しておらず、次第に北からも水平からもずれてくる。この原因は地球が自転しているためで、自転に対する補正が必要となってくる。これを地球自転率の補正という。この補正を行ったプラットホームは、航空機が移動しない限り、同図（b）のようにいつまでも北を向き水平を保ち続ける。

　この制御のための3軸のジャイロは、機体の姿勢基準、方位基準としてこのまま使用される。したがって、INS装備機ではV/G、D/Gは不要である（IRSも同様）。

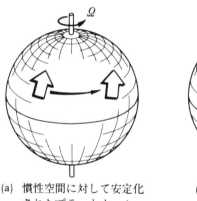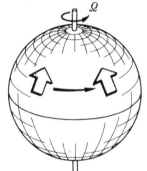

(a)　慣性空間に対して安定化　　　　(b)　地球に対して安定化
　　されたプラットホーム　　　　　　　　されたプラットホーム

図4－68　プラットホームの安定法

a.　地球自転率の補正

　地球は1時間当たり約15度の割合で自転している。地球自転率ベクトルは地球座標のY軸（自転軸）に一致しているので、例えば赤道上におけるノース・ジャイロは入力軸が自転軸と平行になるので、1時間当たり15度の自転率を受感する。

　地球自転率ベクトルをノース・スレーブ座標系で表わすと、図4－69のようになる。方位ジャイロとノース・ジャイロは緯度に応じた自転率を受感し、イースト・ジャイロは受感しない。航空機

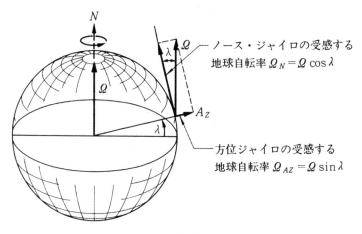

図4－69　地球の自転率

が静止していても、プラットホームは各ジャイロの受感する自転率の分だけ、次第に傾いてしまうので、ジャイロにトルクを加えてこれに対する補正を常時行う。

b. 移動率の補正

　航空機が飛行することによっても地球中心に対する角運動が生じ、これを移動率と呼ぶ。地球自転率と同じように、各ジャイロはこの移動率を受感し、プラットホームは最初に設定した方位よりずれてくるので、これに対する補正も常時行われる（移動率の補正の詳細は、巻末の付録参照）。

4－10－4　プラットホームの初期調整（アラインメント：Platform Alignment）

　アラインメントでは、レベル調整と方位調整が行われる。これは飛行開始前で機体が静止しているときに実施する。アラインメントのためには、INSコンピュータに航空機の現在位置を入力しなければならない。初期調整が完了すると、航法計算ができるナビゲーション・モードになり、機体を移動させてよい。

a. レベル調整

　プラットホームを局地水平に一致させる動作であり、東西方向加速度計と南北方向加速度計の出力がゼロになりようにプラットホームを傾けてゆくと自然に局地水平になる。

b. 方位調整

　プラットホームを常に北向きに合わせるには、レベル調整が完了したプラットホームの上で、イースト・ジャイロの受感する地球自転率がゼロであることを利用する。すなわち、イースト・ジャイロが自転率を受感しなくなるまでプラットホームの方位を変えてゆく。こうして北を向いたプラットホーム上で、ノース・ジャイロが受感する自転率は緯度により変化するので、現在の緯度がわかる。このようにしてINSが計測した緯度と、入力した現在位置（緯度）が一致すればアラインメント完了となる。このアラインメントの所要時間は約15分である。

　高緯度になると、ノース・ジャイロが自転率を受感しにくくなるため、アラインメントに時間が

かかるようになり、更に緯度が高くなるとアラインメント不可となる。

　なお、後述の IRS も INS と同様に機体静止状態でアラインメントを実施するが、最新のシステムでは GPS を受信していれば機体が動いていてもアラインメントが可能なものがある。

4 − 10 − 5　移動中のレベル調整、コリオリの加速度の補正

　航空機が移動し始めると、加速度計による水平保持ができなくなるため、水平の基準はジャイロだけとなる。プラットホームに振り子を取りつけ、その長さが地球の中心に達するような振り子をシューラーの振り子というが、これは航空機がどのような運動をしても振り子は局地垂直を中心にして周期 84.4 分で振動する。これは見方を変えると、振り子が地球の中心に保持され、プラットホームが局地水平を中心にして周期 84.4 分で振動していることになり、この振り子と物理的に等価な安定プラットホームを作ると、このプラットホームは航空機の運動に関わりなく、またジャイロのドリフトなどがあっても、常に局地水平を中心として振動する振り子となり、慣性航法の基準にできる。

　また、加速度計は真の航空機の加速度のほかに、回転している物体（地球）上で移動するため、コリオリの力による加速度が加わるので、この補正も行われる（移動中のレベル調整とコリオリの加速度の補正の詳細については、巻末の付録参照）。

4 − 10 − 6　算出データ

　INS が算出するデータとしては、機体姿勢と変化率、機首方位（真方位）、速度（水平、垂直方向）、航法データ（位置、航路（Track Angle）、対地速度、高度、昇降率、風向、風速）などがある。航法データの関連と HSI 上の指示の仕方を図 4 − 70 に示す。なお、風速と風向は INS だけでは計算できず、エア・データ・コンピュータから真対気速度（TAS）の入力を必要とする（現在位置、Track Angle と対地速度、機首方位と偏流角、風速および風向の計算の詳細については、巻末の付録参照）。

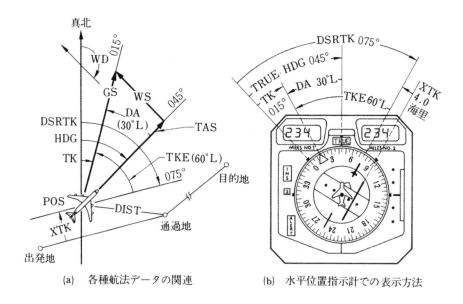

(a)　各種航法データの関連   (b)　水平位置指示計での表示方法

図4－70　慣性航法装置より得られる航法データ

　INSは更にWaypoint、大圏コースなども算出するが、後述のIRSにはこの計算機能はなく、これはFMSが行っている。

　また、INSが算出する方位は真方位であるが、VORなどは磁方位を使用しており、INS装備機でも磁方位のデータが必要である。INS装備機では、磁方位はFlux Valveを用いた遠隔指示コンパスシステム（Gyrosyn Compass System）から求めている。

4－10－7　慣性航法装置の実例と運用操作

　民間機のINSはARINC561規格に基づいて作られている。一般的なシステムは重量約30kg、消費電力約420Wである。

　INSを構成するユニットの例を図4－71に示す。このうち、ナビゲーション・ユニット（Navigation Unit; NU）がシステムの心臓部で、プラットホームなどの慣性測定装置（Inertial Measurement Unit; IMU）とデジタル・コンピュータおよび入出力回路で構成されている。NUへの入出力をコントロールするのがコントロール・ディスプレー・ユニット（Control Display Unit; CDU）であり、電源のON、OFFや作動モードの切り替えを行うのがモード・セレクト・ユニット（Mode Select Unit; MSU）である。

　通常INSは機体交流電源で作動するが、電源の断続に対するコンピュータの保護のためと、機内のすべての電源が失われても、最低15分間、INSを動かし続けるための緊急電源としてバッテリ・ユニット（Battery Unit; BU）が使用されている（機体電源のバッテリを使用するシステムもある）。また、地上でDC Operationになった場合、それを知らせるためにNose Gear付近にあるGround Crew Call Hornが鳴り続ける。

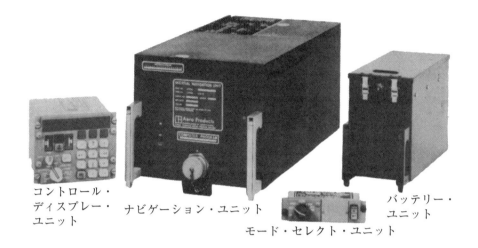

コントロール・
ディスプレー・　　ナビゲーション・ユニット　　　　　　　　　　　バッテリー・
ユニット　　　　　　　　　　　　　　　　　　　　　　　　　　　　ユニット

モード・セレクト・ユニット

図 4 - 71　慣性航法装置の例

　次に INS の基本的な操作手順を図 4 - 72 を用いて説明する。

a.　スタンバイ・モード（Standby Mode）

　MSU のモード・セレクト・スイッチを STBY モードにする。装置が起動し、IMU を所定の温度まで加温する。また、デジタル・コンピュータも起動する。CDU の表示選択スイッチを POS 位置にしてキーボードを使って出発地の位置を緯度、経度の順に入力する。

b.　アライン・モード（Align Mode）

　MSU のモード・セレクタを ALIGN モードまで進める。このモードでプラットホームは水平になり、加速度計の入力軸方向が装置の使用している座標系に一致する。この間、パイロットは表示選択スイッチを WAYPT 位置にし、ウエイポイント・セレクタとキーボードを使って飛行計画に従って、目的地と途中通過地点（Waypoint）を入力する。

　スタンバイにしてから約 15 分で IMU の初期調整が完了し、MSU 上の航法可能（Ready to Navigation）ライトが点灯する。この時点で機体の姿勢データ、方位データが使用可能となり、ADI、HSI、AFCS、気象レーダなどへデータの提供を始める。

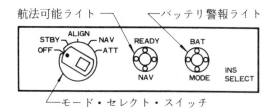

（a）　モード・セレクト・ユニット（MSU）

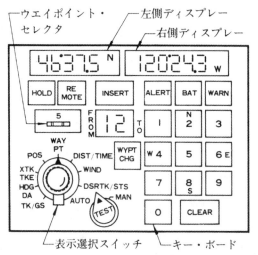

（b）　コントロール・ディスプレー・ユニット (CDU)

図4－72　慣性航法装置の MSU と CDU

c.　ナビゲーション・モード（Navigation Mode）

　MSU のスイッチを NAV モードまで進めると、コンピュータが航法データ、自動操縦装置への操作コマンド・データの計算をし始める。最初は CDU のウエイポイント表示器が航路1，2と表示し、出発地から第1通過地点までの航路に沿った計算を行う。通過地点に十分近づくと、航路は自動的に2、3と変わり、計算は次の航路に移ってゆく。自動操縦装置を接続しておくと、途中の通過地点を順々に通りながら、機体を目的地まで誘導できる。CDU の表示選択スイッチで選ぶことができる航法データは**表4－6**の通りである。

表 4 - 6　CDU 上に表示できる航法データ

表示選択スイッチ の位置	左側ディスプレー	右側ディスプレー
TK ／ GS	航路	対地速度
HDG ／ DA	真機首方位	偏流角
XTK ／ TKE	予定飛行コースからの偏位距離	偏位角
POS	現在地点の緯度	現在地点の経度
WPT	通過地点の緯度	通過地点の経度
DIS ／ TIME	次の通過地点までの距離	次の通過地点までの飛行時間
WIND	風向き	風速
DSRTK ／ STS	予定飛行コース	故障情報

d.　アティチュード・モード（Attitude Mode）

　デジタル・コンピュータが故障したとき、NU を姿勢及び方位基準としてのみ使用するモードである。このとき、CDU の表示は消えてしまい、航法データは求められないが、ADI、HSI、AFCS、気象レーダなどの使用は可能である。アラインメントは静止状態で行わなければならないので、飛行中 Attitude Mode にした場合、Navigation Mode にもどすことはできない。また、Attitude Mode では定期的に手動で Heading を入力する必要がある。

　上記 INS の各モードは、後述の IRS においても同様に与えられている。ハードウェアや実際の操作方法は INS と IRS では異なるが、各モードの持つ基本的な意味は同じである。

（以下、余白）

4－11 慣性基準装置（Inertial Reference System；IRS）

4－11－1 慣性基準装置の原理および計測装置
（Principle of IRS and Inertial Sensing Assembly）

現在位置を求める基本原理は INS と同じであるが、計測部の構造は全く異なる。INS は加速度計をプラットホーム上に置き、プラットホーム上に配置した機械式ジャイロの出力を用いてプラットホームを機械的に制御している。加速度計とジャイロは INU（Inertial Navigation Unit）に組み込まれている。

一方、IRS はプラットホームを使用せず、機体の3軸方向（Z 軸：Vertical Axis、Y 軸：Longitudinal Axis、X 軸：Lateral Axis）の加速度を検出する加速度計と、3軸を入力軸とする3個のジャイロを機体に直付けするストラップ・ダウン（Strapped Down）方式をとっており、機体に加わる加速度と姿勢変化を直接計測している（計測の基準軸は機体軸である）。加速度計、ジャイロは IRU（Inertial Reference Unit）内に組み込まれている。IRU を機体に取り付ける際には機体軸に正確に合わせなければならない。また、ジャイロはレーザ・ジャイロを使用している。慣性計測装置の様子を図4－73に示す。

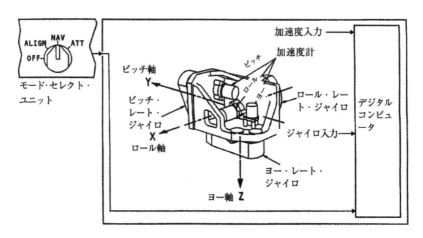

図4－73　慣性計測装置

機体直付けの装置で計測したデータはこのままでは航法計算に使えないので、高速高性能のデジタル・コンピュータを使用し、座標軸の変換を行い、航法軸や地球軸を基準としたデータに直してから各種計算を行っている。

IRS には INS のような複雑なジンバルを必要とする機械的安定化プラットホームがなく、レーザ・ジャイロも機械的回転部分がない。このため、INS に比べ信頼性が大幅に改善されている。さらに、レーザ・ジャイロの作動範囲は広く、入力と出力の関係の直線性が非常に良い。高性能デジタル・コンピュータの使用と相まって精度も INS より大きく向上している。現在は自蔵航法装置としては

ほとんど IRS が使用されている。

a. アラインメント（Alignment）

　アラインメントでは機体軸と航法軸の座標変換式を求める。まず機体に直付けの加速度計が検出した重力を基に、局地垂直（水平）（Local Vertical）を計算する。この計算上の（仮想の）局地垂直を基準にし、ジャイロが検出した自転率を使って真北と緯度を計算する。ここで入力した現在位置と IRS が計算した緯度が一致すれば、アラインメント完了となる。（現在位置の入力は通常 FMS（飛行管理システム）から行われる。）これで IRU 内に仮想のプラットホームを基準とする航法座標系が設定されたことになる。高緯度で自転率を受感しにくくなることは INS と同様であり、高緯度になる程アラインメントに要する時間は長くなる。

b. ナビゲーション・モード（Navigation Mode）

　3 軸のジャイロが検出したロール、ピッチ、ヨー角速度を使用して、機体姿勢・方位の変化に応じた座標変換式の修正を行い、機体姿勢・方位の変化があっても仮想の航法座標系を維持する。これで航法座標系から見た機体の姿勢・方位が計算される。加速度計の出力も航法座標系に変換される。最後に地球座標系に変換され緯度、経度などが計算される。この間、INS と同様、地球自転率と移動率の補正、移動中のレベル調整、コリオリの加速度の補正が行われる。

　座標系の変換および詳細な慣性基準装置の原理については、巻末の付録「IRS における座標系の変換および IRS の原理」参照。

c. 算出データ（Computed Data）

　機体姿勢と変化率、機首方位（真方位）、加速度（3 軸）、速度（水平、垂直方向）、航法データ（位置、航路、高度、風向、風速）などは INS、IRS 共に算出している。風向、風速の算出に必要な真対気速度は CADC から得ている。INS は更に Waypoint、大圏コースなども算出するが、IRS にはこれらの機能はなく、これは FMS が行っている。VOR や LOC は磁方位を使用しており、IRS 機でも磁方位が必要である。INS 機の場合はフラックス・バルブを用いた遠隔指示コンパスが付いており、そこから磁方位が得られる。IRS では地球表面を 500 に分割した磁気マップを持っている。磁気マップは現在位置から磁気偏角を計算する簡単な数式である。真方位で表わした機首方位に磁気偏角を加えて磁方位を算出している。つまり、IRS は真方位、磁方位の両方を与えることができる。

　なお、IRS 装備機では PFD 上の V／S（昇降率）データも IRS から得ているのが普通である。

d. 作動モード（Operation Mode）

　作動モードは基本的に INS と IRS は同じであり、アラインメント・モード、ナビゲーション・モード、アティチュード・モードがある。アラインメント中は重力の加速度以外の加速度が加わらないように、機体は静止していなければならないことは IRS も INS と同様であり、従来の INS、IRS は飛行中に IRS を OFF にしたり、アティチュード・モードにしたりすると再びアラインメントを行うことはできない。787 等最新の機体には AIM（Alignment In Motion）と呼ばれる機能を持つ IRS

が装備されている。AIM では前のモードがナビゲーション・モードであり、かつ GPS が作動していれば、機体が動いていても、つまり飛行中でも再アラインメントが可能となっている。ただし、AIM はその前がナビゲーション・モードであることが条件なので、通常のアラインメントが必要であることは言うまでもない。

4 − 11 − 2　レーザ・ジャイロ（Laser Gyro）

　まずレーザ（Laser）について説明する。

　レーザは「Light Amplification by Stimulated Emission of Radiation」の略語で、日本語では「輻射の誘導放出による光増幅」と訳される。レーザ媒質（原子）に光や電子などのエネルギーを与えると、電子がより外側の軌道に移る励起状態になる。励起された原子は不安定なので、一定時間後に元の状態（基底状態）に戻る。このときにエネルギーを光として放出する。これを自然放出という。そのときの光の波長はレーザ媒質に含まれる原子の種類による。媒質に強力なエネルギーを与え、励起状態の原子が増えると、自然放出光が励起状態にある原子に入射して刺激を与え、光を放出して基底状態に戻る。これを誘導放出という。これが連鎖反応的に起こり、入射光と同じ方向に向けてより強い光が得られる。この増幅光が2枚の反射鏡で形成される光共振器間を往復すると更に誘導放出による光増幅が行われる。この光は片側の部分反射鏡からレーザ光として取り出される。図4 − 74 参照。

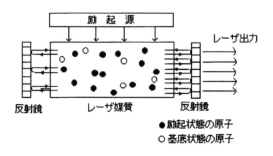

図4 − 74　レーザ発振の仕組み

　反射鏡間で互いに進行方向が逆の波が重なり、光の定常波ができている。この反射鏡間の距離が定常波の波長（周波数）を決める。図4 − 75 参照。

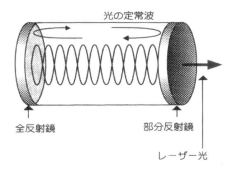

図4 － 75　光の定常波

　レーザ光の特徴は、単色性（単波長）、指向性に優れていること、波長と位相が揃っている干渉性の光（コヒーレント光という）であること、エネルギー集中度が優れていることなどがある。レーザ媒質としては気体、固体、半導体、色素などがあるが、リング・レーザ・ジャイロでは He － Ne ガスが使用されている。

　レーザ・ジャイロとしては、リング・レーザ・ジャイロと光ファイバ・レーザ・ジャイロの2種類がある。

a.　リング・レーザ・ジャイロ（Ring Laser Gyro）

　図4 － 76 はリング・レーザ・ジャイロの略図である。

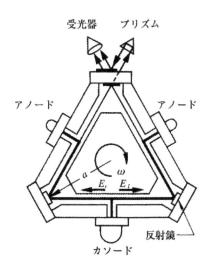

図4 － 76　リング・レーザ・ジャイロの略図

　レーザ光が通過する部分は石英のブロックを三角形にくり抜いて作られ、中に He － Ne ガスが封入されている。三角形の各コーナー部に反射鏡があり、光の通過部分とともに共振器を構成している。

受光器部分の反射鏡はハーフ・ミラーになっており、光を取り出すことができる。カソードと2つのアノード間がGas Discharge Regionとなっており、ここに高電圧をかけると、放電によりレーザ媒質が励起され、それが基底状態に戻るときに生じる光（波長632.8nm）がリング共振器内で誘導放出を起こし、レーザ発振光を作る。光は各コーナー部の反射鏡で構成される三角形を右回りと左回りに同時に発光する。

　ジャイロが静止しているときは、右回りと左回りの光の周波数に差がなく、これを一点に集めると縞模様（干渉縞）ができる。これはコヒーレント光の特徴である。図のようにジャイロが角速度ω（rad/s）で右回りの回転運動をしていると、光がカソードから受光器まで右回りに到達する時間は左回りに到達する時間より長くかかる。光路長が伸びると波長が長く（周波数が低く）なり、光路長が縮むと波長が短く（周波数が高く）なるというサニャック効果により、右回りと左回りで

　⊿f＝（4A/λL）ωで表わされる光の周波数差が生じる。

　ここで、L：カソードから受光器までの光路長、

　　　　　C：光の速度

　　　　　A：光路長を囲む面積

　　　　　λ：波長

　ジャイロが回転運動をして周波数に差が出ると縞模様が角速度に比例して左右どちらかに変動する。この変動の方向と速度を測定することにより角速度と回転方向を測定できる。図4－77参照。

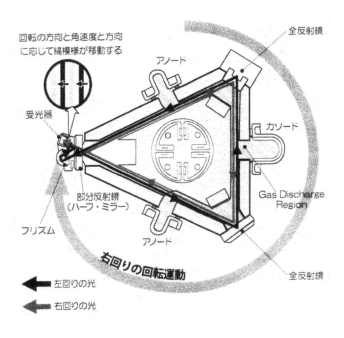

図4－77　リング・レーザ・ジャイロの回転

b.　光ファイバ・レーザ・ジャイロ（Fiber Optic laser Gyro）

図4−78に光ファイバ・レーザ・ジャイロの原理を示す。

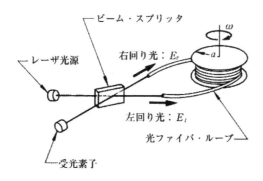

図4−78　光ファイバ・レーザ・ジャイロ

　このジャイロは、コイル状に巻かれた長さ1〜数（km）の光ファイバに、ループ外に置いたレーザ光源から光を送り、ビーム・スプリッタで右回りと左回りに光を分離する。これらの光は再びビーム・スプリッタを経て受光素子に達する。光ファイバ・コイルが回転すると、右回りと左回りの光の間に位相差が生じる。その位相差を干渉計で読み取って回転方向と角速度を測定している。光ファイバ・レーザ・ジャイロでは、半径を一定とすると、巻数に比例して位相差が増加するので、長いファイバが用いられる。現在、光ファイバの性能が向上し、半導体レーザと組み合わせて非常に小型で高感度のジャイロが作られ、主に小型機やヘリコプタ等で実用化されている。

4 − 12　全地球測位システム（Global Positioning System; GPS）

　ICAOにおいて、国際民間航空の今後のCNS〔Communication（通信）、Navigation（航法）、Surveillance（監視）〕は、人工衛星を用いたシステムを基調に構築されることが決まっているが、そのうち航法については、INS/IRSに加え、人工衛星を利用した全地球航法衛星システム（Global Navigation Satellite System; GNSS）を利用する。GNSSは人工衛星を使用して現在位置を計測する衛星航法（衛星測位）システムのうち、全地球を対象とするシステムである。衛星航法システムは、複数の航法衛星がそれぞれ送信する時刻情報を含む信号を比較し、電波を受信した時間差を計算することで現在位置を測定する。

　GNSSとしては、米国のGPS（Global Positioning System; 全地球測位システム）、ロシアのGLONASS（Global Navigation Satellite System）、EUのGalileo、中国のCNSS（Compass Navigation Satellite System; 北斗）などがある。また地域が限定されたシステムとして、インドのIRNSS（Indian Regional Navigation Satellite System）や日本のQZSS（Quasi-Zenith Satellite

System；準天頂衛星システム）などがある。

　それぞれのシステムの仕様は異なっているが、共通で使用できれば、衛星の数が大幅に増え、信頼性、利便性、経済性の向上などが期待されるので共通化も計画されている。これらのシステムのうち航空用として世界的に実運用されているのはGPSである。GLONASS、北斗は実運用の段階まで来ているが、まだ航空用として世界的に使用されていない。他のシステムは構築中の段階である。ここではGPSについて解説する。

　GPSは米国国防省が運用しているシステムであり、GPS衛星（NAVSTAR）は、地球から約20,000km上空の6つの軌道上を12時間で周回し、衛星の軌道情報や時間のデータを含む電波を出している。1つの軌道上に4個ずつ合計24個の衛星が配置され（実際には各軌道4個以上、合計30個以上の衛星が運用されている）、基本的には見通しのよい場所であれば6～9個の衛星が補足できる。

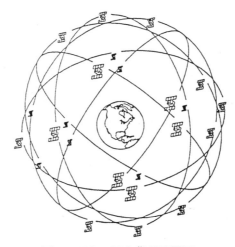

図4－79　GPS衛星配置図

　GPSは位置算出に必要な数の衛星からの電波を受信できれば、地球上のどこでも高精度の位置情報を取得できる。米国は軍事的優位性を保つため、SA（Selective Availability）という利用制限を設け、民間用の精度を下げていたが、すでにこの制限は解除され、民間でも水平方向で10m程度の精度が得られている。

4－12－1　GPSの構成

a. 制御部分（Control Segment）

　制御部分は、地上で衛星の監視と制御を行う。1か所の主制御局（Master Control Station: Colorado SpringsのSchriever Air Force Base）と6か所*のモニター局（Monitor Station：太平洋のHawaiiおよびKawajalein、インド洋のDiego Garcia、大西洋のAscension Island、フロリダの

Cape Canaveral、コロラドの Colorado Springs)、および 4 か所の Large Ground Antenna Station で構成される。

＊：モニター局は、GPS 近代化計画前は 5 か所であったが、その後性能・精度向上のため 2001 年に Cape Canaveral が追加されて 6 局となり、更に 2005 年以降 10 数か所が追加されている。

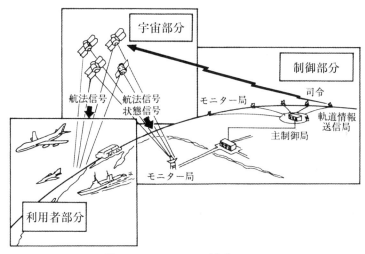

図 4 - 80　GPS の構成

　モニター局は衛星の軌道と時計を監視し、そのデータを主制御局に送る。主制御局はそのデータを基に、正確な衛星航法を継続するための軌道情報と時計の補正値を決定し、Ground Antenna を通して衛星に Upload する。また、衛星に異常が認められた場合は衛星の機能を止め、利用者が誤った情報を使うことを防止している。

b.　宇宙部分（Satellite Segment）

　宇宙部分を構成するのは NAVSTAR 衛星である。衛星からは電離層での電波伝搬誤差を除くために L1（1575.42MHz）および L2（1227.60MHz）の 2 つの電波が発射されている。

　更に、より高い測位精度を得るための新しい L5（1176.45MHz）も計画されている。これらの電波には、衛星の軌道データ、時刻が含まれている。衛星は原子時計を持っており、非常に正確な時間を提供している。

c.　利用者部分（User Segment）（機体システム）

　GPS は受信機とアンテナで構成される。受信機には GPS 単独の Receiver（GPS Sensor Unit）や ILS Receiver と一体となった MMR（Multi Mode Receiver）、FMS Computer に組み込まれたものなど、いろいろのタイプがある。GPS は航法センサとして FMS（Flight Management System）に位置データを送る。具体的な GPS Position の Raw Data は MCDU に表示される。また、EGPWS に対して位置データを送っている。

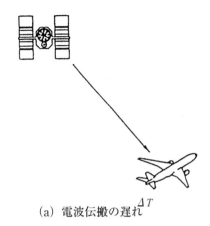

(a) 電波伝搬の遅れ ΔT

衛星から送信される暗号化された情報

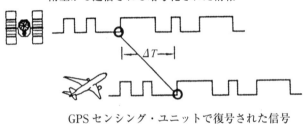

$\longmapsto \Delta T \longrightarrow$

GPS センシング・ユニットで復号された信号

(b) 電波伝搬の遅れの計測

図 4 − 81　GPS の原理

4 − 12 − 2　測位原理

　衛星が発射した電波を受信するまでの時間を測定すれば衛星と受信機(航空機)間の距離がわかる。現在位置(軌道)の分かっている 3 つの衛星からの電波を受信すれば三角測量の原理で 3 次元の位置決定ができる。これが測位の基本的な考え方である。

　衛星は衛星固有の Code で変調された電波を送信している。その中には全衛星の概略軌道情報(アルマナック)、その衛星の正確な軌道情報(エフェメリス)、GPS Time(UTC と正確に同期している)が含まれている。受信機は衛星の Code と同期したレプリカ信号を作り、これを基に衛星からの電波の遅延時間を測定して距離を測る。

　衛星と受信機の時間が一致していれば、3 つの衛星からの距離の交点は 1 点で交わる。衛星の位置は分かっているので、3 つの衛星からの Range 方程式により 3 つの未知数(緯度、経度、高度)が求められる。しかし、衛星の時計は正確であるが、受信機の時計は衛星の時計に比べるとそれほど正確ではないので、測定誤差が生じ、交点は 1 点で交わらなくなる。

　つまり、3次元の位置と時計誤差という4つの未知数があるため、その解を求めるには4つの疑似距離（受信機の時計誤差を加えた衛星までの距離）、すなわち更にもう一つの衛星からの Range 方程式が必要となる。原理的には4つの衛星からの距離を測定することにより、時計誤差を取り除くことができる。時計誤差が取り除かれると受信機の時計は衛星の時計と一致したことになり、受信機の時計が正確に UTC と関連付けられる。

　測位原理の少し詳しい説明について、巻末の付録参照。

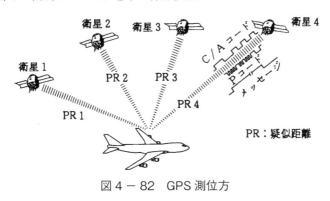

図 4 − 82　GPS 測位方

4 − 12 − 3　作動モード

　GPS には4つの作動モードがある。

a.　Acquisition モード

　GPS 受信機内にメモリーされているアルマナック・データ、FMS/IRS からの現在位置、Date/Time、高度データなどを基に受信機可視空域にある衛星を捕捉する。少なくとも4つの衛星を捕捉しなければならない。IRS が Available であれば約75秒で捕捉できる。IRS が Available でなくても捕捉可能であるが、この場合全衛星を Search しなければならないので、約4〜10分必要である。

b.　Navigation モード

　少なくとも4個の衛星に Lock On すると Navigation モードになり、GPS データを計算する。

c.　Altitude Aided モード

　Navigation モード時に GPS 受信機は IRS Altitude と GPS Altitude の差を Store する。このとき Available な衛星が3個になると（但し、その3個は幾何学的に良い位置関係でなければならない）、地球半径と IRU Altitude を足し、疑似的に地球の中心を4番目の衛星として位置を求める。

d.　Aided モード

　短時間（30秒以下）ほとんどの衛星を捕捉できない場合に、Aided モードになる。例としては、機体が Bank し、衛星の受信を Loss しているような状態である。この間、FMS/IRS からの Altitude、Ground Speed、Heading 等のデータにより自分の位置情報を維持する。再度衛星が捕捉できればすぐ Navigation モードにもどる。この間 GPS Output は NCD（No Computed Data）である。30秒を超えてこの状態が続くと Acquisition モードになる。

4－12－4　GPS の測位精度の向上、補強システム

GPS の測位精度を決める要因として、次のようなものがある。

・衛星軌道のずれ

・衛星時計のずれ

・衛星の配置による影響

・電離層など伝搬路による電波の遅延

　測位精度を上げるいくつかの方法があるが、その代表的な物は、DGPS（Differential GPS）である。これは、位置が分かっている基準局で測距誤差を求め、この誤差情報を移動局に送信し、移動局側で補正するものである。この DGPS の考え方に基づいた、航空機の航法に利用するための GPS の補強システムとして、SBAS と GBAS がある。

a.　SBAS（Satellite Based Augmentation System）

　SBAS は地上の基準点で計測した GPS の測位誤差情報を、静止衛星を介して航空機に補強情報として送信し、精度を上げるシステムである。精度情報に加え、Integrity 情報（GPS 衛星の不具合（使用可否）情報）などを SATCOM Datalink を通して航空機に Broadcast する。これにより数mの精度が得られる。ICAO により国際標準規格として制定されている。米国では INMARSAT を利用した WAAS（Wide Area Augmentation System）として 2007 年から運用している。欧州ではやはり INMARSAT を利用した EGNOS（European Geostationary Navigation Overlay Service）を 2005 年から運用している。日本では MTSAT を利用した MSAS（MTSAT Satellite Augmentation System）が 2007 年から供用開始となっている。それ以外にロシア、インド、中国なども SBAS を計画している。

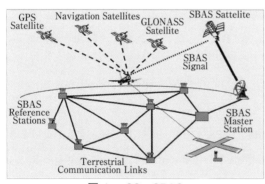

図4－83　SBAS

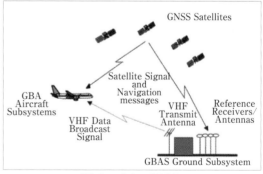

図4－84　GBAS

b.　GBAS（Ground Based Augmentation System）

　GBAS は GPS による精密進入（CAT I～CAT III）、ターミナル域の RNAV を目的として、GPS の精度、完全性（Integrity）、有効性（Availability）などを向上させる補強システムである。空港に基準局を設置し、そこから VDB（VHF Digital Broadcast）を通して、補正情報、Integrity 情報、

進入経路情報等を航空機に送る。ICAO 国際標準では CAT I まで採択されている。航空機側は GPS 信号と VDB 信号を処理する。GBAS 受信機は Approach 用受信機に組み込まれる。2m 以内の誘導精度が得られる。

c.　ABAS（Aircraft Based Augmentation System）

　ICAO は補強システムとして上記 SBAS、GBAS 及び ABAS（Aircraft Based Augmentation System）を定義している。ABAS は DGPS と異なり、援助施設を使用せず、機上装置（Receiver）のみで補強を行うものである。ABAS では RAIM（Receiver Autonomous Integrity Monitor：受信機による完全性の自律的監視）と呼ばれる GPS の Integrity 監視を行う機能が広く用いられている。RAIM は衛星を常時 5 個以上受信することにより、その冗長性から衛星の不具合を検出するものであり、6 個以上受信すれば不具合衛星の特定・排除ができる。RAIM の性能は衛星の配置に大きく依存している。また、高度の位置情報については十分な Integrity が確保できないため、水平方向の航法にのみ利用されている。

（以下、余白）

第 5 章　自動操縦装置

概要（Summary）

1903 年にライト兄弟によって初の動力飛行が行われたが、初期の航空機は不安定で操縦しにくかったので、安定性（Stability）を増すための機械装置が考案され、ヒューマン・パイロットに対してオートパイロットと呼ばれるようになった。

1935 年ごろになって有名なダグラス DC－3 が誕生したが、このころ空気駆動式ジャイロと油圧作動筒を用いたオートパイロットが実用化され、姿勢（Attitude）と方位（Heading）が安定に保てるようになった。その後、無線航法援助装置を利用して、パイロットに適切な操縦指令を与えるフライト・ディレクタが発達し、大型機ではオートパイロットとフライト・ディレクタが結合し、オートマティック・フライト・コントロール・システム（**自動操縦装置**）と呼ばれるようになった。

オートパイロットの役割は要約すると次の様に分類出来るが、これらの機能を別々にコントロールしているわけではなく、オートパイロットにこれらの機能が全て含まれているのである。

a　**安定化機能**（Stability Augmentation Function）

ジェット機は高速になるに従って、機首下げの傾向が強まるため、これを自動的に補正するマッハ・トリム（Mach Trim）やヨー・ダンパ（Yaw Dumper）等の機体の姿勢を安定化する機能である。

b　**操縦機能**（Maneuver Function）

パイロットが操縦桿や方向舵ペダルを操作することなしに、フライト・コントローラを操作して機首方位の維持、旋回、上昇や下降など機体を操縦する機能である。

c　**誘導機能**（Guidance Function）

航法装置（VOR／ILS, INS, FMS 等）から航法データの供給を受け、目的地に向けて誘導していく機能である。

オートパイロットをよく理解するには、航空機の運動と操縦法を知っておく必要があるので、まずこれらについて述べる。

5－1　航空機の運動と操縦法（Airplane Movement and Control）

　航空機は空気中で3次元の運動をする。この運動を解析するために機の前後、左右、上下の方向に軸を定めて、機体に働く空気力を調べるのが便利である。そこで、重心を通って機体の前後方向のx軸（ロール軸）、左右方向のy軸（ピッチ軸）および上下方向のz軸（ヨー軸）を、図5－1のように定める。x軸まわりの運動をローリング（横揺れ）、y軸まわりの運動をピッチング（縦揺れ）、z軸まわりの運動をヨーイング（偏揺れ）と呼んでいる。これらの軸まわりに右ねじを回した方向の傾きをピッチ角（縦揺れ角）$\overset{シータ}{\theta}$、ロール角（横揺れ角）$\overset{ファイ}{\phi}$、ヨー角（偏揺れ角）$\overset{プシ}{\psi}$と定めている。

　補助翼、昇降舵、方向舵を動かすと、ほぼ舵角に比例する揺れモーメントを生じるので、機はx軸、y軸、z軸まわりに回転運動をする。機のトリム（Trim）が取れ、操縦桿を手放しても水平飛行を行う状態では、動翼は揺れモーメントを発生していない。操舵によって生じる揺れモーメントと機の回転運動との関係はかなり複雑であるが、簡単には揺れモーメントと回転角速度とがほぼ比例する。すなわち、ロール・レート$\dot{\phi}$、ピッチ・レート$\dot{\theta}$、ヨー・レート$\dot{\psi}$は、補助翼、昇降舵、方向舵の舵角にほぼ比例する。

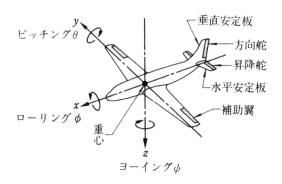

図5－1　航空機の運動軸

5－1－1　ロール姿勢の制御（Roll Attitude Control）

(a)　ロール角0の状態からロール角ϕ_0まで姿勢を変化させる場合には、まず図5－2（a）のように、補助翼を操作して時計方向の揺れモーメントを与える。姿勢の変化率を大きくするときは、大きく補助翼を操作する。

(b)　補助翼をある舵角を取ったまま保持すると、舵角に比例したロール・レートで機体を傾け続けるので、同図（b）のように、目標のϕ_0に達する前に補助翼を逆舵操作してロール・レートを小さくする。

(c)　目標のロール角ϕ_0に近づくにつれて舵角を小さくし、ϕ_0に達したとき、同図（c）のように補助翼を中立位置とする。この位置ではロール軸には揺れモーメントがないので、機はロール角一定で釣合旋回する。

(d)　同図（d）のように機が横滑りをしている場合は、主翼の
　　上反角効果や垂直安定板により、復元モーメントが働き水
　　平位置に復元しようとするので、補助翼にわずかの当て舵
　　を取って復元モーメントを相殺しなければならない。

5－1－2　ピッチ姿勢の制御（Pitch Attitude Control）

(a)　ピッチ角0の状態からピッチ角 θ_0 まで姿勢を変化させる
　　場合には、まず図5－3（a）ように、昇降舵を機首上げの
　　方向に操作して機首上げの揺れモーメントを与える。姿勢
　　の変化率を大きくするときは、大きく昇降舵を操作する。

(b)　昇降舵をある舵角を取ったまま保持すると、同図（b）
　　のように舵角に比例したピッチ・レートで機首上げをす
　　る。

(c)　目標のピッチ角 θ_0 に近づくにつれて舵角を小さくする。
　　昇降舵による揺れモーメントと復元モーメントが釣り合い、
　　機はピッチ角一定で上昇を続ける。

(d)　同図（d）のように、航空機の上昇角と機軸は一致しない
　　ので、水平安定板によって復元モーメントが生じ、機は水
　　平飛行方向に復元しようとするので、水平安定板を駆動し
　　てピッチ・トリムを取り直す。こうすると、操縦桿を手放
　　しても、機は一定ピッチ角を保持できる。

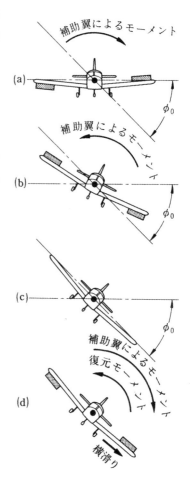

図5－2　ロール姿勢の制御

5－1－3　方向の制御（Yaw Attitude Control）

(a)　方向舵は偏揺れモーメントを与えるもので、旋回のときの補助操作や図5－4のように、エン
　　ジン推力のアンバランスなどでヨー・モーメントが発生したとき、それを打ち消して飛行の方
　　向を維持するために使われる。

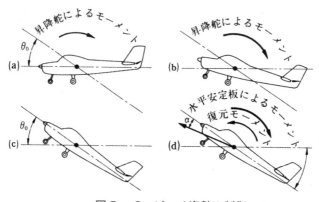

図5－3　ピッチ姿勢の制御

(b)　高速ジェット機のような後退翼機では、上反角効果や後退角の効果が垂直安定板による方向
　　安定より強いため、ダッチ・ロール（Dutch Roll：一種の蛇行運動）が起こりやすい。ダッチ・
　　ロールを防ぐには、方向舵により逆ヨー・モーメントをつくり偏揺れを止めるとよいが、ダッ
　　チ・ロールの周期は数秒と速いので、人力ではとても防ぎきれない。そこでジェット機ではダッ
　　チ・ロールを自動的に減衰させるヨー・ダンパ（Yaw Damper）を備えて方向舵を制御して
　　いる。

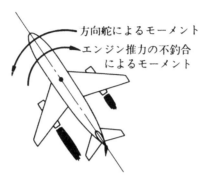

図5－4　方向舵による方向の制御

5－1－4　釣合旋回（Coordinate Turn）

　機体を旋回（偏揺れモーメントにより方向を変える）させるときは、同時にロール（横揺れモー
メントにより傾きを変える）させないと釣合旋回ができず、滑りを起こす。**図5－5**に示すように、

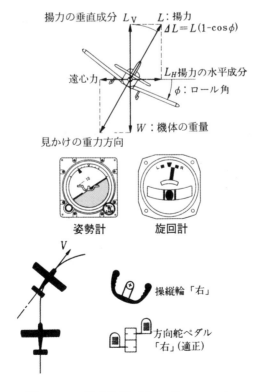

図5－5　釣合旋回（Coordinate turn）

機体を水平旋回させる場合を考える。パイロットはまず操縦輪を「右」に回し右にロールさせる。同時に方向舵ペダルを「右」に踏み込んで機首を右に旋回させる。目的のロール角に達する前に操縦輪を「左」に回してロール・レートを減少させ、目的のロール角に達したときには補助翼は中立位置となっている。同時に方向舵ペダルを「左」に踏み込んで機首の右旋回のレートを減少し、旋回計のボールが中央になるよう方向舵を操作し、釣合旋回に入ったときは方向舵は中立位置となっている。

　旋回中の釣り合いは**図5−5**より、次の（1）、（2）項が必要なことが分かる。

（1）　揚力の垂直成分と機体重量の釣り合い

$$L\cos\phi = W \text{ (kgf)} \cdots\cdots\cdots\cdots\cdots\cdots\cdots\cdots\cdots\cdots\cdots\cdots\cdots (5-1)$$

　　　　ϕ：機のロール角（deg）

　　　　L：揚力（kgf）

　　　　W：機体重量（kgf）

（2）　揚力の水平成分と遠心力の釣り合い

$$L\sin\phi = \frac{W}{g}\frac{V^2}{R} \text{ (kgf)} \cdots\cdots\cdots\cdots\cdots\cdots\cdots\cdots\cdots\cdots (5-2)$$

　　　　V：機の真対気速度（m/s）

　　　　R：機の旋回半径（m）

　　　　g：重量加速度（m/s²）

　水平飛行の場合は揚力と機体重量が釣り合い、旋回飛行の場合は揚力の垂直成分と機体重量が釣り合うから、次の（3）項が必要である。

（3）　旋回飛行中の揚力増加

$$\Delta L = L - L\cos\phi = L(1-\cos\phi) \text{ (kgf)} \cdots\cdots\cdots\cdots\cdots\cdots (5-3)$$

　旋回はエンジン出力（推力）一定で行うため、昇降舵を引き、迎え角を増し、揚力を増加させる。この操作によって抗力も増加するので、機速は徐々に低下する。機速を一定に保つと高度が低下する。

　式（5−1）、（5−2）より、機の真対気速度、ロール角、旋回半径の関係を求めると、次式となる。

（4）　旋回半径

$$R = \frac{V^2}{g\tan\phi} \text{ (m)} \cdots\cdots\cdots\cdots\cdots\cdots\cdots\cdots\cdots\cdots\cdots\cdots\cdots (5-4)$$

　　　　$R \fallingdotseq 1.5\frac{V^2}{\phi}$ （m）（$\phi \leqq 30°$の場合の近似式）

　　　　V：真対気速度（kt）

釣合旋回している場合の旋回率（Turn Rate）は次式となる。

(5)　旋回率

$$\dot{\psi} = \frac{V}{R} = \frac{g\tan\phi}{V} \text{ (rad/s)} \quad\cdots\cdots\cdots\cdots\cdots\cdots\cdots\cdots\cdots\cdots\cdots\cdots\cdots\cdots (5-5)$$

$$\left.\begin{array}{l} \dot{\psi} \fallingdotseq 1{,}200\dfrac{\phi}{V} \text{ (deg/min)} \\[3mm] \dot{\psi} \fallingdotseq 1{,}800\dfrac{V}{R} \text{ (deg/min)} \end{array}\right\} \quad (\phi \leq 30°の場合の近似式)$$

V：真対気速度（kt）

例題 5－1

　真対気速度 220（kt）、ロール角 20（deg）で、釣合旋回をしている場合の旋回半径および旋回率を計算せよ。

解答：

ロール角 30（deg）以内の旋回半径は、式（5－4）、旋回率は式（5－5）で求められる。

$$R \fallingdotseq 1.5\frac{V^2}{\phi} = 1.5\frac{(220)^2}{20} = 3.6 \text{ (km)}$$

$$\dot{\psi} \fallingdotseq 1{,}200\frac{\phi}{V} = 1{,}200 \times \frac{20}{220} = 110 \text{ (deg/min)}$$

（解答終わり）

5－1－5　内滑り旋回（Slip Turn）

　旋回のとき、方向舵の操作量が足りないと、図5－6に示すように、旋回の内側に横滑りを生じるので、内滑り旋回という。この場合、機体に働く遠心力よりも揚力の水平成分が大きく、見かけの重力の方向は対称面より旋回の内側にずれるので、旋回計のボールは旋回計の振れる方向（旋回の内側）にずれる。この場合、ロール角の割合には旋回半径は大きくなる。

5－1－6　外滑り旋回（Skid Turn）

　旋回のとき、方向舵の操作量が多過ぎると、図5－7に示すように、旋回の外側に横滑りを生じるので、外滑り旋回という。この場合、機体に働く遠心力よりも揚力の水平成分が小さく、見かけの重力の方向は対称面より旋回の外側にずれるので、旋回計のボールは旋回計の振れとは反対の方向（旋回の外側）にずれる。この場合、ロール角の割合には旋回半径は小さくなる。

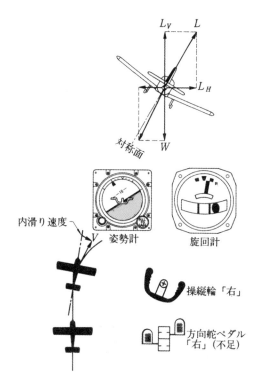

図5－6　内滑り旋回（Slip turn）

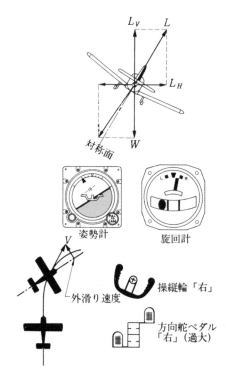

図5－7　外滑り旋回（Skid turn）

5－1－7 トリム（Trim）

　操縦翼面に働く空気力を調整して、x軸（ロール軸）、y軸（ピッチ軸）、z軸（ヨー軸）に関して重心まわりのモーメントを0にすることで、パイロットは操縦桿や方向舵ペダルなどの操縦装置を操作することなく、所定の姿勢を維持して飛行できる。このように、機に作用する空気力、エンジン出力などをすべて釣り合わせることをトリムを取るという。トリムを取るには、従来、トリム・タブという小翼を微調整する方法が用いられてきたが、大型輸送機では油圧操舵装置の中立位置を微調整する方式や、水平安定板の位置を調整する方式が用いられている。

5－1－8 ダッチ・ロール（Dutch Roll）

　ジェット輸送機では、垂直安定板による方向安定性よりも、上反角の付いた後退翼の横揺れ復元性が強いため、ダッチ・ロールが起きやすくなった。

　ダッチ・ロール（方向の不安定）が生じる様子を図5－8で示す。

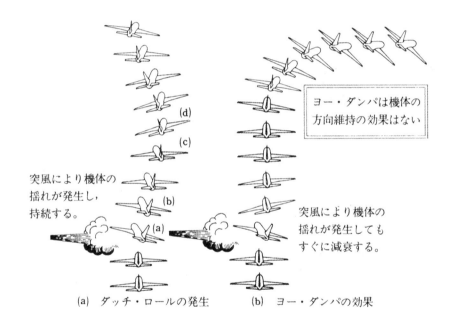

図5－8　ダッチ・ロールの発生とヨー・ダンパの効果

(a)　突風などによって機体に横揺れが生じると、続いて横滑りを始める。

(b)　風上側（滑っている方向）の翼は後退角が少なくなったような結果を得るため、揚力・抗力がともに増加して、風下側の翼では揚力・抗力がともに減少する。

(c)　両翼の揚力の差によって横揺れ復元力が働き、機体は反対方向に横揺れを始める。

(d)　両翼の抗力の差と垂直安定板に働く空気力とにより、方向安定力が働き、機体は偏揺れを始める。

(e)　輸送機では一度発生した振動はなかなか止まらず、偏揺れと横滑りが相互に関連しながら蛇行
　　運動をするようになる。

　ダッチ・ロールを止めるには、方向舵を操作して偏揺れを止め、それにつれて横滑りも止まり機
体は安定する。このダッチ・ロールを防止する機能をヨー・ダンパと呼んで、ジェット輸送機では
離陸から着陸まで常時使用している。

5−1−9　横風のある場合の着陸（Landing in Cross Wind）

　横風のある場合は、機首方位を滑走路方位に合わせて進入すると、機は風下側に流されてしまう
ので、図5−9に示すような**横ばい進入法**（Crabbed Approach）、または同図（b）の**翼下げ進入
法**（Forward Slip Approach）などによって、飛行経路を滑走路方位に合わせる必要がある。

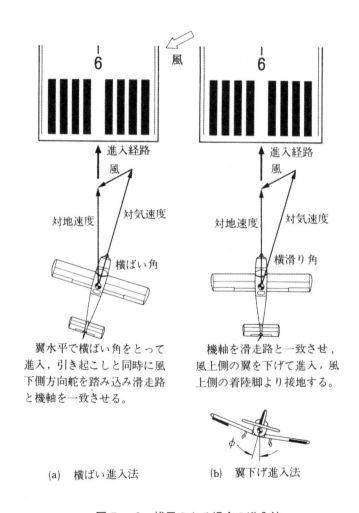

図5−9　横風のある場合の進入法

（a）　横ばい進入法では翼を水平に保ち、横ばい角（Crab Angle）を取って飛行経路を滑走路方位に一致させながら進入し、着陸のための引き起こし（フレア）を行うと同時に、風下側の方向舵ペダルを踏み込み、機軸を滑走路方位に一致させながら（Decrab）着陸する。

（b）　翼下げ進入法では機軸を滑走路と一致させ、風上側の翼を下げ、さらには方向舵を風下側に振って風上側に横滑りを起こさせ、飛行経路を滑走路方位に一致させながら進入し、そのままの姿勢で風上側の車輪より着陸する。

5－2　航空機の安定性と操縦性（Stability and Controllability）

　機が水平飛行中、突風などによって姿勢や運動の方向が変化したときに、パイロットが何ら操舵しなくとも自然に元の状態に釣り合おうとする性質を**安定性**という。この安定性は、さらに静安定と動安定に分けられる。

　外力によって機体の平衡が崩れたとき、元の釣合状態に戻ろうとする性質をもつ場合、**静安定は正である**といい、変位がますます大きくなり釣合状態から外れる場合を、**静安定が負である**という。姿勢が平衡位置へ戻るまでの過程で、変位が時間のたつにつれて減衰する性質をもつ場合を**動安定が正である**といい、変位が増す場合を**動安定が負である**という（図5－10）。小型機や輸送機の場

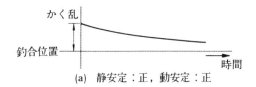

(a)　静安定：正，動安定：正

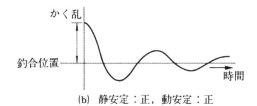

(b)　静安定：正，動安定：正

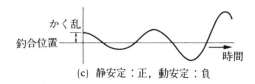

(c)　静安定：正，動安定：負

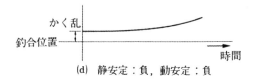

(d)　静安定：負，動安定：負

図5－10　航空機の静安定性と動安定性

合は静安定、動安定ともに正に設計されている。操舵によって機体の運動が起きるが、安定性が良過ぎれば操縦性が損なわれて機体の動きが鈍くなり、操縦性を良くすれば機体の安定性が損なわれる。安定性と操縦性とは裏腹の関係にあり、機種によってその兼ね合いを決めている。民間機の場合は安定性に重点を置き、戦闘機の場合は安定性を犠牲にして操縦性を良くしている。

5－2－1　縦安定（Longitudinal Stability）

　機首の上下方向の動き、すなわち、ピッチングに関する安定性であり、何らかの原因で縦方向の釣り合いが崩れて迎え角が変化した場合、元の姿勢に戻ろうとするのが縦安定性である。この安定性は図5－11に示すように、水平安定板の働きによって得られている。

　機体は図5－11に示すように、次の（1）、（2）項によって水平飛行を行っている。

（1）　機体重量と揚力の釣り合い

$$L = W + L' \text{ (kgf)} \quad\cdots\cdots\cdots\cdots\cdots\cdots\cdots\cdots\cdots\cdots\cdots\cdots\cdots\cdots\cdots (5-6)$$

（2）　風圧中心まわりのモーメントの釣り合い

$$l\,W = l'\,L' \text{ (kgf・m)} \quad\cdots\cdots\cdots\cdots\cdots\cdots\cdots\cdots\cdots\cdots\cdots\cdots\cdots (5-7)$$

　機体に上向きの力が加わり迎え角が大きくなると、同時に水平安定板の迎え角も増加して上向きの揚力を生じ、これにより機首下げのモーメントを生じて迎え角が減少し釣合状態に安定する。

　機の重心は積み荷の配分や燃料の配分にともなって移動し、この重心の移動が縦安定に大きなかかわりをもつ。

　昇降舵の操作によって水平安定板に揚力変化 $\Delta L'$ を生じたとする。これにともなう機体重量の見かけの変化は、式（5－7）により、次式のようになる。

（3）　機体重量の見かけの変化

$$\Delta W = \frac{l'}{l}\Delta L \text{ (kgf)} \quad\cdots\cdots\cdots\cdots\cdots\cdots\cdots\cdots\cdots\cdots\cdots\cdots\cdots (5-8)$$

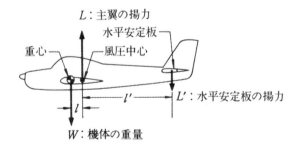

図5－11　航空機の縦安定

　重心が前方に移動すると l （重心と風圧中心間の距離）が大きくなり、機体重量の見かけの変化は小さい。すなわち、安定性は良くなるが昇降舵の利きが悪くなる。重心が後方に移動すると l が小さくなり、機体重量の見かけの変化は大きい。つまり、安定性は悪くなるが昇降舵の利きが良くなる。

5－2－2　横安定（Lateral Stability）

　機の左右の傾き、すなわちローリングに関する安定性であり、機体が横揺れを起こしたとき、元の釣合位置まで戻る性質のことで、主翼の上反角と後退角によってこの安定性を得ている。

　機体に横揺れが生じると、揚力の分力によって揺れた方向に横滑りを始める。横滑りを始めると風上側（滑っている側）からの気流が飛行方向からの気流に加わり、斜め前方からの気流が機体に加わるようになる。上反角があると図5－12のように、風上側の翼の迎え角が大きくなり、風下側の迎え角が減少するので、翼を水平に戻そうとする横揺れ復元モーメントが働いて機体は元の釣合位置まで戻る。

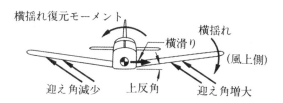

図5－12　航空機の横安定

5－2－3　方向安定（Directional Stability）

　機首の左右方向の動き、すなわち、ヨーイングに関する安定性のことで風見安定ともいい、機が横滑りを起こしたとき、その風上側（滑っている側）に機首を向け再び釣り合った状態に戻る性質のことで、垂直安定板によってこの安定性を得ている。

　機が滑りを起こすと、図5－13のように、機体に当たる気流と垂直安定板との間には迎え角が生じ、垂直安定板には機体を気流の方向に向けようとする揚力が発生し、これによって偏揺れ復元モーメントが働いて、機体が気流の方向に向くことになる。

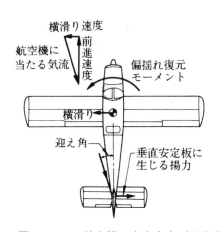

図5－13　航空機の方向安定（風見安定）

5－3　オートパイロットの基礎（Basic Autopilot System）

　オートパイロットは機の操縦を自動的に行う自動制御装置であるから、パイロットがどのように操縦しているかを知り、それを自動化すればよいことになる。

　オートパイロット・システムの構成、機能は機種によりかなり大きく異なり、特に新しい機種では安定化機能、操縦機能、誘導機能それぞれ大きく進化しているが、ここでは最も基本的なオートパイロットの構成、機能について説明する。

　パイロットは、

(a)　計器により、姿勢の傾きや高度の変化を知る。

(b)　習得した操縦技術により、操縦桿、操縦輪、方向舵ペダルを操作し、機の安定を保つ。

上記のように操縦しているから、これらを機械に代行させるためには、

(a)　機体姿勢センサ（バーチカル・ジャイロやディレクショナル・ジャイロ）や、高度の検出センサで姿勢や高度の検出をする。

(b)　パイロットの手足の働きをする4つのサーボ・ドライブ（昇降舵サーボ、トリム・サーボ、補助翼サーボ、方向舵サーボ）を操縦索に取り付ける。

(c)　センサなどからの入力に応じてサーボ・モータを制御するコンピュータを装備し、パイロットの操縦技術と同じような操縦信号をサーボ・ドライブに与える。

(d)　機を自在に操縦するためフライト・コントローラから操縦指令をコンピュータに送り込む。ことで実現できる。これらのセンサ、フライト・コントローラ、コンピュータ、サーボ・ドライブを操縦系統に取り付けた様子を図5－14に示す。

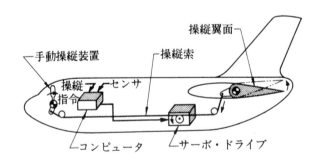

図5－14　操縦系統の模型図

5－3－1　センサ（Sensor）

　地平線や水平線が目視できる場合は地表や地勢を頼りに飛行できるが、オートパイロットでは必ず姿勢や機首方位を検出するセンサが必要である。

(a)　ピッチ角θ、ロール角ϕを検出するセンサとして、図5－15に示すバーチカル・ジャイロが使われる。

(b) 旋回率（ヨー・レート）$\dot{\psi}$を示すセンサとして、ヨー・レート・ジャイロが使われる。

(c) 機首方位を示すセンサとして、ディレクショナル・ジャイロが使われる。

(d) 気圧高度情報を示すセンサとして、アルチチュード・センサが使われる。

(e) VOR や ILS コースからの偏位を検出するセンサとして、VOR／ILS 受信機が使われる。

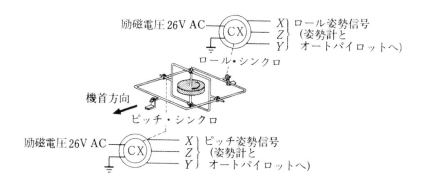

図5－15　姿勢センサとして用いられるバーチカル・ジャイロ

5－3－2　コンピュータとサーボ・ドライブ（Computer and Servo Drive）

　オートパイロットで操縦するには、図5－16に示すように、ピッチ・コンピュータ、ロール・コンピュータ、ヨー・ダンパ・コンピュータの指示どおりに昇降舵と水平安定板、補助翼、方向舵を操舵する4個のサーボ・ドライブが用いられる。小型機では小型でトルクの大きい直流サーボ・モータが用いられ、このサーボ・モータの回転は図5－17のように、ギアで減速され、ドラムに巻かれたケーブルを介して各操縦索を動かす。オートパイロットがデスエンゲージ（開放）されているときは、サーボ・モータ内のクラッチが開放されており、パイロットが操縦桿を動かすとその動きは直接補助翼や昇降舵に伝達される。オートパイロットをエンゲージ（結合）すると、クラッチが結

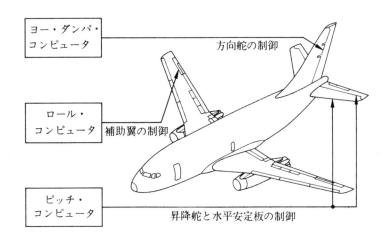

図5－16　オートパイロット・システムの構成

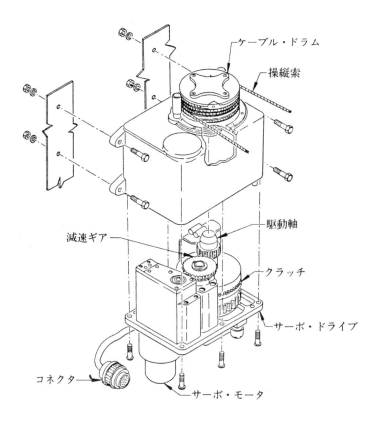

図５－17　電気式サーボ・ドライブ・ユニット

合され、サーボ・モータが補助翼や昇降舵と操縦桿をともに動かすようになる。この場合、パイロットは操縦桿を通しての操縦はできなくなるが、フライト・コントローラを通じて操縦できる。

　図５－18にサーボ・モータの制御回路を示す。サーボ・モータは減速歯車を介して操縦翼面に接続されているので、舵角はサーボ・モータの回転量（回転数×作動時間）に比例する。

　シンクロも減速歯車を介してサーボ・モータに接続されているので、シンクロの出力は舵角に等しい。一方、速度発電機はサーボ・モータに直結しているので、この発電機の出力はサーボ・モータの回転数、言い換えると舵角の変化率に等しい。

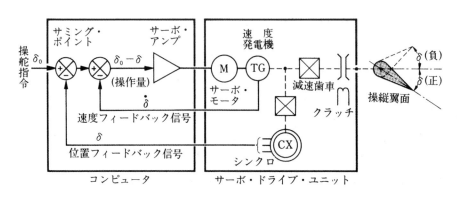

図５－18　サーボモータ制御回路

a. 偏位型サーボ機構（Displacement Type Servo Mechanism）

　ある操縦指令（目標値：Desired Value）δ_0を与えたときの操縦翼面の動きを、図5－19で説明する。ただし最初は説明を簡単にするため、速度フィードバック回路のない偏位型サーボ機構について述べる。

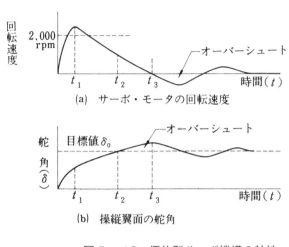

(a)　サーボ・モータの回転速度

(b)　操縦翼面の舵角

図5－19　偏位型サーボ機構の特性

(a)　**目標値δ_0をコンピュータに与えたとする。**そのとき翼面の舵角 δ（デルタ）が、シンクロから位置フィードバック信号としてコンピュータに戻されている。

(b)　コンピュータのサミング・ポイント（Summing Point）で差信号 $\delta_0 - \delta$（操作量：Manipulated Variable）が発生し、サーボ・アンプで電力増幅し、サーボ・モータを差信号に比例した速度で回転させる。この様子を**図5－19**（a）に示す。

(c)　サーボ・モータが回転すると、その動きは減速歯車、クラッチ、操縦索を介して翼面を目標値の方向に動かす。この様子を同図（b）に示す。

　　目標値を与えた直後の翼面は中立位置（Neutral Point）にあるので、操作量は最も大きく、サーボ・モータには最大電圧が与えられ、サーボは素早く回転し始めるが、加速に若干の時間が必要で t_1（s）後に最大回転に達する。このとき舵角は目標値方向に動き出しているので、操作量は減少し始めており、サーボ・モータの回転速度は低下し始める。

(d)　操作量はしだいに小さくなり翼面が目標値に達したとき、つまり t_2（s）のとき操作量は0になるが、サーボ・モータは慣性（Inertia）により回転し続けるので、翼面は目標値で停止できず**行き過ぎ（Over Shoot）**てしまう。t_3（s）に達してサーボの回転が止まったとき、翼面は最大の行き過ぎ量に達している。

(e)　この場合、操作量は負となっているのでサーボは逆回転を始め、翼面は再び目標値に近づき始める。

　すなわち、偏位型サーボ機構では、翼面は振動しながら目標値に近づく。この型のサーボをオー

トパイロットに使うと動揺が大きく、乗り心地も悪くなるので、サーボの振動を抑えたレート補償付き偏位型サーボ機構を使っている。

b.　レート補償付き偏位型サーボ機構（Displacement with Rate Type Servo Mechanism）

サーボ系のオーバーシュートの原因を**図5－20**の振り子を使って考えてみる。

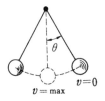
(a)　空気中の振子

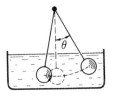
(b)　水に浸けた振子

図5－20　振子の運動

同図（a）の空気中の振り子を θ（度）だけ持ち上げ、いったん停止した後、離すと自由振動することはよく知られている。振り子の重りの速度は持ち上げたところでは0で最下点で最大速度に達し、反対側の最上点で再び0に達し、今度は方向が反対となり戻り始める。空気には若干の抵抗があるのでいつまでも振動は続けられず、しだいに振幅は小さくなり、最下点に安定する。これと、**図5－18**のサーボ・モータ制御回路を比べると、**表5－1**の関係があることが分かる。

表5－1　振り子の運動とサーボ・モータ制御回路の比較

サーボ・モータ制御回路	振り子
サーボ・モータの回転速度	振り子の速度
サーボ・モータの目標値	最下点

すなわち、振り子を早く止める工夫をすると、サーボ系も目標値に安定させる方法が分かるはずである。振り子を目標値（最下点）により早く安定させるには、振り子を水に浸けるとよい。振り子が最上位点にあって速度が0の場合は、水はほとんど抵抗を示さないが、重りの速度が増すにつれて水は大きな抵抗を示す。これは水の粘性（Viscosity）による抵抗で、重りの動く速さに比例する。従って、振り子の振動は急速に減衰するが、それにともなって重りの速度も小さくなるので、必ず最下点に静止する。この原理をサーボ系に応用すると、**サーボ・モータの回転速度に比例した信号を入力側にフィードバックしてやることに等しい。**

図5－18のサーボ・モータ制御回路で、速度フィードバック回路が機能しているレート補償付き偏位型サーボ機構の働きを、**図5－21**で説明する。

（a）　目標値 δ_0 をコンピュータに与えるとサーボ・モータは翼面が目標値に向かう方向に回転を始めるが、回転速度に比例する速度フィードバック信号がサミング・ポイントに戻されるので、

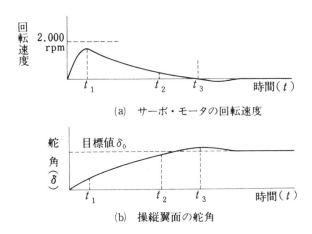

（a）　サーボ・モータの回転速度

（b）　操縦翼面の舵角

図5－21　速度補償付き偏位型サーボ機構の特性

同図（a）のように、偏位型に比べサーボの回転の立ち上がりが遅くなり、最高回転数も低く、その回転に達する t_1（s）も長くなる。

(b)　従って、翼面もゆっくり目標値に近づき、舵角が目標値に達する前に操作量（目標値 δ_0 －舵角 δ －舵角変化率 $\dot{\delta}$）が負になった t_2（s）より、サーボは逆回転方向に回転しようとする。

(c)　しかし、サーボは慣性によりわずかな時間正回転を続けるが、すぐに逆回転に入るので、同図（b）のように翼面はわずかの行き過ぎでなめらかに目標値に安定する。

5－3－3　ロール・チャンネル（Roll Channel）

ロール・チャンネルは図5－22に示すように、補助翼を操舵して機のロール角 ϕ が姿勢目標値 ϕ_0 に一致するよう、機を自動的に制御する装置である。このためには、機のロール角がどうなっているかを調べる姿勢センサ（バーチカル・ジャイロ）と、ロール角の動きを調べるレート・センサ（レート・ジャイロ）が必要である。ロール・チャンネルにはフライト・コントローラから与え

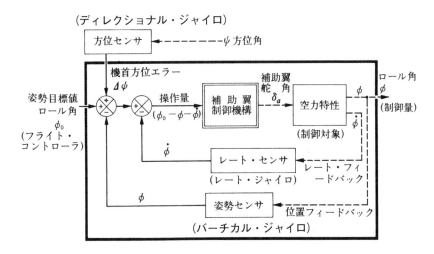

図5－22　オートパイロット・ロール・チャンネル

られる姿勢目標値 ϕ_0 に対し、姿勢センサ出力 ϕ とレート・センサ出力 $\dot{\phi}$ が逆相で加えられ操作量
となる。この操作量が補助翼制御機構へ送られ、これに比例して補助翼舵角 δ_a が定まる。ここで、
補助翼制御機構とは、図5-18のような補助翼を制御するサーボ機構である。

　水平飛行している航空機に姿勢目標 ϕ_0 を与えたとき、ロール角が変化し目標値に落ち着くまで
を図5-23に示しておく。

(a)　航空機はロール角0で飛行しているので、姿勢センサの出力もレート・センサの出力も0である。
　　このとき、姿勢目標値 ϕ_0 を与えると同図（a）のようにそのまま操作量となり、補助翼が目標
　　の方向に切れ始める。

(b)　補助翼の動きにつれてロール軸まわりの揺れモーメントが発生し、機体の傾きが増加していく。
　　ロール角の変化は姿勢センサで検出され、ロール角の速さはレート・センサで検出されてフィー
　　ドバックされるので、補助翼の舵角は同図（b）のようにある角度で停止する。

(c)　機は補助翼の発生する揺れモーメントの作用でますますロールするため、操作量（ ϕ_0
　　 $-\phi-\dot{\phi}$ ）は負となり、同図（c）のように補助翼は中立方向に戻る。

(d)　しかし、機は慣性でさらに傾き続けるため、姿勢目標値 ϕ_0 を超えないよう、同図（d）のよ
　　うに逆舵を切り、ロール率 $\dot{\phi}$ を低下させる。

(e)　機のロール角が姿勢目標値 ϕ_0 に達したとき、同図（e）のように補助翼は中立位置に戻って
　　いて、機はロール角 ϕ_0 を保って旋回を続ける。

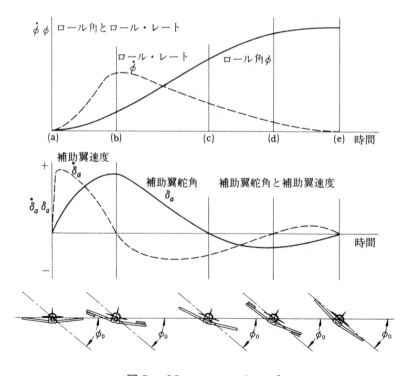

図5-23　ロール・チャンネル

これは、前に述べたパイロットの操作と全く同じで、ロール軸運動につれて方向舵の操作も必要なことはいうまでもないが、オートパイロットによる方向舵の動きに関しては後で述べる。

今まで述べたのは、位置フィードバック信号とレート・フィードバック信号の比率が最適である理想的な旋回の場合であるが、なかなかこのような理想状態は得がたく、位置フィードバック信号が強い場合は、機のロール角は速やかに姿勢目標値 ϕ_0 に近づくが、目標値を行き過ぎ振動しながら目標値に安定するオーバシュート状態となる。レート・フィードバック信号が強い場合は、機のロール角はなかなか姿勢目標値 ϕ_0 に達しないアンダーシュート状態となる。従って、オートパイロットは各機種の飛行特性に合わせて位置フィードバック量とレート・フィードバック量が定められている。

これまでの説明で、機はフライト・コントローラからの指令どおり運動することが分かったが、旋回しているときよりも機首方位を一定に保って直線飛行をしている場合のほうがはるかに長い。突風によって機首方位が変わった場合に、元の機首方位に戻す手段を考えてみる。図5－22に示すように、ロール・チャンネルには方位センサ（ディレクショナル・ジャイロ）から機首方位エラー信号 $\Delta\psi$ が与えられており、このエラー信号が0になる方向に機がロールし、ロールにより生じる偏揺れのために自然に元の機首方位を保つようになる。オートパイロットのこの機能を、**機首方位保持**（Heading Hold）**機能**という。

5－3－4 ピッチ・チャンネル（Pitch Channel）

ピッチ・チャンネルは図5－24に示すように、昇降舵を操舵して機のピッチ角 θ が姿勢目標 θ_0 に一致するよう、機を自動的に制御する装置である。このため、機のピッチ角がどうなっているかを調べる姿勢センサと、ピッチ角の動きを調べるレート・センサがあり、ロール・チャンネルと同じような働きをする。

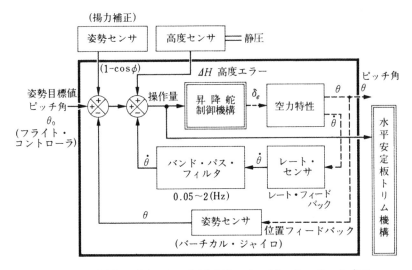

図5－24　オートパイロット・ピッチ・チャンネル

ピッチ・チャンネルにはロール・チャンネルにない特長があるので、これについて述べる。

(a)　水平飛行している状態からフライト・コントローラを通じ、ピッチ角 θ_0 を保って上昇しようと姿勢目標値 θ_0 を与えたとする。ピッチ・コンピュータは昇降舵を動かし、ピッチ角 θ_0 を得たとき昇降舵は中立方向に戻りつつある。しかし、機はピッチ角 θ_0 の方向に進まず、図5－3 (d) に示したように、進行方向はピッチ角 θ_0 より浅く、水平安定板に迎え角を生じるので水平方向に復元しようとするモーメントが働き、常に昇降舵に機首上げ方向に当て舵を取っていなければならない。このとき、オートパイロットをディスエンゲージ（開放）すると、昇降舵は自由になり気流の方向に吹き流されるので、機は水平方向に復元してしまう。

　　機が水平方向に復元するのを防ぐのがオートマチック・スタビライザ・トリム・システム（水平安定板トリム機構）である。ピッチ・コンピュータから昇降舵にあるレベル以上の機首上げ信号が数秒続くと、水平安定板トリム機構に機首上げ信号が送られ水平安定板は機首上げ方向に動く。この動きに連れて機首が上がるので、姿勢センサからの信号により昇降舵は中立位置に戻る。ピッチ・コンピュータからの機首上げ信号も無くなり、水平安定板は停止する。これによりオートパイロットをディスエンゲージしても姿勢の変化はなく、ドラッグも減少する。

(b)　オートパイロットを使って旋回すると、機体の重量に比べ揚力が不足し、しだいに高度が低下する。これを防ぐには式（5－3）に示したように、**揚力補正信号**をピッチ・チャンネルに加え、安定板でトリムを取り、水平飛行を続けるようになっている。このような定常的な入力に対しては、緩やかなピッチアップのレート信号が発生し、入力信号を打ち消してしまっては水平飛行が難しいので、レート・センサの出力にはバンドパス・フィルタを入れ、機が通常応答できる 0.05 ～ 2（Hz）の周波数範囲の信号のみを通過させるようにしている。

　機は上昇、下降を続けるよりも、一定高度を保って飛行し続けることのほうが多い。下降気流などによって機が高度を失っても、オートパイロットによって機の姿勢は直ちに補正され水平飛行を続行するが、降下した高度は回復せず規定の高度より低い高度を飛行することになる。その都度、パイロットが元の高度まで上昇させていては不便なので、高度センサからの信号により高度一定で飛行できる機能がある。これを**高度保持**（Altitude Hold）**機能**という。

5－3－5　ヨー・ダンパ・システム（Yaw Damper System）

　補助翼サーボ・モータは、常に機の左右の傾きを無くすように働いて翼を水平に保ち、昇降舵サーボ・モータは、常に水平飛行するように水平という目標値に向かって制御している。では、方向舵サーボ・モータは、常時機首方位を一定に保つ働きをしているのであろうか。実際には、この機能を果たしているのは補助翼サーボ・モータであり、方向舵サーボ・モータではない。方向舵サーボ・モータは**ダッチ・ロール**の防止と**釣合旋回**のため用いられている。ダッチ・ロールは横揺れ（Rolling）と偏揺れ（Yawing）をともなった周期2 ～ 20秒程度の不安定な運動で、偏揺れを止めると自然におさまる。偏揺れはヨー軸の動きであるから、旋回計またはヨー・レート・ジャイロで検出される。

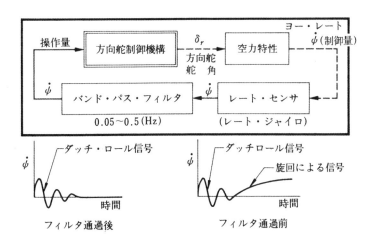

図 5 - 25　ヨー・ダンパ・コンピュータ・システム

ヨー・レート・ジャイロで検出したヨー角速度信号は、ダッチ・ロールによる成分だけを検出するため、0.05 ～ 0.5（Hz）のバンドパス・フィルタを通した後、図 5 - 25 に示すように方向舵を制御している。

　ヨー・レート・ジャイロの出力は、旋回によって生ずるレート信号とダッチ・ロールによる信号が含まれている。このうち**ダッチ・ロール**による信号は、機体の振動周期の 0.05 ～ 0.5（Hz）程度の振動した信号である。方向舵と補助翼がバランスよく**釣合旋回**しているときは、レート・ジャイロからは旋回率に比例したほぼ直流の出力が得られる。この場合は方向舵を動かす必要がないので、ヨー・コンピュータではレート・ジャイロの出力のうち、直流成分は取り除かなければならない。このために使われているのがバンドパス・フィルタ（帯域通過型フィルタ）である。ヨー・ダンパ・コンピュータでは巧みにダッチ・ロール信号だけを取り出し、方向舵サーボ・モータを介して方向舵を動かし、ダッチ・ロールを防止している。

　図 5 - 25 のようなヨー・ダンパ・システムでダッチ・ロールを防止できることが分かったが、なぜ釣合旋回ができるのだろうか。オートパイロットのコントローラを操作してエルロンを動かし旋回操作に入ると、機体には横揺れにともなって偏揺れが生ずるが、ヨー・ダンパはこの偏揺れを止める方向、すなわち旋回中心方向に機首が向く方向に方向舵を操作する。これによって少しずつ偏揺れを修正し続けると、機体は釣合旋回を始める。このときヨー・レート・ジャイロの出力はほぼ直流成分のみとなり、バンドパス・フィルタを通過できず方向舵は停止し、機は釣合旋回を続けることになる。

　通常のオートパイロットには、ヨー・ダンパとオートパイロットの 2 つの**エンゲージ・スイッチ**（結合スイッチ）があり、ヨー・ダンパだけを使うこともできるようになっており、オートパイロットを使う場合は、あらかじめヨー・ダンパをエンゲージしておかなければならない。

5－3－6　シンクロナイゼーション（Synchronization）

　オートパイロットで大切なことは、エンゲージ（結合）したりディスエンゲージ（開放）したとき、機体に動揺を与えないように上手に制御することで、この働きをする回路をシンクロナイゼーション（同期）回路と呼んでいる。

　図5－24のようなピッチ・コンピュータを装備している機が、上昇しながらオートパイロットをエンゲージした場合を考えてみる。最初ディスエンゲージ状態で飛行していたので、昇降舵サーボのクラッチは開放されてサーボはバーチカル・ジャイロからのピッチ信号で回転するが、やがてシンクロからの位置フィードバック信号と釣り合い停止している。この状態でエンゲージすると昇降舵には何の変化もなく、従って、機はエンゲージしたときのピッチ姿勢を保ち続ける。

　図5－22のようなロール・コンピュータを装備している機が、右旋回しながらオートパイロットをエンゲージした場合を考えてみる。最初ディスエンゲージの状態で飛行していたので、補助翼サーボのクラッチは開放されてサーボは単独で回転し、バーチカル・ジャイロのロール信号に応じた位置で停止している。この状態でエンゲージすると、まずジャイロの信号が取り除かれる。そのため、機は水平方向に戻り始め、右5°～6°まで姿勢が回復すると、再びバーチカル・ジャイロによる制御が始まると同時に、そのときの機首方位を維持するようになる。すなわち、オートパイロットをエンゲージすると、ロール軸はその姿勢を保つのでなく、翼が水平位置に戻るのである。

5－4　小型機のオートパイロットの実例（Autopilot for Small Airplane）

　図5－26に小型機のオートパイロットを構成する主な機器を図解し、その作動を述べる。

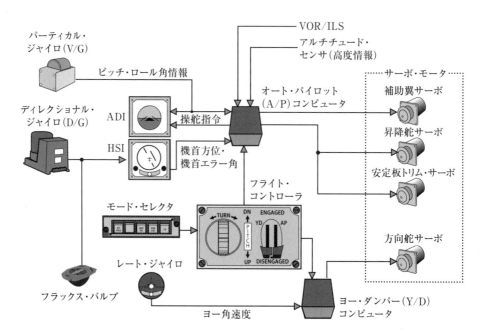

図5－26　小型機のオートパイロットの実例

　この例では、フライト・ディレクタ（後述）はオートパイロットの機能の1つとなっている。

a.　バーチカル・ジャイロ（VG）

　バーチカル・ジャイロは機体のピッチ姿勢とロール姿勢を検出し、姿勢指令計（ADI）に表示するとともに、オートパイロット・コンピュータに機体姿勢信号を供給する。

b.　姿勢指令計（ADI）

　バーチカル・ジャイロからのピッチ姿勢とロール姿勢を受けて機体姿勢を分かりやすく示すとともに、フライト・ディレクタの操舵指令を指示する。

c.　水平位置指示計（HSI）

　機首方位と設定（飛行予定）機首方位を示す。この計器より機首方位角、機首エラー角（設定機首方位と現在の機首方位との差角）が、オートパイロット・コンピュータに送られる。

d.　ヨー・レート・ジャイロ

　旋回率（ヨー角速度）を検出するジャイロで、その出力は旋回計に指示されるほか、ヨー・ダンパ・コンピュータに送られる。

e.　VOR／ILS 受信機

　VOR 局を利用した飛行や ILS を利用した着陸を行うためのセンサで、HSI に表示されるほか、オートパイロット・コンピュータに信号を送っている。

f.　アルチチュード・センサ

　一定気圧高度を維持して飛行するための高度センサで、気圧高度保持を指定したときからの機体の上昇、または下降した高さを、オートパイロット・コンピュータに送り出す。

g.　オートパイロット・コンピュータ

　姿勢角、機首方位、ラジオ信号などのデータを基に、モード・セレクタで指定された飛行方法に最適な操舵指令を計算し、ADI に表示するとともに、補助翼サーボ、昇降舵サーボと安定板トリム・サーボを駆動する。

h.　ヨー・ダンパ・コンピュータ

　ヨー・レート・ジャイロの信号を基にして方向舵サーボを駆動し、ダッチ・ロール防止と釣合旋回を行う。

i.　フライト・コントローラ

　ヨー・ダンパとオートパイロットのエンゲージ（結合）、ディスエンゲージ（開放）と、旋回、上昇・下降の指示をオートパイロット・コンピュータに与える。

j.　モード・セレクタ

　オートパイロットでの飛行方式（機首方位の保持や VOR 局への接近）を指定するスイッチ盤である。

k.　サーボ・モータ

　操縦系統に取り付けられた小型モータで、オートパイロット・コンピュータやヨー・ダンパ・コ

ンピュータによって駆動され、補助翼、昇降舵、方向舵と水平安定板を動かす。

　今まで述べたように、オートパイロットは各種電子装置が集まってつくられる最終の装備であり、機種ごとに異なって当然である。しかし、これではあまりに煩雑なので、機種の多い小型機ではVOR／ILS受信機、飛行計器（バーチカル・ジャイロとADI）、航空計器（コンパス・システムとHSI）とオートパイロットまでがセットになって、電子機器製作会社から販売されており、機体メーカはこれらの会社からそれらのセットを買い入れて自社機に取り付ける方式をとっている。

　各機種とも飛行特性が多少異なるので、サーボ・モータからの速度と位置フィードバックの比率、姿勢信号の変位とレート信号の比率、サーボ・モータの利得など、機種ごとに調整を要する部分は各コンピュータともゲイン・キャリブレータ（利得調整器）にまとめられ、機種ごとにゲイン・キャリブレータが用意されている。従って、1つのオートパイロットのセットがゲイン・キャリブレータを変えるだけで多くの機種に使用できるようにつくられている。

5－5　オートパイロットのモード（Autopilot Mode）

　今まで説明してきた程度の小型機のオートパイロットには、下記のモードが備えられている。

(1)　姿勢保持（GYRO）モード

(2)　姿勢制御（Turn－Knob）モード

(3)　機首方位設定（HDG SEL）モード

(4)　高度保持（ALT Hold）モード

(5)　VOR／LOCモード

(6)　ILSモード

　これらはオートパイロットの基本モードであり、大型機には慣性航法装置（INS）による誘導モード、飛行管理コンピュータ（FMS）による誘導モード、着陸復行（GA）モード、自動着陸（LAND）モードなどがあるが、小型機ではあまり用いられないので省略する。

5－5－1　姿勢保持（GYRO）モード（Attitude Hold Mode）

　図5－26のフライト・コントローラのY／D、A／Pエンゲージ・レバーをエンゲージ位置にしたモードで、ピッチ姿勢はエンゲージしたときの姿勢を、ロール姿勢は翼を水平位置に戻し、そのときの機首方位を保つモードである。

5－5－2　姿勢制御（Turn－Knob）モード（Attitude Control Mode）

　フライト・コントローラのターン・ノブやピッチ・ノブを回して機の姿勢を変えるモードで、機のロール角はターン・ノブの回転角に比例し、機のピッチ・レートはピッチ・ノブの回転角に比例する。

5－5－3　機首方位設定（HDG SEL）モード（Heading Select Mode）

　機首方位設定モードは、水平位置指示計（HSI）のHDGノブで設定した方向に機首を変えるモードで、図5－27の例では機首方位190°で飛行していた機が左旋回し、機首を170°に変更しようとしている。HSIに希望する機首方位の設定がすみ、図5－28に示すモード・セレクタのHDG SELのボタンを押すとこのモードとなり、機は190°より170°の方向に旋回を始め、機首が170°を向いたとき水平飛行状態となっている。

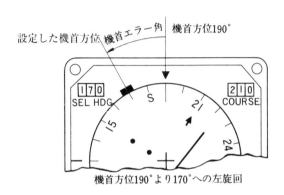

図5－27　機首方位設定（HDG SEL）モードでの旋回の例

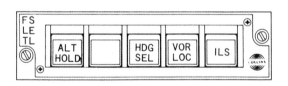

図5－28　オートパイロット・モード・セレクタ

5－5－4　高度保持（ALT Hold）モード（Altitude Hold Mode）

　姿勢制御モードで適当な上昇姿勢を選びながら上昇を続け、図5－29のように機が希望する高度に達したとき、モード・セレクタのALT Holdのボタンを押すと機はボタンを押したときの高度に安定し、以後ずっと同じ高度を保ち続けるモードである。

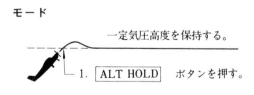

図5－29　高度保持モードの機能

5－5－5　VOR／LOCモード（VOR／LOC Mode）

　VOR局の誘導電波を利用して飛行するモードで、まず飛行予定コースを水平位置指示計に設定する。図5－30の場合は、予定コースを090°に選んだことを示している。VOR局が受信できたら、モード・セレクタのVOR／LOCボタンを押す。機がVORコースに近づくと、VOR電波を捕捉（Capture）しVOR電波による誘導が始まり、VOR局に向かって090°のコースを直進し、VOR局上を通過しても090°のコースを保ち続ける。

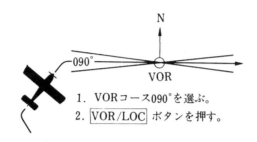

1．VORコース090°を選ぶ。
2．VOR/LOCボタンを押す。

図5－30　VOR／LOCモードでVOR局への接近

5－5－6　ILSモード（ILS Mode）

　図5－31のように、ILS誘導電波を利用して空港に接近し降下するモードで、まず滑走路の方位を水平位置指示計に設定する。ILS電波が受信できたら、モード・セレクタのILSボタンを押す。機がILSコースに近づくと、**ローカライザ・ビーム**を捕捉して、このビームによる誘導が始まる。機が十分にビーム中心に近づくと、**グライド・スロープ**電波を捕捉し、グライド・スロープ・ビームによる誘導が始まり、ビームに沿って降下し始める。

　地表からの高度が200ftに達した時点で、パイロットがオートパイロットをディスエンゲージし、以後はパイロットが操縦して着陸するのが普通である。それは、低高度では地形や空港周辺の建物によってILS電波が乱れ、安定した誘導が望めないからである。

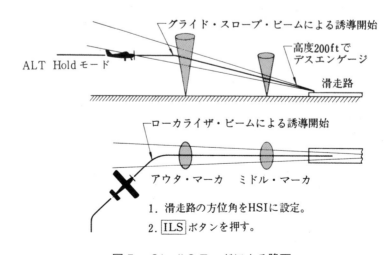

1．滑走路の方位角をHSIに設定。
2．ILSボタンを押す。

図5－31　ILSモードによる降下

5－6　油圧サーボ機構（Hydraulic Servomechanism）

今まではオートパイロットで動翼を動かす方法として、操縦索を電気サーボ・モータで駆動する方式について述べてきた。しかし、ジェット機では動翼を油圧で駆動している機種が多くなっているので、油圧サーボ機構についてふれておく。

5－6－1　油圧操舵機（Hydraulic Power Control Unit）

油圧操舵の原理を図 5－32 に示す。パイロットの操舵入力は同図（a）の A 点に加わる。A 点が右に動かされたとすると、同図（b）の C 点を支点としてパイロット弁は右に動かされる。パイロット弁の動きにつれてアクチュエータへの油路ができ、アクチュエータの右側のシリンダに圧油が供給され、アクチュエータは同図（c）のように左側に動き、この動きにつれて動翼も動く。アクチュエータの動きは追従機構（Followup Lever）に結ばれているので、次に A 点を支点として B 点を元の位置まで戻し、再びパイロット弁を中立位置とする。中立位置ではアクチュエータへの油路は閉じられるので、動翼はその位置で停止する。

油圧操舵機の入力ロッドがわずかの力で動かされると、動翼は操舵量に比例した量だけ油圧による大きな力で動かされる。

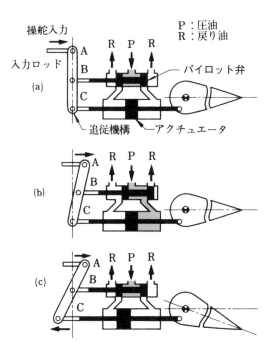

図 5－32　油圧操舵機の例

5－6－2　油圧サーボ機構（Hydraulic Servomechanism）

　油圧操舵機を使うと、わずかの力で重い大きな動翼を動かすことができるので、小さな制御信号で大きな動翼を動かさなければならないオートパイロットにとって、この装置は好都合である。油圧操舵機を電気信号で動かすように工夫したのが、図5－33に示す油圧サーボ機構である。

　図5－33の斜線で示すパイロット弁とアクチュエータは、油圧操舵機ですでに説明した部分である。この操舵機の追従機構のA点を操縦桿でパイロットが動かす代わりに、オートパイロットの操舵指令 δ_0 でサーボ・アクチュエータを動かすことができると電気信号によって操舵できることになる。図5－33を用いて油圧サーボ機構の働きを説明する。

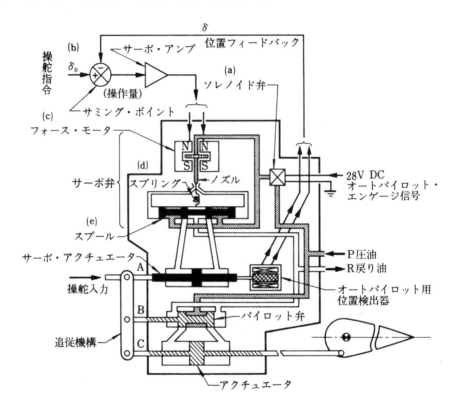

図5－33　油圧サーボ機構の例

(a)　オートパイロットをエンゲージすると28V DCがソレノイド弁に加わり、油路を開いて圧油をサーボ弁とサーボ・アクチュエータに供給し、操舵指令によって動翼を油圧で動かすことができるようになる。

(b)　フライト・コントローラから操舵指令 δ_0 を与える。舵角 δ が δ_0 に一致しないと操作量（$\delta_0 - \delta$）が生じ、サーボ・アンプで増幅されてから直流に変換されて**サーボ弁**のフォース・モータに送られる。

(c)　フォース・モータのノズルは、操作量が0のとき中立位置で操作量の正・負により左右に振れる。

例えば、ある操作量がフォース・モータに入って時計方向のトルクが生じ、ノズルが左側に向かったとする。油圧はスプールの左側に加わるので、スプールは右に移動する。

(d)　スプールとノズルを結んでいるスプリングによって、ノズルは中立位置に引き戻される。つまり、フォース・モータに加わる操作量とスプールの動きは比例する（これでサーボ弁もサーボ機構の動作をなすことが理解できよう。スプリングが位置フィールドバックの役目を果たしている）。

(e)　スプールが右に変位すると、圧油は左側の油路よりサーボ・アクチュエータに流入し、サーボ・アクチュエータは右に移動する。サーボ・アクチュエータの動きはオートパイロット用位置検出器で検出され、サミング・ポイントにフィードバックされる。検出器の出力は舵角に等しい。

(f)　操舵指令 δ_0 と舵角のフィードバック量 δ が一致すると、操作量は0になり、フォース・モータのトルクも0になるので、ノズルはすでに右に偏位しているスプールに引かれて右を向く。これにより、油圧はスプールの右側に加わり、スプールは左側に動き始め中立位置で停止する。

(g)　サーボ弁のスプールが中立位置になると、サーボ・アクチュエータには油圧が加わらないので、操作量 δ_0 に相当する位置で停止する。

　図5−18に示す電気サーボ機構と図5−33に示す油圧サーボ機構を比べると、油圧サーボ機構には速度フィードバック・ループが無いのに気づく。これは、油圧操舵機は慣性の影響が少なく応答速度が速いので、行き過ぎ（Overshoot）しにくく、ダンピング（Damping）のための速度フィードバック（Rate Feedback）が必要ないからである。電気式サーボ機構と油圧式サーボ機構の特長を対比し、表5−2に示す。

表5−2　電気式サーボ機構と油圧式サーボ機構の特長

	電気式サーボ機構	油圧式サーボ機構
取り扱い	簡単	複雑
機　構	簡単	複雑
操縦索の影響	あり	なし
出　力	小	大
慣性の影響	比較的大	小
応答速度	遅い	速い

5－7　フライト・ディレクタ（Flight Director）

　フライト・ディレクタとは、あらかじめ設定した飛行姿勢を保つためのロール軸とピッチ軸の操縦指令（Steering Command）を、姿勢指令計（Attitude Director Indicator; ADI）に指示するシステムである。パイロットはADIのピッチ・バーとロール・バーを見ながら手動で操縦する。フライト・ディレクタの操舵指令の基本的な考え方はオートパイロットと原理的には同じであるが、図5－34に示すようにレート信号によるダンピングなどのきめの細かい配慮はしていない。これは、フライト・ディレクタは手動操縦の指令を与えるものであって、細かな操作はパイロットの操縦感覚に任されているからである。

　操縦指令のないときは、ADI上のピッチ・バー、ロール・バーともに中立位置（中央）にある。所定の姿勢を保つため、左旋回しなければならないときはロール・バーは左に振れる。機首下げのときはピッチ・バーが下に振れる。バーの振れの大きさは動翼の取るべき舵角に比例する。ロール・バーが左に振れていると、パイロットは操縦輪を左に切り、ロール角を与えるとロール・バーはしだいに中央に戻り始める。パイロットは補助翼を戻し始め、常にロール・バーが中央にくるよう補助翼を操作すると、機は所定のロール角を保って旋回を続ける。図5－34の場合はフライト・ディレクタを見ながら操縦し、ロール30°、機首下げ5°の姿勢を保ち続けている様子を示している。

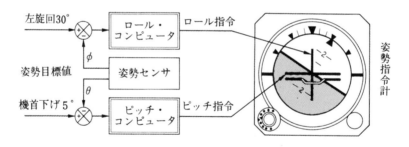

図5－34　フライト・ディレクタ・システム

　フライト・ディレクタには、オートパイロットの監視計器としてのもう1つの使い方がある。フライト・ディレクタとオートパイロットに同じ姿勢目標値を与えておくと、オートパイロットが働いているときは操縦輪、操縦桿の動きはフライト・ディレクタの指針を見ながらパイロットが操縦するのと同じ動きをする。もし機体の動きとフライト・ディレクタの動きに差が生じたときは、どちらかに故障が生じている可能性があるので、直ちにオートパイロットをデスエンゲージし、パイロットが操縦することになる。

5－8　オートスロットル・システム（Autothrottle System）

　オートスロットル・システムは中小型機に装備されることは少ないが、大型機には必ず装備されており、ボーイング747型機を例に取り説明する。

オートスロットル・システムは、主に航空機が速度だけではなく推力のコントロールも行い、すべての飛行状態で使用することができる。

　図5－35に示すように、オートスロットルのサーボ・モータはチェーンでクラッチ・パック・アセンブリと結ばれており、クラッチ・パックはサーボの動きを4本のパワー・レバーに伝える。パワー・レバーはエンジン・コントロール・ケーブルで各エンジンの燃料制御器に結ばれており、燃料の流量を変えてエンジン推力をコントロールする。

　オートスロットル・システムは手動、自動操縦のいずれの場合にも使用でき、パイロットが手動で推力設定を行いたいときは、オートスロットをエンゲージしたままでもパワー・レバーに3（1b）以上の力を加えると、クラッチがスリップしてパワー・レバーを自由に動かすことができる。ただし、そのまま手を離すとサーボ・モータがもとの位置までパワー・レバーを戻してしまうので、速度設定をし直すかディスエンゲージする必要がある。

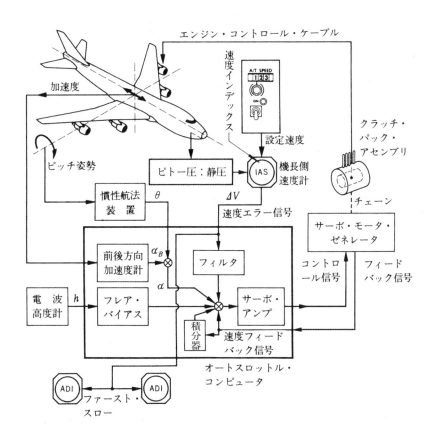

図5－35　オートスロットル・システム系統図

　オートスロットル・システムの速度設定は、オートスロットル・コントロール・パネルの速度設定ノブで 100（kt）から 260（kt）まで選ぶことができる。設定速度はパネル上にデジタル表示されると同時に、機長と副操縦士の指示対気速度計の速度インデックスが設定速度を指示する。

　実際の指示対気速度と設定速度の差、すなわち速度エラー信号は、機長側の指示対気速度計からオートスロットル・コンピュータに送られる。また、この信号は ADI（姿勢計）にも伝達され、ファースト・スロー計に表示される。実際の速度が設定した速度より速い場合はファースト側（上方）に振れる。2 ドットが 10（kt）に相当する。速度差が 10（kt）を超えると、警報灯がアンバーに輝き警告する。

　オートスロットル・システムはオートスロットル・パネルのエンゲージ・スイッチを ON 位置にするとエンゲージされ、ライトがグリーンに点灯する。

　パイロットがパワー・レバーに手を添えたままでディスエンゲージできるようになっている。

　オートスロットル・システムの基本信号は速度エラー信号である。オートスロットル・コンピュータは速度エラーがなくなる方向にパワー・レバーを動かす。コンピュータには加速度計があり、前後方向（縦方向）の加速度を検出してダンピングに使用している。例えば、実際の速度が設定速度よりも 4（kt）遅かった場合、コンピュータはパワー・レバーをフォワード側に進めてエンジン推力を増し、加速し始める。約 2（kt／s）の加速度が働いたとき、パワー・レバーはその位置で止まる。やがて速度が上がり、速度エラーが 2（kt）まで縮まると、今度は加速度計の出力が速度エラー信号より大きくなり、約 1（kt／s）の加速までパワー・レバーをアフト側に戻す。

　こうして除々にレバーを戻して最初の位置よりわずかにフォワード側で停止し、設定速度を維持する。

　加速度計はコンピュータの中にあり、機体に直接取り付けられているので、機体のピッチ姿勢に相当する重力加速度も検出している。そこで INS よりピッチ角をコンピュータに送り、重力加速度を補正し、機体の前後方向の加速度成分に修正して使用している。設定速度と実際の速度が一致しているとき、機が上昇姿勢をとると加速度計からは重力加速度成分によってあたかも加速しているような出力が出るが、これはピッチ角で補正されて加速度成分はゼロと修正されパワー・レバーは動かない。上昇にともなって速度が低下し始めると、初めてパワー・レバーをフォワード側に進めて機速を保つ。

　自動操縦装置の自動着陸モードを使用しているときは、電波高度計の高度が 53（ft）に達するとフレアが始まる。このまま降下して 30（ft）に達すると、オートスロットル・コンピュータはパワー・レバーを 2（度／s）の速度でアイドルまで絞って減速する。

5-9　フライ・バイ・ワイヤ（Fly By Wire）

　在来機では操縦桿やラダーペダルの動きをケーブルやロッドによる機械的リンクを介してアクチュエータに伝え、操縦翼面を動かして操縦されていた。このケーブルやロッドによる伝達をワイヤ（電線）に変えたのがフライ・バイ・ワイヤ（FBW）方式で、その相違を図5-36に示す。

　FBW式の航空機では操縦者が操縦桿やラダーペダルに加えた入力がセンサにより電気信号に変換され飛行制御コンピュータ（各種センサからのSignalを受けコンピュータで操縦翼面の動きを計算する）を介してアクチュエータに伝えられる。機械的な機構が不要であることから操縦桿の代わりにジョイスティックが使用されているものもある。

　FBW式の利点は、機械式の複雑な構造が無くなることにより、応答性が良く、整備性の向上や機械部品の削減による重量軽減を図ることができることである。なお、ワイヤ（電線）には雷や電磁波の影響が無いよう保護（シールド）されているものが使われている。

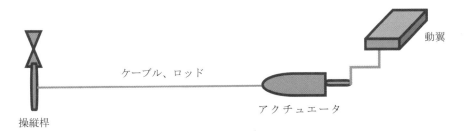

(a) ケーブル(ロッド)式コントロール

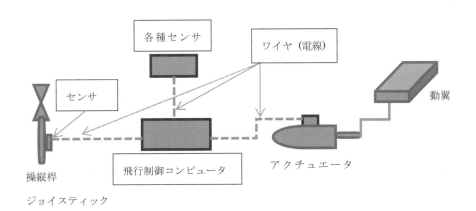

(a) FBW式コントロール

図5-36　操縦系統の相違

第6章　警報装置、記録装置および救助捜索装置

概要（Summary）

　警報装置（Warning System）とは、ビルの火災警報装置や家庭のガス漏れ警報装置などのように、異常や致命的な事故に発展するおそれのある故障が発生した場合に、警報灯や警報音（ブザーやベルなどの音）あるいは合成した音声（Synthesized Voice）などで乗務員に注意を促す装置で、本章で述べる装置のほかに航空機には火災警報、客室与圧警報、燃圧・油圧警報など各種の警報装置が用いられている。

　記録装置（Recorder）とは、どのような操縦がなされていたか、乗務員は操縦室でどのような行動をしていたかを記録保存する装置で、通常の運航に特に必要ではない装置であるが、異常運航や事故などが発生した場合、これらの記録を調査し原因の究明に役立てるための装置である。

6－1　高度警報装置（Altitude Alert System）

　輸送機はいつでも計器飛行方式（Instrument Flight Rules; IFR）で飛行することが多く、飛行高度や相互の間隔は航空交通管制（Air Traffic Control; ATC）から指定される。飛行中の航空機の高度と位置は、地上の2次監視レーダからの質問に対し機上のATCトランスポンダが応答し地上で監視しているが、数多くの航空機を管制する必要上、機がATCにより指定された高度を忠実に守ることで、ニアミスや空中衝突などの事故を未然に防いでいる。

　高度警報装置は、指定された飛行高度を忠実に維持するよう開発された装置で、管制から飛行高度を指定されるたびに手動で高度警報コンピュータに高度を設定し、その高度に近づいたとき、またはその高度から逸脱したとき、警報灯や警報音によってパイロットに注意を促す装置である。

　図6－1に高度警報装置の例を示す。気圧高度計から気圧高度と警報フラグが高度警報コンピュータに送られている。パイロットは管制から飛行高度を指定されるたびに、このコンピュータの高度設定ノブを使って飛行高度を設定する。高度警報コンピュータは設定高度と気圧高度の差から、各パイロットの計器板上の警報灯を点灯し、また2秒間Cコードの警報音を発する。気圧高度計に異常が生じ警報フラグが出た場合、高度警報コンピュータも誤報を出すおそれがあるので、同時に警

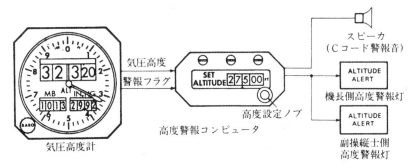

図6－1　高度警報装置の構成例

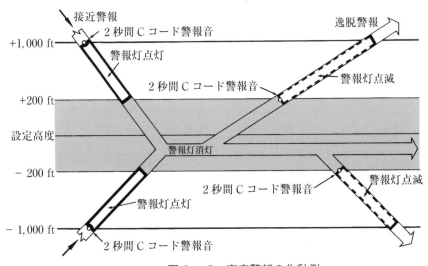

図6－2　高度警報の作動例

報フラグを出して作動を中止する。

　高度警報装置の作動例を図6－2に示す。

(a)　接近警報（Approaching Warning）

　設定した高度に近づく場合の警報で、

・1,000（ft）手前で警報灯が点灯し、2秒間Cコードの警報音が出る。

・400（ft）手前で警報灯が消灯する。

(b)　逸脱警報（Leaving Warning）

　設定した高度から逸脱した場合の警報で、

・400（ft）以上逸脱すると警報灯が点滅し、2秒間Cコードの警報音が出る。

・1,000（ft）以上逸脱すると警報灯が消灯する。

　今まで述べたのは、ごく平均的な高度警報装置の動作例であり、機種によっては若干異なる動作をする装置もあるし、高度警報コンピュータの高度設定ノブは、フライト・ディレクタやオートパイロットの高度設定ノブと連動している場合もある。

6-2　失速警報装置（Stall Warning System）

水平飛行中、徐々に操縦桿を引いていくと、翼の迎え角はしだいに増し、機速は徐々に低下する。この傾向はいつまでも続くわけではなく、ある迎え角（失速角；Angle of Stall）で速度は最小値（**失速速度；Stalling Speed**）に達し、**機体の振動（バフェット；Buffet）**などの、わずかな前触れののち突然機首下げ、横揺れ、舵の利きの悪化が生じる。これを失速という。ここで操縦桿を中立位置にもどすと、機体は降下しながら加速し、やがてもとの速度に達し失速から脱出する。失速速度は高度に無関係に機体重量とフラップ角度によって定まり、指示対気速度（IAS）計で読み取られる。

失速警報装置は、失速の前触れであるバフェットを生じる前にフラップ開度に比べ翼の迎え角が大き過ぎるとき、乗務員に失速速度に近づきつつあることを操縦桿に振動を与えて知らせる警報装置で、迎え角センサ、フラップ角度センサ、失速警報コンピュータより構成されている。

図6-3に示すのがベーン型（Vane Type）の迎え角センサで、機軸に平行に胴体に取り付けられており、ベーン（小羽根）が気流によって動かされ、これがシンクロに伝えられて機軸と気流との相対角（迎え角）を検出する。

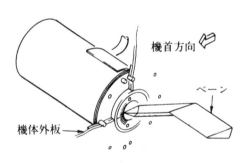

図6-3　ベーン型迎え角センサ

失速警報装置の構成例を図6-4に示す。迎え角センサで検出された迎え角信号はフラップ角度センサに送られ、ここで迎え角とフラップ角度信号の差が作られる。この信号が失速警報コンピュータに送られ、あらかじめ定められた角度に達すると、操縦桿に取り付けた振動モータに直流電圧を供給し、操縦桿を振動させ失速速度に近づいていることを知らせる。

機が地上にあるときはベーンが自重で垂れ下がり、異常な信号を出すことがあるので、AIR／GRNDリレーで信号を接地しコンピュータを不作動としている。これでは地上で失速警報コンピュータが正常に働くかどうか試験をすることができないので、別に自己診断機能（Self Test Function）をもたせてある。

試験スイッチをTEST側に倒すと迎え角センサの基準電圧の1相にコンデンサが接続されるため、単相誘導モータの原理により回転指示器が回転し迎え角センサとフラップ角度センサが接続されて

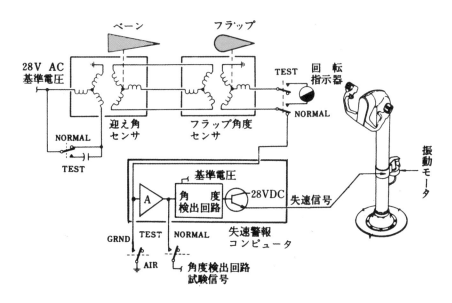

図6-4 失速警報装置の構成例

いることを示す。失速警報コンピュータには試験スイッチを通して角度検出回路試験信号が加わり、角度検出回路が作動して操縦桿の振動モータを駆動させ、機能が正常であることを確認できる。

6-3 対地接近警報装置 (Ground Proximity Warning System; GPWS)

航空機の事故例を詳細に調査すると、機体にはなんの故障もなく、熟練したパイロットの操縦にもかかわらず、航路を誤って山岳に衝突したり異常な降下に気付かず、そのまま地表に激突した例が少なくない。これらは普通では考えられないことであるが、パイロットが気象の急変や他機の接近などなんらかの心理的な重圧によって、判断を誤り事故を起こしたことが分かってきた。

そこで、航空機の「予期せざる地表への接近」を監視し、いちはやく警報を発する対地接近警報

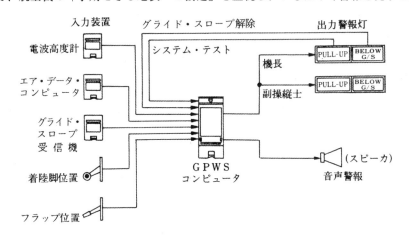

図6-5 対地接近警報装置の構成例

装置が開発され、世界各国で使用されだしてからは地表への異常接近による事故は大幅に減少した。

　対地接近警報装置は**図6－5**に示すように、電波高度計、エア・データ・コンピュータ、グライド・スロープ受信機、着陸脚位置、フラップ位置などからの入力信号をもとにGPWSコンピュータが大地に接近し過ぎる危険度を計測し、まず異常接近の原因別の注意報を出し、それでも異常接近が続く場合は"Whoop, Whoop, Pull－Up（注意、注意、引き起こせ）"と警報を出すようになっている。

6－3－1　GPWS のモード

　GPWS には7つの監視モードがあり、概要を**図6－6**に示す。

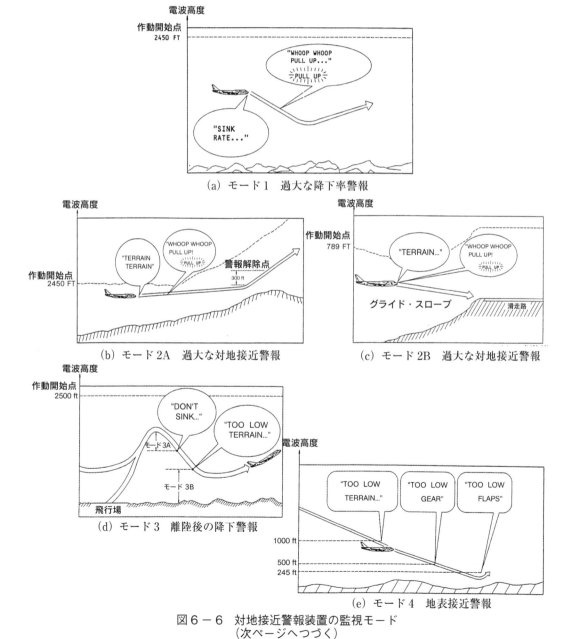

図6－6　対地接近警報装置の監視モード

（次ページへつづく）

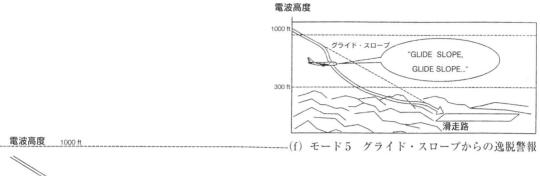

(f) モード5 グライド・スロープからの逸脱警報

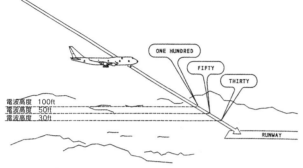

(g) モード6 高度の読み上げ

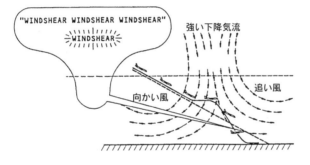

(h) モード7 ウインド・シア

図6－6 対地接近警報装置の監視モード

モード1：過大な降下率警報（Excessive Sink Rate）

電波高度2,450（ft）で気圧高度の降下率が5,000（ft／min）以上、電波高度1,000（ft）で気圧降下率2,500（ft／min）以上の降下率の場合、まず"Sink Rate（降下率に注意）"の注意報が出され、さらに降下が続く場合"Whoop, Whoop, Pull － Up（注意、注意、引き起こせ）"の警報が出される。それと同時にPULL － UPの赤色警報灯が点灯する。

モード2：過大な対地接近率警報（Excessive Terrain Closure Rate）

機体が沈下していないのに電波高度計の降下率が大きいとき、つまり山岳地帯にさしかかりつつあるときの警報である。

(a) モード2A

フラップが20度以内で、グライド・スロープから十分に離れているとき、即ち空港に接近中でないときの警報である。電波高度2,450（ft）で較正対気速度（CAS）が310（kt）以上の時は、

電波高度の降下率が 9,800（ft ／ min）に達すると、まず "Terrain, Terrain（地勢に注意、地勢に注意）" の注意報が出され、なお対地接近率が減少しない場合は "Whoop, Whoop, Pull − Up（引き起こせ）" の警報が出される。機が 300（ft）以上上昇すると、すべての警報が止まる。

（b）　モード 2B

　　フラップが 25 度以上になっているか、またはグライド・スロープからの偏位が 2 ドット以内で空港に接近中の警報である。

　　電波高度の降下率が大きく 3,000（ft ／ min）で接近する場合は、電波高度 790（ft）で警報がでる。警報の種類はモード 2A と同じである。

モード 3：離陸後の降下警報（Altitude Loss after Takeoff）

　離陸または着陸復行のときの警報で、モード 3A は気圧高度計の指示があらかじめ定められた限度を超えて低下した時警報を発する。

　モード 3B は電波高度 150（ft）以上に上昇した後、降下した時 "Dont Sink（降下するな）"、"Too Low Terrain（地表に接近中）" の警報を出す。

モード 4：地表接近警報（Unsafe Terrain Clearance）

　脚下げ、フラップ下げなどの着陸態勢を整えないまま地表に接近したときの警報で、高度に応じ "Too Low Terrain" "Too Low Gear（脚を下げよ）" "Too Low Flaps（フラップを下げよ）" の警報を出す。

モード 5：グライド・スロープからの逸脱警報（Deviation Below Glide Slope）

　ILS を使って接近中に、グライド・スロープの下側に逸脱したとき "Glide Slope（グライド・スロープに注意）" の注意報が出され、さらに逸脱すると大きな音声で注意報が繰り返される。

モード 6：高度の読み上げ（Altitude Callout）、Bank Angle の読み上げ（Bank Angle Callout）

　接近中に電波高度や Bank Angle を読み上げる機能である。

モード 7：ウインド・シア（Windshear）

ウインド・シアは強い下降気流の、大きな空気の塊の移動である。着陸しようとしている航空機は、最初向かい風を受けて機速をまし、高度を上げてグライド・スロープの上に吹きあげられる。つぎの瞬間追い風となり機速を減じ、グライド・スロープの下に吹き下ろされる。

　離陸や着陸のさい電波高度 1,500（ft）以下でウインド・シアを検知したとき "Windshear、Windshear、・・・" の警報を発する。

　音声警報用のスピーカーを通して音声警報を出すシステムが GPWS 以外にもあるが、その警報の優先順位はほぼ以下のようになっている。

　① GPWS モード 7　② GPWS モード 1、2　③ PWS（気象レーダー）　④ GPWS モード 3〜5　⑤ GPWS モード 6　⑥ TCAS　となっている。また、Weather 表示、Terrain 表示、PWS 表示に関しては、概略① PWS　② Terrain　③ Weather のようになっている。（実際は機種、システムにより多少相違がある。）

6－3－2　EGPWS（Enhanced　GPWS）

　GPWS は、効果は上がったが、たとえば切り立った崖などに対しては回避操作に十分な時間の余裕を持って警報を発することができない場合もあった。そこで GPWS の機能を強化した EGPWS（Enhanced GPWS：強化型 GPWS）が開発された。EGPWS が従来の GPWS と大きく異なる点は、高層建築物を含む地形情報を Database としてコンピュータが持っていることである。データベースには世界中の地形情報が収められており、また、長さ 3,500ft 以上の Runway の情報も含まれている。なお、小型機やヘリコプター用として 2,000ft もしくはそれ以上の Runway の Airport を含むデータベースを持つ機器もある。特に空港周辺の地形情報の精度が高くなっている。このデータベースを利用して、

・機体の現在の状態と照らし合わせて、これまでの GPWS では警報を発することができなかった機体前方の Terrain との衝突を予測し、警報を発することができる。

・着陸滑走路を中心に、その周りにすり鉢状の Envelope を形成し、進入着陸時における過度な地面との接近に対して警報を発する。この機能により、Non ILS Approach においてもモード 5 と同等の警報を発することができる。

　なお、近年は対地接近警報装置の呼称については、GPWS と EGPWS を総称した TAWS（Terrain Awareness and Warning System）が用いられている。

6－3－2a　EGPWS で追加された新しい機能

　EGPWS では従来の警報に加え、次のような新しい機能が加わっている。

（a）Terrain Awareness Alert（TAA）

　現在の緯度・経度、Ground Speed/Track、飛行高度および Rate、Flight Path Angle、Roll Attitude などのデータを基に、機体前方および下方に広がる Terrain Caution と Warning Envelope（仮想空間）を計算し、Envelope 内に Terrain が入ると音声と視覚により警報が出される。Caution Area と Warning Area は、衝突までの時間を基準にして分けられる。Caution と Warning で警報の内容は異なる。なお、機体の緯度・経度情報は GPS から与えられる。

（b）Terrain Display

　航空機前方の地形を、現在の自機の飛行高度と地形標高の差に応じて、3 色（赤、黄、緑）の濃淡でディスプレー上（例：ND）に表示する。ディスプレー上では通常 Weather か Terrain を選択して表示するが、Terrain 表示が選択されていなくても Terrain Awareness 警報があれば Terrain が表示される。

（c）Terrain Clearance Floor（TCF）

　滑走路からの距離と地表からの高さに基づいたすり鉢状の Envelope を計算し、この Envelope の下に機体が入ると、警報が出される。警報は "Too Low Terrain" の音声警報である。

（d）Runway Field Clearance Floor（RFCF）

　TCFは地上からの高さでEnvelopeを作るため、Runwayが周囲のTerrainより高い場所にあるような場合（Hilltop Runway）、十分な効果が得られないことがある。このような場合でも、警報を発するための機能として、RFCFはRunwayから5nmの範囲に対し、Runwayからの高さでEnvelopeを形成する。EnvelopeはRunwayの高度以下にも広がっている。RFCFはTCFを補強するものである。

6－4　操縦室音声記録装置（Cockpit Voice Recorder; CVR）

　CVRは事故原因の解明のために、操縦室内の音声、その他の音を記録する装置であり、一定以上の重量の輸送機、その他に装備が義務付けられている。従来は録音時間30分で、磁気テープに録音するタイプが使用されていたが、最近は録音時間120分で、半導体メモリに録音するタイプ（SSCVR：Solid State CVR）が装備されている。録音時間の違いを除き、システムの構成、機能は同様である。録音媒体（磁気テープや半導体メモリ）は事故時の衝撃、熱などに耐える特殊カプセルに収納されている。カプセルは1,100（℃）の温度に30分間、1,000（g）の衝撃に11（ms）間、海水、ジェット燃料の中に48時間浸されても耐えうるように作られており、今までの例では事故後火災が発生してもカプセルは回収され、録音媒体はほとんど無傷で事故原因の解明に役立っている。

　CVRの構成例（磁気テープタイプ）、および構成品の例をそれぞれ図6－7、図6－8に示す。

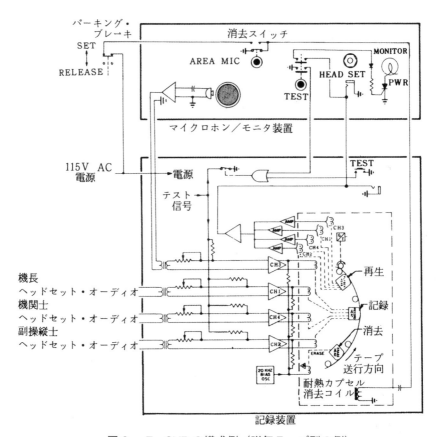

図6－7　CVRの構成例（磁気テープ型の例）

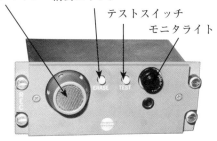
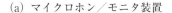

エリアマイク　消去スイッチ
テストスイッチ
モニタライト

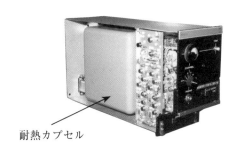

耐熱カプセル

（a）マイクロホン／モニタ装置　　　　　　（b）記録装置

図6 − 8　CVR の例

　図に示すように CVR は記録装置（Recorder Unit）とマイクロホン・モニタ装置（Microphone/ Monitor Unit）で構成される。CVR は次項で述べる FDR と共に火災などで類焼しにくい機尾付近に取り付けられている。マイクロホン・モニタ装置は通常操縦室のオーバーヘッド・パネルに置かれている。なお、最近の機体ではエリア・マイクのみオーバーヘッドの別の位置に置かれている機種もある。

　CVR は同時に4チャンネルの音声を録音することができる。そのうち3つは乗員のインタホンを通した音声で、地上との交信や乗員同士のインタホンを通した会話等を録音する。3 Man Crew 機では3つのチャンネルはそれぞれ機長、副操縦士、航空機関士用に割り当てられていたが、2 Man Crew 機では3つ目はオブザーバー用となっている。残りの1チャンネルは、エリア・マイクを通して Pick Up された音で、操縦室内で聞こえた騒音、異音、警報音や操作音、操縦室内で交わされた会話などが録音される。

　録音はエンドレスで行われ、常に古い録音を消去ヘッドで消去しながら録音ヘッドで録音する。これを再生ヘッドで再生し確実に録音されているか確認できるようになっている。

　マイクロホン・モニタ装置には CVR 全体の試験を行うテスト・スイッチがあり、スイッチを押すとテスト信号が録音ヘッドに送られ録音される。1秒後にはテスト信号は再生ヘッドで再生され、マイクロホン・モニタ装置に送り返されてきて、モニタ・ライトを点灯させる。ヘッドセットを差し込むとテスト信号を聞くことができる。

　CVR には操縦室内の私語まで録音される。正常に目的地に着けば CVR の録音内容を解析する必要性は基本的にない。従って、地上でパーキング・ブレーキをセットした後マイクロホン・モニタ装置の消去スイッチ（Erase Switch）を押すと、それまでの録音を消去できるようになっている。

　CVR と FDR には水没時の Recorder の捜索が容易になるように ULB（Underwater Locator Beacon）が付いているが、この詳細は次項 DFDR で述べる。

　また、最近では CVR と FDR が一体型となった Recorder も使用され始めている。

6－5　デジタル飛行記録装置（Digital Flight Data Recorder; DFDR）

　デジタル飛行記録装置は、多くの飛行データの記録を目的として開発された耐熱、耐衝撃性の磁気テープやソリッドステート・メディアに記録するレコーダで、図6－9、－10に示すように、飛行データ読み取り装置（Flight Data Acquisition Unit；FDAU）、コントロール・パネル（Flight Data Entry Panel；FDEP）、およびデジタル飛行記録装置から構成されている。

　FDAUの入力回路には、シンクロ信号、ポテンシオメータ信号、抵抗値、電圧、スイッチのオン、オフなどのアナログ信号が接続されている。FDAUはこれらの信号を1秒間に64個の速度で切り替えながら、選ばれた入力信号を12ビット（2進数の12桁）のデジタル信号に変換し、順序よくDFDRに送り出す。

　例えば、機首方位の場合、コンパス装置で0～360°の情報が送り出される。これを12ビットのデジタル信号（10進数で4,095）に変換するのであるから、方位角30°は101010101と変換される。

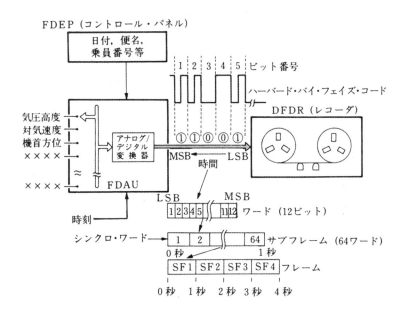

図6－9　デジタル飛行記録装置の原理

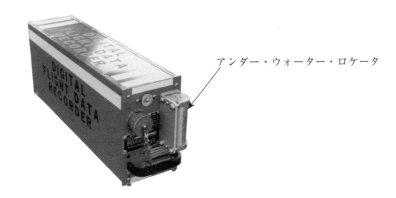

アンダー・ウォーター・ロケータ

図 6 － 10　デジタル飛行記録装置のレコーダ

　このように 2 進数に変換されたデータをワード（Word）と呼んでいる。ワードの 1 番最初、つま
り 1 秒間の始まりにはシンクロ・ワードと呼ぶ特殊な形のワードが入り、続いて 63 個のデータ・ワー
ドが順序よく送り出され DFDR で記録される。これは 4 秒を 1 記録単位としており、これをフレー
ム（Frame）と呼び、4 秒ごとに同じデータを読み取っている。

　FDAU のサンプリング・レート（Sampling Rate）は 4 秒に 1 回となっているが、同じデータを
サブフレームごとに読み取らせると、サンプリング・レートは 1 秒に 1 回と速くなる。しかし、逆
に記録できるデータ数は 1 ／ 4 に減少する。普通は 1 秒に 1 回のレートで記録することが多いが、
垂直加速度などは 1 秒に 8 回記録している。

　表 6 － 1 は DFDR に記録しなければならないデータであるが、この装置の処理能力はまだあるの
で、各社が独自に選んだデータを入力しており、ほぼ 70 ～ 90 種類のデータが記録されている。

（以下、余白）

表6－1　DFDR に記録されるデータ（法的要件のみ）

データ	記録の範囲	情 報 源
気 圧 高 度	− 1,000 ～ +50,000（ft）	エア・データ・コンピュータ
対 気 速 度	100 ～ 450（kt）	
機 首 方 位	全方位（360°）	コンパス装置
垂 直 加 速 度	− 3 ～ +6（g）	3 軸型加速度計
横 加 速 度	− 1 ～ +1（g）	
ピ ッ チ 姿 勢 角	± 75°	慣性航法装置
ロ ー ル 姿 勢 角	± 180°	
迎 え 角	− 20 ～ +40°	迎え角センサ
操 縦 桿 の 操 作 量	全 範 囲	各装置に取り付けたセンサ
操 縦 輪 の 操 作 量	〃	〃
方向舵ペダルの操作量	〃	〃
ピッチ・トリム装置の操作量	〃	〃
後 縁 フ ラ ッ プ 位 置	〃	〃
前 縁 フ ラ ッ プ 位 置	〃	〃
エ ン ジ ン 出 力	〃	〃
逆 推 力 装 置 の 位 置	逆進力位置の作動範囲	〃
交 信 記 録	送信している時間（VHF、HF）	通 信 装 置
経 過 時 間	時刻、分、秒	航 空 時 計
便 名 ・ 日 付	飛行開始のとき1回	コントロール・パネル

　DFDR は CVR と同様に磁気テープ、または半導体メモリに25時間分の記録能力がある。この装置には「0」と「1」の信号が記録されているのみであるから、そのまま再生（Play Back）したのでは記録内容が全く分からない。記録されているデータを読み出すには特殊な解析装置が必要である。

　CVR や DFDR にデータが記録されていても、遭難機が深海に水没した場合、それらを発見し回収することは困難である。そこで CVR や DFDR には水中での所在を知らせるためのアンダー・ウォーター・ロケータ・ビーコン（Underwater Locator Beacon；ULB）あるいはアンダー・ウォーター・ロケータ・デバイス（Underwater Locator Device：ULD）と呼ばれる超音波発振器が取り付けられている。超音波の発振周波数は 37.5 ± 1（kHz）で、1秒に1回9（ms）のパルスを発振する。この超音波は耳では聞きとれないが、簡単な超音波受信機で水没地点から2～4（km）以内に接近す

ると検出できる。ULBの電源には水銀電池が用いられ、海水に浸るとそれがスイッチの働きをして自動的に発振し、30日間持続する。ULBは強固なケースで保護されており、水深6,000（m）の水圧に耐えるように作られている。

　ULBの持続日数について、新しい基準では持続日数が90日となっている。

　図6－11は、水没した遭難機の捜索を想定した図である。

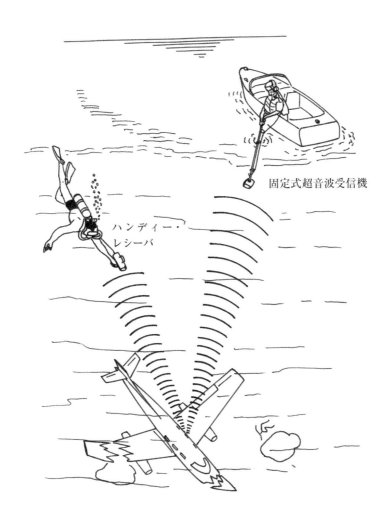

固定式超音波受信機

ハンディー・
レシーバ

図6－11　アンダー・ウォーター・ロケータを見つける捜索活動

6－6　航空機用救命無線機（Emergency Locator Transmitter; ELT）

　　航空機が不時着などの事故に遭遇した場合、その位置を探すのは非常に困難である。このような場合に、遭難位置を知らせ、捜索を容易にするのがELTである。ELTには手動で作動するタイプや、自動的に作動するタイプがあるが、現在は衝撃（G）を感知して自動的に作動するものを装備することが義務化されている。

　　無線機本体は航空機の胴体後部天井に固定され、機外アンテナが垂直尾翼の前方に設置されている。また、操縦室にあるELTリモート・コントロール・スイッチ、あるいはELT本体のスイッチで、手動で作動させることもできる。

図6－12、6－13、6－14参照

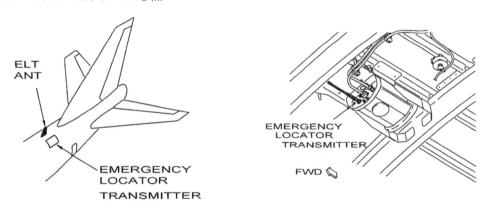

図6－12　ELTの機体への取り付けの例

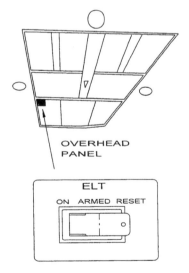

図6－13　ELTリモート・コントロール・スイッチの例

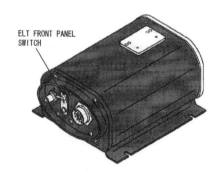

図6－14　ELT

　ELT から発射された電波は、世界中の救難機関が 24 時間監視している。日本においても海上保安庁を中心とする関係機関が ELT 電波を受信すると、直ちに捜索救難活動を開始する体制をとっている。

　ELT は内蔵のバッテリーで作動する。G を感知すると自動的に捜索用の電波を発射する。

　発射される電波の種類は以下の 3 種類である。

(1) 121.5MHz

　　民間用緊急周波数であり、300 ～ 1,500Hz のオーディオ周波数で連続的に振幅変調される連続波で、捜索救助航空機の誘導（ホーミング）用である。有効範囲は高度にもよるが、約 200nm である。

(2) 243MHz

　　軍用緊急周波数であり、121.5MHz と同様である。

(3) 406MHz 帯

　　人工衛星を使用した捜索救難システム用の電波である。デジタル波であり、国番号、ID 符号、発信機の種類などの情報が含まれる。ID 符号は機番ごとに登録されており、どの機番からの電波か識別できる。約 5km の精度を持つ。

　ELT は 406MHz 帯で 520ms の信号を 50 秒ごとに送信する。これは 24 時間継続し、停止する。また、406MHz 帯の送信が行われていないときに 121.5MHz と 243MHz の電波を連続的に送信する。この送信はバッテリーが電力を供給できなくなるまで続く。

　当初は 121.5MHz と 243MHz も衛星で処理されていたが、現在は衛星による処理は停止されている。

　人工衛星を使用した捜索救難システムは 1985 年になって運用が開始された。このシステムは COSPAS-SARSAT（コスパス・サーサット）システムと呼ばれ、米国とロシアが中心となって、船舶、航空機または地上移動体の捜索救難用として国際的な協力のもとに運用されている。

注：COSPAS はロシア語の略語であり、SARSAT は英語の略語である。

　コスパス・サーサット衛星は、地上約 1,000km で地球の極軌道を周回する低軌道衛星（LEOSAR）で構成される。これは ELT から発射された電波のドップラー効果を測定し、ELT の位置を計算する。精度は約 5km 以内である。

　また、静止軌道衛星システム（GEOSAR）や中軌道衛星システム（MEOSAR）も構築されている。GEOSAR は多目的衛星を使用し、この場合 ELT に GPS 等が内蔵されている必要がある。MEOSAR は GPS 衛星や GLONASS 衛星を利用するものである。

第7章　その他の電子システム

概要（Summary）

　各システムからの情報を基に、機体の状況（飛行状態）をパイロットが総合的に判断するという観点から、以下のようにアビオニクス・システムを分類することができる。

a.　センサ群（Sensor Group）

b.　電子式表示システム（Electronic Indication Group）

c.　飛行・整備情報伝達システム（Flight and Maintenance Information Reporting System）

d.　統合制御システム（Total Management System）

　センサ群に該当するアビオニクス・システムには、慣性基準装置（IRS）、エア・データ・コンピュータ（ADC）、全地球測位システム（GPS）などがあるが、IRS、GPS については第4章「航法装置」で説明している。本章では ADC について述べる。電子式表示システムには、電子式飛行計器システム（EFIS）、エンジン計器と警報システム（EICAS）がある。飛行・整備情報伝達システムには、データ・リンク・システム（ACARS）、飛行性能モニター・システム（ACMS）、機上整備コンピュータ・システム（CMCS）がある。統合制御システムには飛行管理システム（FMS）がある。

　センサ群は独立して機能しているが、得られた情報の表示機能は主要な機能ではなく、あくまで他システムのセンサとしての役目を果たしている。

　電子式飛行計器システム（EFIS）は、センサ群から得られた情報を表示する。EFIS は飛行状態に合わせ最も必要な情報を選択して表示出来、パイロットが直感的に理解できるよう工夫されている。

　エンジンの運転状況や、油圧、エアコン等の作動状況、各種警報などを単独で表示していては情報の氾濫となり、パイロットの注意能力は散漫になってしまう。エンジ計器と警報システム（EICAS）はこれを防ぐため「情報は必要なときに重要性の高いものから順に表示する」のに使われている。

　データ・リンク・システムとは機内と地上のコンピュータ間でデジタル・データ通信を行うシステムである。これにより音声通信量の削減が出来る。

　各アビオニクスは自己の故障を見つけだす故障検出・診断装置（BITE）を備えている。デジタル機器に特有の一過性の故障もあり、飛行中の故障報告のみでは故障した機器を探し出すのは難しい。そこで各機器の BITE が検出した故障や機器間の接続回路におきた故障を記憶し記録する機上整備

コンピュータ（CMC）があり、機体の整備の時 CMC に残されたメモリーを呼び出し、飛行中の故障状況を確認する事ができる。

　独立して作動するセンサ群や電子式表示システムは実用化されているが、これらが個々に機能していたのでは、情報量が多すぎて人間の処理能力を越えてしまうので、これらを整理・統合する**総合制御システム**が使われる様になった。**これが飛行管理システム（FMS）である。**

　飛行管理システム（FMS）は**航法データ（Navigation Data）**と**性能データ（Performance Data）**を記憶しており、これにセンサ群からの情報を加えて離陸から着陸までのすべての飛行状態で、**最適の飛行**が出来るよう各種のデータを整理・統合し、自動操縦装置（AFCS）を通じて誘導したり、電子式飛行計器システム（EFIS）に表示したりしている。

　この章では上記アビオニクス・システムについて順次説明する。

　また、システムには該当しないが、新しい機体に広く使用されつつあるモジュラー・アビオニクス（Modular Avionics：モジュール化された電子機器）について簡単に紹介する。

７－１　エア・データ・コンピュータ（Air Data Computer）

　航空機では静圧やピトー圧を利用して高度や速度が測られ、外気温度は抵抗温度センサで計測されている。飛行高度、速度の増大に伴い、エア・データの計測が複雑になり、従来のように空盒を用いた計器では精度向上が難しくなった。高速になり外気温度センサに当たる空気の断熱圧縮による温度上昇の補正も必要である。更に、多くの独立したセンサを使うのは不経済である。このように、高高度飛行、高速飛行を行う航空機では、全圧、静圧、大気の全温度などを同時に計測し、それらの計測値からエア・データを計算することが必要となった。この計算を行うものがエア・データ・コンピュータ（ADC：Air Data Computer）である。

７－１－１　ADC の入出力（Inputs and Outputs of ADC）
　図７－１に ADC の主な信号の流れを示す。

（以下、余白）

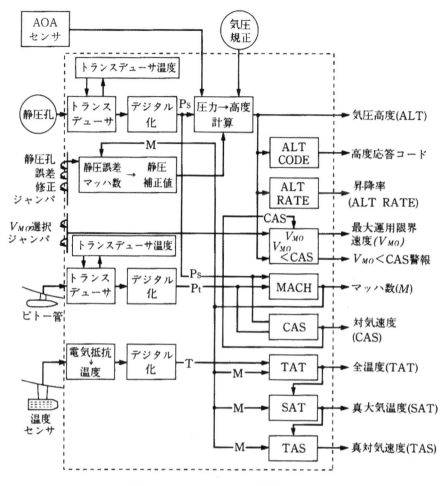

図7-1　ADCの主な信号の流れ

　ADCへの主な入力情報は以下の通り。

(1)　静圧孔からの静圧

(2)　静圧を電気信号に変換する装置が外部から受ける影響を補正するための温度、迎角の情報

(3)　静圧孔に生じる誤差を補正するための、SSECジャンパ（Static Source Error Correction Jumper）からの補正信号

(4)　気圧補正信号

(5)　機種特有のV_{MO}/M_{MO}（最大運用限界速度）曲線を発生するための情報

(6)　ピトー管からの全圧

(7)　温度センサからの全温度情報

　ADCからの主な出力情報は以下の通り。

(1)　気圧高度

(2)　ATC トランスポンダ用高度応答コード

(3)　昇降率

(4)　機種、高度に応じた V_{MO}/M_{MO} 値

(5)　V_{MO}/M_{MO} 超過警報

(6)　マッハ数

(7)　CAS（Computed Air Speed：対気速度）
　　　注：ADC から出力される対気速度は CAS（Calibrated Air Speed）と考えてよい。

(8)　TAT（Total Air Temperature：全温度）

(9)　SAT（Static Air Temperature：静温度）

(10)　TAS（True Air Speed：真対気速度）

　なお、図示したもの以外に、ある設定値からの変化分を求める機能、異常監視機能などもある。

7－1－2　主なセンサ（Major Sensor）

　図7－2にピトー静圧管の外観、図7－3に全温度センサの例を示す。

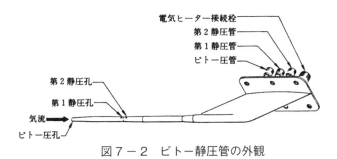

図7－2　ピトー静圧管の外観

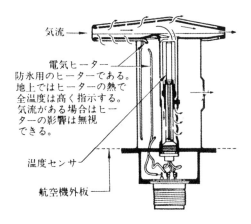

図7－3　全温度センサの例

　図7－2はピトー管に静圧孔を設けた例であるが、通常は機体側面に静圧孔を設けることが多い。全温度センサはピトー管のように機体の外に突き出して取り付ける。全温度とは、航空機周辺の大気温度（SAT）に断熱圧縮による温度上昇が加わった温度である。

　ピトー圧や静圧を電気信号に変える圧力センサ（図7−1ではトランスデューサ）には、圧力を周波数として検出する振動ダイヤフラム型、振動円筒型、シリコン・ウエハに直接ひずみセンサを作り上げたシリコン・ダイヤフラム型などがある。図7−4にシリコン・ダイヤフラム型を示す。シリコン半導体の単結晶に圧力を加えると結晶の格子間隔が変化するので、シリコン・ダイヤフラムにストレン（ひずみ）ゲージを形成し、この抵抗変化を利用して圧力測定をしている。

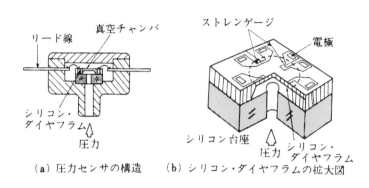

（a）圧力センサの構造　　　（b）シリコン・ダイヤフラムの拡大図

図7−4　半導体圧力センサ

7−1−3　ADC とピトー圧、静圧配管（ADC and Pitot-Static Line）

　図7−5は ADC に関わるピトー管と静圧孔の配管の例である。図の例ではピトー管、静圧孔、ADC 共に3重系になっており、第1系統が機長側計器に、第2系統が副操縦士側計器に接続されている。第3系統は第1または第2系統が故障した場合の予備系統である。また第3系統には、機長

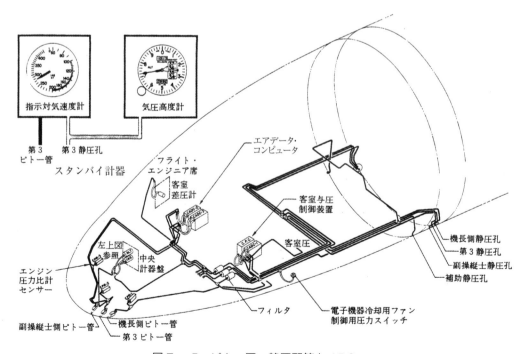

図7−5　ピトー圧、静圧配管と ADC

からも副操縦士からも見える空盒式の気圧高度計と指示対気速度計が接続されており、機内のすべての電力が失われ ADC が不作動となった場合に備えている。

最近は、静圧、ピトー圧を電気信号に変える圧力センサを ADC の外部に取り付ける機体が多くなっている。圧力センサは ADM（Air Data Module）と呼ばれる。ADM の採用により、静圧系統とピトー圧系統の配管が短くなり、配管の不具合によるトラブルの減少、また機体の軽量化につながるという利点がある。

7－1－4　エア・データの算出（Air Data Computation）

以下のような主なエア・データが計算され、出力される。

a.　気圧高度（Pressure Altitude）

気圧高度 H（ft）は静圧孔が検出した静圧を基に計算する。

$$H = 145,447 \left[1 - \left(\frac{P_S}{P_0} \right)^{0.1902} \right]$$

P_s：静圧孔が検出する静圧　　　P_0：標準大気の海面上の標準気圧

b.　対気速度（CAS：Computed Air Speed）

対気速度 V（knot）は静圧とピトー圧の差を基に、標準大気の海面に接した場所の圧力および密度を考慮して計算する。

$$V = \sqrt{ 7 \frac{P_0}{\rho_0} \left\{ \left(1 + \frac{\varDelta P}{P_0} \right)^{\frac{1}{3.5}} - 1 \right\} }$$

$\varDelta P$：ピトー圧と静圧の差　　　P_0：標準大気の海面上の標準気圧
ρ_0：標準大気の海面上の密度

c.　マッハ数（Mach Number）

マッハ数は飛行速度の音速に対する比である。音速は温度（飛行高度）により変化する。従って、ピトー圧と静圧の比から計算する。

$$M = \sqrt{ 5 \left[\left(\frac{P_t}{P_s} \right)^{\frac{1}{3.5}} - 1 \right] }$$

P_t：ピトー管が検出するピトー圧　　　P_s：静圧孔が検出する静圧

d.　静温度（SAT：Static Air Temperature）

静温度 T_s（K）は航空機周囲の大気温度で、全温度とマッハ数から計算する。

$$T_S = \frac{T_t}{1 + 0.2 M^2}$$

T_t：全温度（K）　　　　M：マッハ数

e. 真対気速度（TAS：True Air Speed）

真対気速度 V_t（knot）は航空機周囲の乱れのない大気に対する航空機の真の速度で、静温度とマッハ数から計算する。

$$V_t=38.942\ (MT_s)^{0.5}$$

T_s：静温度　　　　M：マッハ数

7－1－5　その他の出力（Other Outputs）

その他以下のようなデータが出力される。

a. QNH

気圧規正信号を受信して海面からの高度（QNH）を算出する。

b. 昇降率（Altitude Rate）

気圧高度信号から高度の変化率を算出する。

c. 高度応答信号（Altitude Response Signal）

算出された気圧高度が、ATC トランスポンダ高度応答信号として定められた信号に変換され、ATC トランスポンダに送られる。

d. 最大運用限界速度（Maximum Operating Limitation Speed）

最大運用限界速度は各機種ごとに、高度に応じて定められている。ある高度以下では対気速度で、それ以上ではマッハ数で制限される。定められた高度―速度曲線に応じて、その高度における最大運用限界速度が出力される。

7－2　電子式飛行計器システム（Electronic Flight Instrument System）

姿勢指令指示計（ADI）や水平位置指示計（HSI）などの機械式計器の内は表示部と駆動部で満たされ、他の情報を表示する余裕はなくなっていたので新しい電子式計器を採用する事になった。**電子式飛行計器システム（EFIS）では1つの計器で、数多くの情報を切り替えて表示出来る多画面表示機能があり**、画期的な表示能力の向上をもたらした。

初めて EFIS が採用された当時は、表示器としてカラー CRT が使われたが、最近では軽量なカラー液晶が使われている。EFIS が採用されてもコクピットの計器の配置は在来機とよく似ており一例を図7－16 に、構成例を図7－17 に示す。

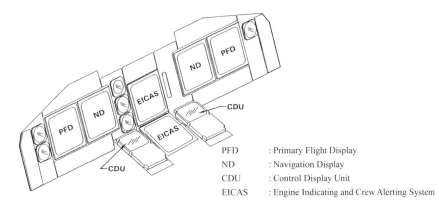

PFD	: Primary Flight Display
ND	: Navigation Display
CDU	: Control Display Unit
EICAS	: Engine Indicating and Crew Alerting System

図 7 - 16　電子式飛行計器の配置

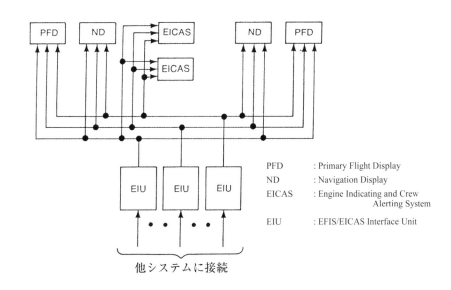

PFD	: Primary Flight Display
ND	: Navigation Display
EICAS	: Engine Indicating and Crew Alerting System
EIU	: EFIS/EICAS Interface Unit

他システムに接続

図 7 - 17　EFIS の構成例

7 - 2 - 1　画像の表示方法（Display Method of Image）

　雲中飛行から明るい雲の上に上昇し、コクピットが極めて明るい状態になったとき CRT や LCD の映像は見難くなる。これはウオッシュ・アウト（Wash Out）と呼ばれる現象で、映像は周辺の明るさの中に埋没してしまう。これを防ぐため、パイロットが設定する手動の輝度調整の他に、外界の明るさや、コクピット内の明るさに応じて自動的に輝度を変えている。

　EFIS の CRT や LCD には 3 色の蛍光体があり、本来、赤、緑、青の 3 色しか発光出来ない。しかし、各色の発光の度合いを調整すると、ほとんど自然界に存在する色すべてを表現でき、昼間の高輝度から夜間の極く低輝度まで誤り無く判別出来る色彩として、赤、緑、アンバー（琥珀色）、シアン（青緑色）、マゼンタ（赤紫色）、白、黒の 7 色が使われている。

赤　　　：警報や運用限界、飛行を回避すべき降雨域

緑　　　：文字やシンボル、弱い降雨域

アンバー：注意報や故障情報、自機のシンボル、強い降雨域、地面

シアン　：飛行予定の航路、空

マゼンタ：飛行中の航路、スケール上の指針、悪天候域

白　　　：水平線、飛行計画、ウエイポイント、スケール

黒　　　：背景

　EFISでは映像を見やすくするため、PFD（EADI）の空や地面を表す広い面積を塗りつぶすときや、ND（EHSI）で航路を示すときなど細かい線、文字、数字を表示する必要があるので2種類の表示方法が使われている。

　広い空や地面を示すにはテレビと同じ方式のラスター・スキャン方式（Raster Scanning）が使われ、文字　数字などを表すにはストローク・スキャン方式（Stroke Scanning）が使われている。ストローク・スキャン方式は一筆書きの要領で、連続した線で文字やシンボルなどを高輝度で表示出来、これに使われているのがシンボル・ジェネレータ（Symbol Generator）である。

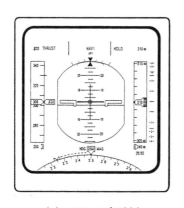 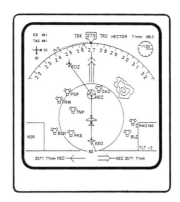

　　　（a）PFDの表示例　　　　　　　　　（b）NDの表示例

図7－18　EFISの主要計器

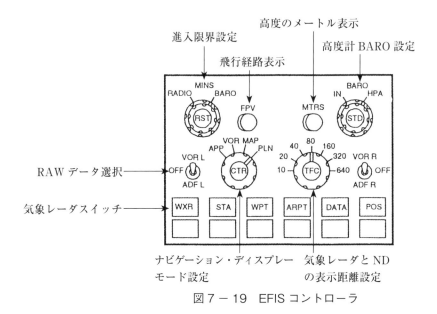

図 7 − 19　EFIS コントローラ

EFIS を構成する PFD と ND の表示例を図 7 − 18 に、EFIS コントローラを図 7 − 19 に、取付位置を図 7 − 16 に示す。

7 − 2 − 2　プライマリー・フライト・ディスプレー（Primary Flight Display：PFD）

ここでは PFD の表示機能の概要を述べるが、詳細については講座 8「航空計器」第 13 章参照。

機械式 ADI（Attitude Director Indicator）の電子化は、まず EADI（Electronic　ADI）から行われた。EADI は基本的には従来の機械式 ADI と同様の表示（機体姿勢、フライト・ディレクタ、自動操縦装置の作動モード、航法無線の偏位など）に、電波高度計表示、対地速度表示などを付加し、CRT 表示化を図ったものであった。その後、大型のディスプレーができたことや、パイロットの使い勝手をよくするために、ディスプレーを大型化し、各種情報も集約化された。主な追加情報は、機首方位、対気速度、気圧高度、昇降率、TCAS 回避指示、緊急操作を要する警報（WINDSHEAR、PULL UP、ENGINE 故障など）、ピッチ・リミットなどである。名称も EADI からプライマリー・フライト・ディスプレー（PFD）となった。PFD の表示例を図 7 − 20 に示す。

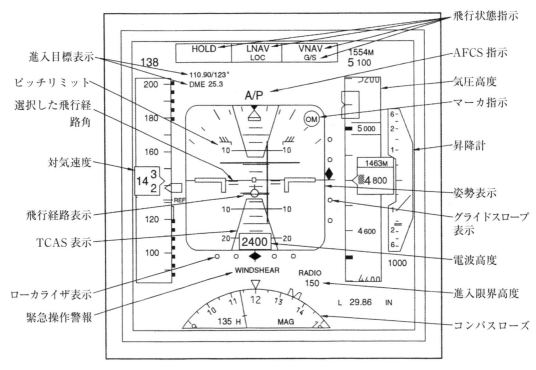

図 7 − 20　プライマリー・フライト・ディスプレー

7 − 2 − 3　ナビゲーション・ディスプレー（Navigation Display：ND）

ここでは ND の表示機能の概要を述べるが、詳細については講座 8「航空計器」第 13 章参照。

機械式 HSI（Horizontal Situation Indicator）の電子化は、まず EHSI（Electronic　HSI）から行われた。EHSI は基本的には従来の機械式 HSI と同様の表示（機首方位、飛行コースおよびコースからの偏位）に、航行援助施設、航空路、飛行ルートなど FMS が記憶している航法データ、風向／風速、次の地点（Waypoint）までの距離、到達時刻、更に気象レーダーの映像などを付加し、CRT 表示化を図ったものであった。EHSI の発展型がナビゲーション・ディスプレー（ND）である。ND は 1 つの画面だけではなく、各種の画面に切り替えることができる。使用目的に合わせて 4 つのモードを EFIS コントローラーで切り替え使用する。

a.　VOR モード（センター表示）（図 7 − 21 参照）

従来の HSI の表示に最も近い表示モードである。ただし VOR の選局はフライト・プランに従って FMS が自動的に行うので選択している局の名称（Identifier）、周波数が表示されるし DME 距離、対地速度、真対気速度、風向／風速も表示する。新しい機能として衝突防止装置（TCAS）の接近警報も示される。

b.　アプローチ・モード（センター、拡大）（図 7 - 22 参照）

　　着陸態勢に入ってから使用する ILS モードで、この図では拡大モードで示してある。拡大モードとは航空機の進行方向 90 度だけを拡大して示すモードで、気象レーダの映像を重ね合わせて表示することが出来る。これでパイロットは自機の航路と悪天候域の位置関係を一目で確認出来るようになった。

（以下、余白）

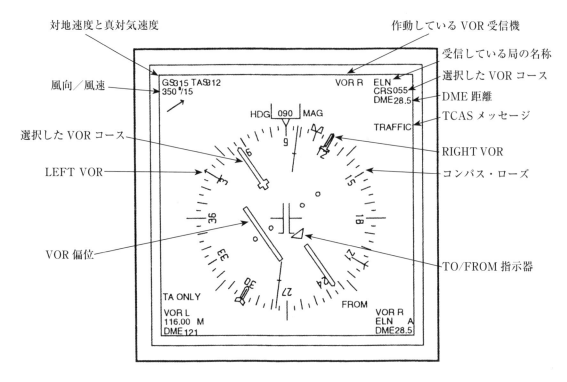

対地速度と真対気速度
作動している VOR 受信機
受信している局の名称
風向／風速
選択した VOR コース
DME 距離
TCAS メッセージ
選択した VOR コース
LEFT VOR
RIGHT VOR
コンパス・ローズ
VOR 偏位
TO/FROM 指示器

図7−21　VOR モード（センター表示）

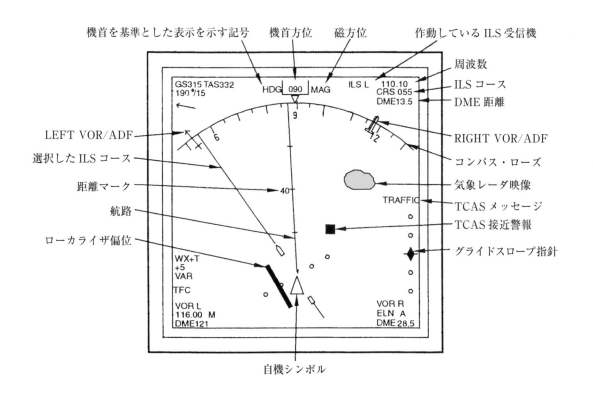

機首を基準とした表示を示す記号
機首方位
磁方位
作動している ILS 受信機
周波数
ILS コース
DME 距離
LEFT VOR/ADF
選択した ILS コース
RIGHT VOR/ADF
距離マーク
コンパス・ローズ
気象レーダ映像
航路
TCAS メッセージ
ローカライザ偏位
TCAS 接近警報
グライドスロープ指針
自機シンボル

図7−22　アプローチ・モード（拡大表示）

c.　マップ・モード（センター表示）（図7－23参照）

　マップ・モードではFMCにあらかじめ記憶させておいた空港やVOR／DME局の位置、ウエイ
ポイント、飛行経路などを呼び出し、航空機を中心とした地図として表示するモードである。

　これはただ単に地図を映し出しているのではなく、地図に重ね合わせて現在の機首方位、30秒、
60秒、90秒後の予想飛行経路（Trend Vector）、選択した高度からの偏位などが表示される。これ
までパイロットが頭の中で作図していた三次元の地図が、ディスプレー上に表示されたことになり
航法は極めて容易となった。

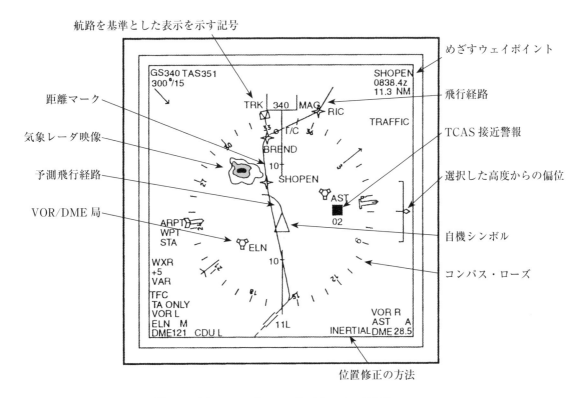

図7－23　マップ・モード（センター表示）

d.　プラン・モード（センター表示）（図7－24参照）

　プラン・モードはFMCにあらかじめ記憶させておいた飛行計画を、出発地の空港からウエイポ
イントを結んで、目的地の空港に至る飛行経路を表示の縦方向を北として表示するモードである。
めざすウエイポイントがディスプレーの中央に表示され、距離と到着時刻も示される。このモード
があると、パイロットは出発に際し全飛行経路を確認できる。

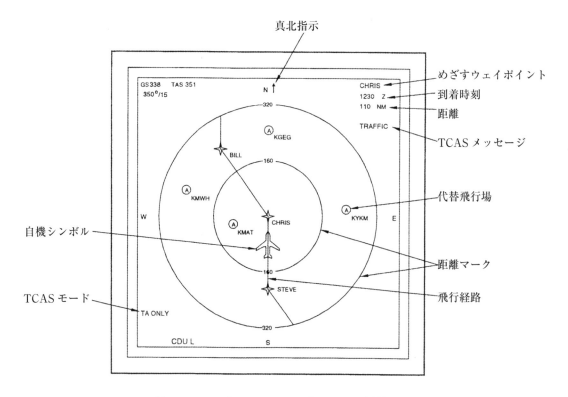

真北指示

めざすウェイポイント
到着時刻
距離
TCAS メッセージ

代替飛行場

自機シンボル

距離マーク

TCAS モード

飛行経路

図 7 - 24　プラン・モード（センター表示）

7 - 3　エンジン計器と警報システム
（Engine Indication and Crew Alerting System：EICAS）

　ここでは EICAS の表示機能の概要を述べるが、表示の詳細、表示選択や制御機能の詳細について
は講座 8「航空計器」第 13 章参照。

　EFIS の採用により表示情報の伝達がデジタル化され、エンジン計器のデジタル化も必要となった。
更に、システム計器や警告・警報信号もデジタル化が要求された。これらの計器と警告類をまとめ
て表示するものが EICAS である。すなわち、EICAS はエンジン・パラメータの表示機能、各シス
テムのモニター機能、およびシステムに異常が発生したときにメッセージの形でパイロットに知ら
せる機能を持つ計器である。これとほぼ同様の機能を持つシステムを別の製造者では ECAM
（Electronic Centralized Aircraft Monitor）と呼んでいる。表示装置は通常、機長席と副操縦士席の
間のエンジン・スロットル・レバーの位置に配置されている。

　EICAS を別の側面から見ると、Dark and Quiet Cockpit Philosophy を具現化したものというこ
とができる。従来大型機は 2 名のパイロットと航空機関士（Flight Engineer：F/E）の計 3 名の乗

員がおり、F/E の主な役割の一つが主に F/E パネルを使って油圧システム、燃料システム、電源システムといった機体各システムをモニターし、異常発生時にパイロットの故障探求をサポートすることであった。大型機が 2 Man Crew となると、パイロットの Work Load 軽減のため、従来 F/E が行っていたシステム・モニターを各システムに行わせ、異常が発生したときに EICAS メッセージおよび警報音でパイロットに知らせるようになった。つまり、メッセージや警報音が出なければシステムは正常に作動しており、パイロットは操縦に専念できるという考え方が取り入られている。

　表示装置は上部の主表示装置と下部の副表示装置があり、主表示装置には主にエンジンの基本パラメータとシステム異常時の警報メッセージが表示され、副表示装置にはエンジンの 2 次パラメータと各システムのモニター情報が表示される。

　EICAS は従来の計器の呼称と機能はそのまま残し、表示方法もできるだけ同じになるように工夫されている。例えばエンジン計器は丸型で示し、表示の場所が少ない場合は縦型で、それでも困難なときはデジタルで表示している。

　警告メッセージ（Alert Message）については、その緊急性・重要性に応じ、警報（Warning）、注意（Caution）、指示（Advisory）、その他に分類して、重要度の高い故障からメッセージを出すようにしている。

7－3－1　エンジン計器（Engine Instrument）

　エンジン計器は 2 個のディスプレーに分割して、丸型または縦型で表され、**警戒範囲**はアンバーで**運用限界**は赤で表示される。これは従来の計器での表示方法を踏襲したものである。

　指針が運用限界に達した場合は、デジタル表示が赤色に変わりパイロットに注意を促すとともに、後の整備に備え記録が残される。

a.　上側ディスプレー（Upper Display）

　主要なエンジン計器 3 個が丸型で、一部のシステム計器と警告が表示される。

(以下、余白)

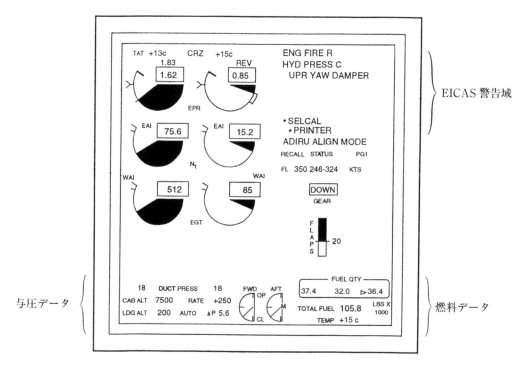

図7－25　上側ディスプレー表示例

b. 下側ディスプレー（Lower Display）

エンジンの運転に必要な計器1個が丸型で、3個が縦型、残り2個はデジタルで表示される。

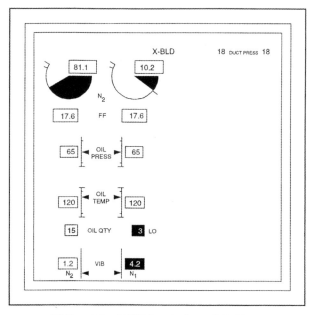

図7－26　下側ディスプレー表示例

7－3－2　警告灯の種類と使用区分（Type of Alert Light and Classification of Use）

　3種類の警告灯と補助灯があり、上側ディスプレーの右上部に表示されるが、ここでは警告灯の説明に留める。

a. 警報灯（Warning）＝緊急事態発生（Occurrence of Emergency）

　火災や客室の与圧減少、制限速度超過など10数種類の警報が赤色で表示され、同時にベル、サイレンなどで警告される。パイロットは即座に修正操作をしなければならない。

b. 注意灯（Caution）＝異常事態発生（Occurrence of Abnormality）

　エンジン停止、発電機停止、油圧低下など40種類程度の異常事態は、アンバーで表示されると同時に警笛により注意される。パイロットが異常事態を確認し、修正操作に移る時間的余裕がある場合に発せられる。

c. 指示灯（Advisory）＝不具合発生（Occurrence of Fault）

　空調装置の不調、燃料ポンプの不作動など、約200項目のシステムの不具合は、アンバーで表示し注意を促す。パイロットは故障の発生を確認し、故障の拡大に備えて準備態勢をとらなければならない。

7－3－3　システムのモニター（Monitor of System）

　在来機では各システムをモニターする専用の計器があった。EICASでも同じレベルのモニターが行われており、その表示方法およびEICASディスプレー・セレクトパネルを図7－27に示す。

- ディスプレー上にシステムの系統図を画く。
- システムをモニターしているセンサの近くに、得られたデータを数字で表す。

　このような工夫をすると一見してシステムの構成とその機能を理解でき、正常か否かの判定ができる。

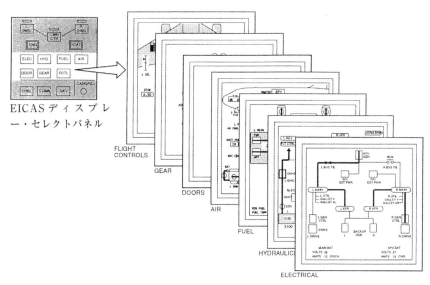

EICASディスプレー・セレクトパネル

図7－27　システム作動状態表示例

7 − 4　統合表示システム（Integrated Display System）

　これまでは 7 − 2 で EFIS、7 − 3 で EICAS と分けて説明をしてきたが、最近の航空機では EFIS、EICAS も含めて統合表示システムとして構成されているのが一般的である。システムの名称も機種により、IDS（integrated Display System）、CDS（Common Display System）、PDS（Primary Display System）、CDS（Control and Display System）等様々であり、表示内容・機能も多様である。IDS では Instrument Panle 上の 5 〜 6 個の大型の同じ表示器（DU：Display Unit）があり、例えば Normal な状態では Outboard の DU には PFD を、Inboard の DU には ND を、Center の DU には EICAS を表示するというような設計がされている。つまり PFD や ND や EICAS は表示器の名称でなく、表示 Format を表わしている。もちろん機体の状況に応じ手動もしくは自動の表示スイッチング機能はある。

　新しい機種では、表示 Format は、PFD、ND、EICAS に加え、MFD（Multi Function Display）がある。MFD は一つの DU に複数の機能を切り替えて表示できる Format である。たとえば Secondary Engine Indication、System Status や Synoptic、Maint などこれまで EICAS に表示していたものや、CDU、Checklist、Communication 等々種々の表示がある。中には ND が MFD の表示項目の 1 つになっているシステムもある。また、PFD Format と ND Format を 1 つの DU に表示させている機種もある。このように IDS の表示内容は機種（システム）により非常に多様である。

7 − 5　ヘッドアップ・ディスプレー（Head-up Display）

　ヘッドアップ・ディスプレー（HUD）は、風防ガラスの内側、すなわち主計器板の上方に半鏡面板（Combiner）を置き、これに無限遠に焦点を合わせて、プライマリー・フライト・ディスプレー（PFD）と同じ飛行情報を映し出すシステムである。

　パイロットが計器を見るため視線を下げることなく、前方視界を視認しながら同時にコンバイナに投影された滑走路、航空機の姿勢や、高度、方位等の飛行情報も見えるので、低視界のときでも操縦が容易になる。

　図 7 − 28 に 787 型機のモックアップに HUD を装着したコクピットの写真を示す。

図7−28　787のコクピット

7−5−1　ヘッドアップ・ディスプレーの構成と表示
（Construction and Indication of HUD）

HUD は次のユニットから構成されている。

（a）HUD　コンピュータ・ユニット

　このユニットは、姿勢情報、方位情報、エア・データ・コンピュータの高度や速度信号などから、水平線、滑走路の位置やデシジョン・ハイトなどの合成映像信号を作り出し、オーバーヘッド・ユニットに送り出す装置である。

（b）オーバーヘッド・ユニット（OHU）

　オーバーヘッド・ユニットは CRT（Cathode Ray Tube）とレンズ系から出来ており、HUD コンピュータ・ユニットからの信号を映像化してコンバイナーに投影する。

（c）コンバイナー（Combiner）

　半透明スクリーンをガラス板で挟んだ構造をしており、CRT の緑色の光線で作られた映像を映し出す。

（d）コントロール・パネル（Control Panel）

　コントロール・パネルは HUD の作動モードを指定したり、滑走路のグライド・パスの角度の設定（通常は約3度）や故障警報、BITE（Built-in Test Equipment）の結果なども表示する。

（e）アナウンシェータ・パネル（Annunciator Panel）

　副操縦士側計器板にあり、パイロットが ILS Approach 時に HUD に不具合が発生したとき警告を発生する。

7－6　データ・リンク・システム
（Aircraft Communication Addressing and Reporting System）

　最近の航空機では、航路上に多少の悪天候域が予想されても出発出来るし、目的地の空港が視界不良であっても安全に着陸できる。離着陸にさいし航空機と地上の通信はVHFによる音声通信のみであり、洋上に出るとHFによる通信しか利用できない。

　航空機を安全に時刻通りに運航するには、航空機と地上の連絡が多くなりパイロットが機の操縦に専念出来なくなる恐れが出てきた。そこで各国の管制機関と世界中の航空会社が協議し、定型的な通信はパイロットを介さずに、VHFや通信衛星を使い地上のコンピュータと航空機に搭載しているコンピュータ間のデジタル・データ通信に移行することになった。この時に使う空地データ通信をACARSと言う。

　地上のACARS通信網（Network）はほぼ全世界をカバーしているし、データ通信用コンピュータ（ACARS Management Unit）を搭載した航空機も運行しており、今後ACARSを利用する航空機が増加するのは確実である。

　ACARSは航空機運航者（エアライン）と航空機間の通信であるAOC（Airline Operational Control：運航管理通信）として始まり、広く運用されているが、ATCでも位置情報や管制承認等のための管制官と航空機とのデータ・リンクが洋上において利用されている。このデータ・リンクをCPDLC（Controller Pilot Data Link Communication）と呼ぶ。

7－6－1　地上通信網（Communication Network on Ground）
　航空機からのデジタル通信（Down Link）はVHF地上局や航空地球局で受信されデータ・リンク・コンピュータ（Data Link Computer）に渡される。この様子を図7－29に示す。このコンピュータからテレタイプ回線を介して、各航空会社のホスト・コンピュータ（Host Computer）に配信される。

　地上からの通信（Up Link）は航空会社のホスト・コンピュータから逆の流れをたどって、最寄りのVHF地上局か航空地球局から航空機に伝送される。

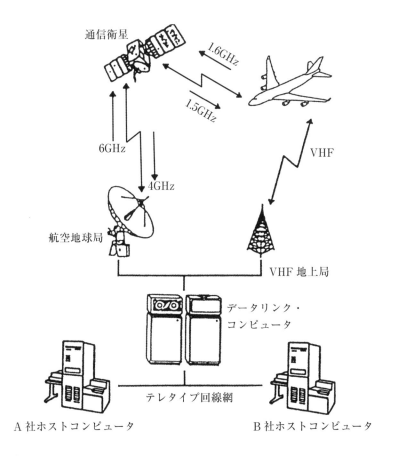

図 7 － 29　ACARS の地上通信網

7－6－2　機上システム（Aircraft System）

　ACARS に関連する機器の接続の様子を図 7 － 30 に示す。このままでは理解し難いので若干の説明を追加する。

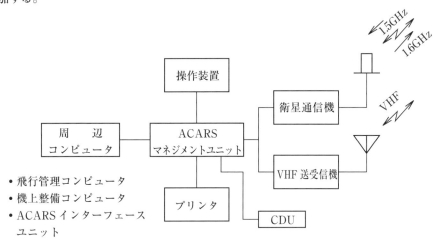

図 7 － 30　ACARS 機上装置

- センター（No3）VHF送受信機でACARSデータの送受信を行っており、受信データはプリンタで打ち出されるしCDUでも読むことができる。
- 無線区間のデータフォーマットや伝送速度は、機内のデータ・バスと異なるので、この間のデータ変換を行うのがACARSマネジメント・ユニットである。
- マネジメント・ユニットにはデータを決まった順序で、無線区間用のフォーマットに変換する機能があるので、人手を介さずに機内データを送出できる。
- 機上からCDUを使って各種データの要求が出来るし、応諾／拒否の回答もできる。

7－6－3　ACARSの利用形態（Using Pattern of ACARS）

ACARSで送受信するデータは定まっておらず、路線の特徴やホスト・コンピュータの使い方などで決まるが、おおよそ次のデータが送受信されている。

地上→航空機（Up Link）
- ターミナル気象情報／ノータム
- 上層風予測
- フライトプラン・データ
- 重量／重心位置
- 飛行状態での性能計算
- 空港ターミナル情報
- 乗務スケジュール

航空機→地上（Down Link）
- 離発着時刻
- 位置通報
- 残存燃料
- フライトプランの変更要求
- 到着予定時刻
- エンジン・パラメータ
- 故障情報

7－7　モニター・システム（Monitoring System）

航空機の飛行状態、エンジンの運転状態、動翼の動き、各システムの作動状況、計器やアビオニクスの故障状況などは公式の記録としてフライト・ログブック（Flight Log Book）に記録しておき、基地でログブックに残された記録を回収して分析し「適切な整備」をしている。

コンピュータとアビオニクスの発達により、モニター・システムが集める記録の種類・精度・容量が増えるにつれ操縦操作の解析も出来る様になり、「安全な運航」にも役立っている。

しかしモニター・システムに残された記録はあくまでも運航や整備の参考に供するもので、法定装備品のボイスレコーダやフライトレコーダの記録としては扱えない。

7－7－1　飛行記録集積システム（Aircraft Integrated Data System）

飛行状態の各種データを集めるためボーイング747型の初期型機などに装備されたシステムで、図7－31の様に構成されており、収集するデータは次の様なものである。

a.　　飛行パラメータ　　　　：気圧高度、対気速度、姿勢、機首方位、外気温度など

b.　　操縦パラメータ　　　　：操縦桿位置、操縦翼位置、フラップ、スポイラ位置など

c.　　エンジンパラメータ：EPR、EGT、回転数、燃料流量、エンジン内部の圧力や温度など

d.　　航法パラメータ　　　　：現在位置、風向、風速、偏流角、対地速度など

e.　　その他のパラメータ：日付、時刻、機体番号、フライト・ナンバー、乗員番号など

　航空機のレコーダから取りおろした記録テープを、地上のコンピュータで解析していたが、すぐに役立つ情報は得難かった。

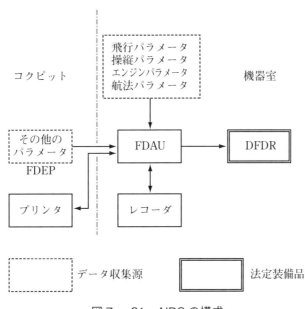

図 7 - 31　AIDS の構成

7－7－2　飛行性能モニタリング・システム（Aircraft Condition Monitoring System）

　747 型機の後期の機種や 767 型機から装備され始めた飛行性能モニター・システム（ACMS）の働きは、基本的には飛行記録集積システム（AIDS）と同じである。

　ACMS の中核をなすのがデータ管理装置（Data Management Unit）である。この装置はデータ集積装置（Flight Data Acquisition Unit）から受けとった各種データの型を整えてレコーダ（Quick Access Recorder）に渡して記録したり、データ・リンク・システム（ACARS）を介して地上基地に送信している。

　ACMS には次の機能が追加され、便利に使える様になった。

- 集積したデータを自動的に地上基地に送信したり、地上基地からのデータを受信できる。

- ローダ（Airborne Data Loader）が装備され、データ管理装置（DMU）のプログラムの変更が出来る様になった。このローダは他の装備品のプログラムの変更も可能である。

- すぐにエンジンや装備品の故障を確認出来、整備の信頼性が向上した。

- レコーダが記録するデータの数と容量が増加し、コンピュータの性能も向上したので運航データの解析が容易になった。

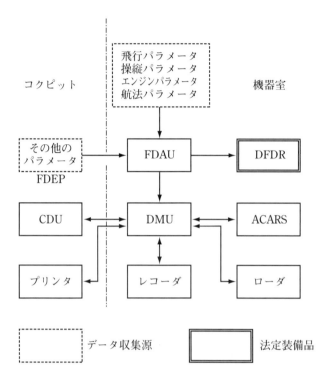

図7－32　ACMS の構成

7－7－3　機上整備コンピュータ・システム

　機上整備コンピュータ・システムは飛行中の運用限界超過、不具合、故障などを記録しておき、後で読み出せる整備用の記録装置で、概要を**図7－33**に示す。

　図だけでは説明が不足するので少し追加説明をする。

（以下、余白）

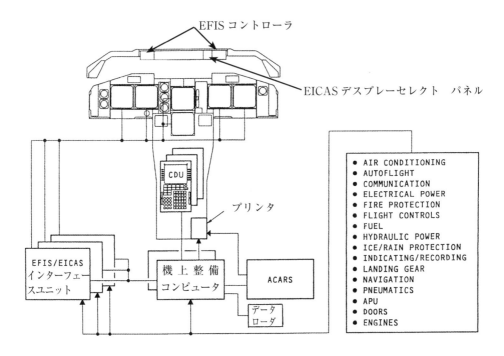

図 7 － 33　機上整備コンピュータ・システム

a.　機上整備コンピュータは EFIS のフラグや、EICAS の警告、運用限界超過等をモニターしている。また機器単体（Line Replaceable Unit）もモニターしているので、同時に異常がみつかると、故障した機器（LRU）を特定出来る。

b.　機器単体の Self Test を起動し結果を記録できる。ただし飛行中は出来ない。

c.　記録した故障状況はプリンタで打ち出せるし CDU でも読める。ACARS にも伝えられるので故障情報として地上に報告出来る。

d.　機上整備コンピュータにはデータローダ（Airborne Data Loader）が接続されてをり、定期的なデータの変更に使われている。

　　　　　・LRU のソフトウエアの変更。

　　　　　・FMS の Navigation Data と Performance Data の書き換え。

　　　　　・機上整備コンピュータが記録している故障情報をフロッピー・デスクに複写できる。

e.　約 10 回前の飛行（Flight Leg）まで故障情報の記録を残しておくので、過去に遡って故障解析が出来る。

7－8　飛行管理システム（Flight Management System）

デジタル・アビオニクス機器が採用される前の航空機では、パイロットがオートパイロット（AFCS）、オートスロットル（A／T）、慣性航法装置（INS）を利用して飛行していた。この3つのシステムは独立して機能するが、上昇、巡航、降下の飛行状態に応じて結合したり分離したりする必要があった。

上　昇　：オートパイロットを使って一定の対気速度を保つ。

巡　航　：慣性航法装置の誘導で目的地に向けて飛行を続ける。

降　下　：オートスロットルを使って一定の降下速度を保つ。

これらのシステム間にパイロットが介在しないと飛行することが出来なかったし、これがパイロットの当然の仕事として疑問に思う人もいなかった。飛行速度や高度は性能表から計算していたので、最も燃料消費の少ない飛行ではなかった。飛行状態に合わせこまめに速度や高度を変えると、最適な飛行状態に近づけることが出来るが、パイロットが操縦している限り無理であった。

デジタル機になると、各システムの性能と信頼性が向上したので、

・出発前に設定したフライト・プランに従って自動的に飛行する。

・速度や高度をこまめに変更して、最も燃料消費が少ない飛行をする。

・パイロットは操縦業務から離れ、飛行全体の監視と指揮を担当する。

ことになり、従来の業務分担とは異なる "**飛行管理システム（FMS）**" が採用された。文章による説明では具体的なイメージになり難いので、出発から到着まで飛行管理システムを使用した飛行の例を**図7－34**に図解しておく。

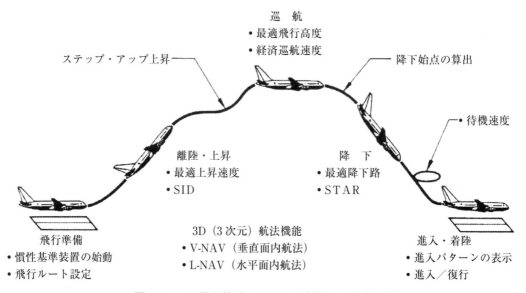

図7－34　飛行管理システムを利用した飛行の例

　このFMSを構成するために、自動操縦コンピュータ（FCC）、オートスロットル・コンピュータ（TMC）、センサー類を結合したシステムを作ると、**図7－35**のように膨大なものになり、全体を制御するため新たに追加されたのが**飛行管理コンピュータ（FMC）**である。

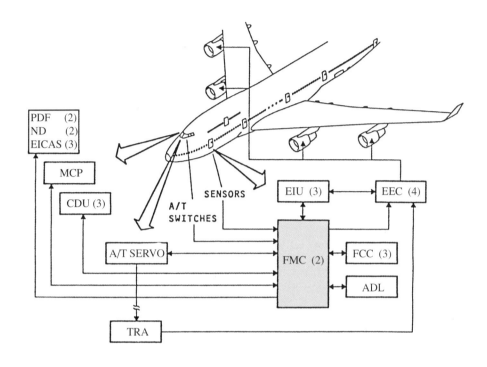

ADL	：データローダ	FCC	：飛行制御コンピュータ
A/T	：オートスロットル	FMC	：飛行管理コンピュータ
CDU	：コントロール・デスプレー・ユニット	MCP	：モード・コントロール・コンピュータ
EEC	：電気式エンジン・コントロール	ND	：ナビゲーション・デスプレー
EICAS	：エンジン計器と警報システム	PFD	：プライマリー・フライト・デスプレー
EIU	：EFIS/ICAS インターフェース・ユニット	TRA	：推力レバー・レゾルバー・アングル

図7－35　飛行管理システム

（以下、余白）

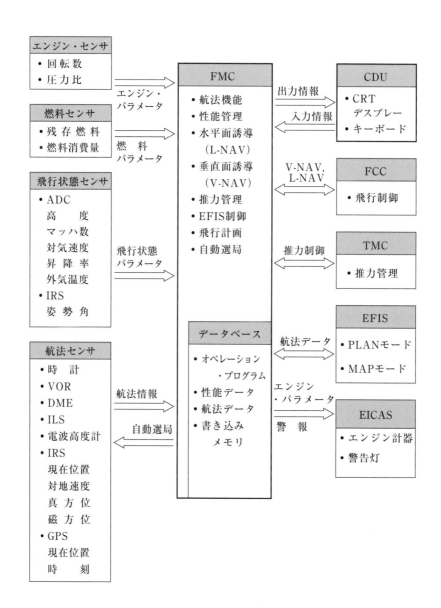

図7－36　飛行管理システムの機能図

7-8-1　飛行管理コンピュータ（Flight Management Computer）

　FMCを外部からコントロールするのが図7-37に示すコントロール・ディスプレー・ユニット（CDU）である。CDUを使ってFMSに指令を与えることができるし、FMSが算出したデータをCDUを使って読み出すこともできる。FMCの働きを図7-36を見ながら説明する。

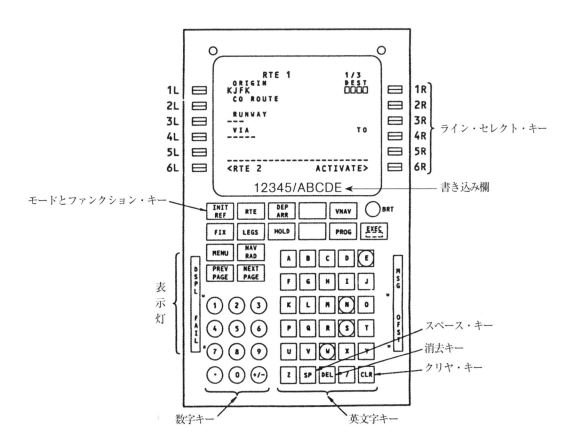

図7-37　コントロール・ディスプレー・ユニット

a.　航法機能（Navigation Function）

　IRSとGPSからの位置情報、内蔵しているNavigation Data Base、CDUからの入力データ、VHF航法無線のデータを基に水平面航法（L-NAV）データを算出する（図7-38（d）参照）。

　航路に沿ったVHF航法無線局の自動選局を行う（図7-38（b）参照）。

　なお、内蔵されているNavigation Data Base（NDB）はフライト・ルート、ウエイポイント、空港、その他飛行に関する重要なデーターが搭載されている。このデーターは常に最新のものに維持されており、28日毎に書き換えられている。機体に装備されたデータ・ローダーもしくはポータブル・データ・ローダーを使用し、NDBの書き換えを行っている。

b.　性能管理（Performance Function）

　ADCとIRSからの飛行状態パラメータ、エンジンと燃料パラメータ、内蔵しているPerformance

Data Base、推力制御コンピュータ（TMC）からのデータを基に垂直面航法（V－NAV）データを算出する（図7－38（e）参照）。

c. 誘導機能（Guidance Function）

性能情報と航法情報を使ってピッチとロール操縦指令を計算し、自動操縦装置（FCC）に送る。

d. 推力管理（Thrust Management）

性能情報を使って、飛行状態に応じた必要推力と推力指令を計算し、EICASディスプレーと推力管理コンピュータ（TMC）に送る（図7－38（c）参照）。

e. EFISディスプレー

フライト・プランに沿った航空機の動きをNDのプランとマップ・モードに示している（図7－38（a）参照）。

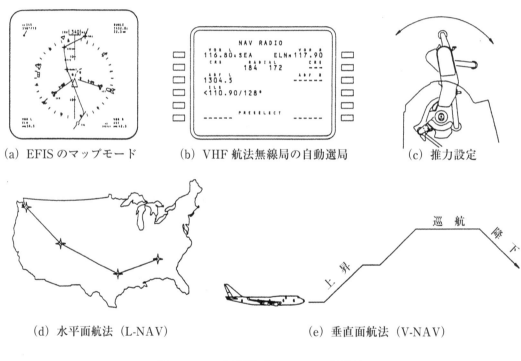

（a）EFISのマップモード　　（b）VHF航法無線局の自動選局　　（c）推力設定

（d）水平面航法（L-NAV）　　　　　（e）垂直面航法（V-NAV）

図7－38　飛行管理システムの諸機能

7－8－2　経済巡航速度と最適飛行高度
（Economical Cruising Speed and Optimum Altitude）

1ポンド（1b）の燃料で飛行出来る距離を**航続率**（Specific Range）と呼ぶ。航続率が大きいほど経済性がよい。図7－39に747型機の航続率の例を示す。

$$航続率 = \frac{V_t}{W_f} = \frac{飛行距離（nm）}{燃料消費量（lb）}（nm/lb） \cdots\cdots\cdots\cdots\cdots\cdots\cdots\cdots\cdots\cdots\cdots\cdots(7-11)$$

V_t：真対気速度（kt）　　　　W_f：燃料流量（lb/hr）

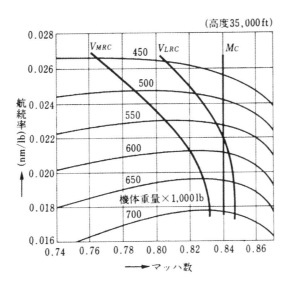

図 7 － 39　747 型機の航続率の例

a. 長距離巡航速度（Long Range Cruise Speed）

　最も燃料消費が少なく、最も飛行距離が長くなるのが**最大距離巡航速度**（V_{MRC}）である。最大距離巡航速度は**図 7 － 39** で解るようにかなり遅く、ジェット機の運行速度に適さないので、航続率が1％低下する速度の**長距離巡航速度**（V_{LRC}）を使う。V_{LRC} を守って飛行すると燃料消費に伴って機体重量が軽くなり、次第に飛行速度を遅くしなければならない。このためには常に機体重量を算出し、エンジン推力を調整し直す操作が必要となり、予想到着時刻も修正しなければならない。

　このためパイロットが操縦する場合にはあまり使われず、**FMS** で始めて実用出来るようになった。パイロットが操縦する場合は機体重量に関わらず一定速度で飛行する**定速巡航速度**（Constant Mach Cruise Speed）が使われる。

b. 最適飛行高度（Optimum Altitude）

　ジェット機では、高高度を飛行するほど航続率はよくなる。しかし、高度が高くなるにつれてエンジンの効率が下がったり、客室の与圧に使用するため高圧空気を抜き出すので、エンジンの燃料消費が多くなりある高度で限界に達する。この高度を**最適飛行高度**といい、巡航法式と機体重量で定まる。この様子を**図 7 － 40** に示す。

　従って、機体重量の軽減に伴って徐々に飛行高度を上げていくのが望ましい。しかし、航空路は交通管制機関によって管理され、任意の高度を飛行するのは認められず、東行便と西行便との間には 1,000ft の高度差を保つように定められている。そこで比較的短距離の場合には**図 7 － 41**（a）のような一定高度で巡航する定高度巡航法式が用いられている。長距離の場合は出来る限り最適飛行高度に近づけるため、ステップ・アップ巡航法式が用いられる。

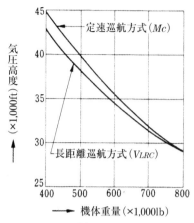

図7－40　747型機の最適飛行高度の例

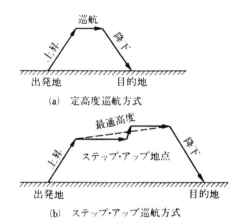

図7－41　ジェット機の巡航速度

c. 経済巡航速度（Economical Crusing Speed）

　いままでは出来るだけ燃料消費を抑える運行方式について述べてきた。しかし、航空機を飛ばすには燃料費の他に、運行を維持するための時間コストが掛かる。この両方を加えた費用が直接運航費（Direct Operating Cost）である。

$$直接運航費（\$/hr）＝燃料費（\$/hr）＋時間コスト（\$/hr）\cdots\cdots (7-12)$$

　航空機を1海里（Nautical Mile）飛行させるのに要する費用は、直接運航費を対地速度で除して求める。

$$1海里あたりの運航費用 = \frac{直接運航費}{対地速度}（\$/nm）\cdots\cdots\cdots\cdots\cdots\cdots\cdots (7-13)$$

　巡航速度と1海里あたりの運航費用の関係を求めると図7－42の様になる。常識的に考えて、時間コストが安い場合は経済巡航速度（V_{ECON}）は最大距離巡航速度（V_{MRC}）に近く、時間コストが高い場合は V_{MRC} より高くなる。

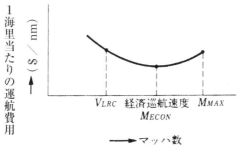

図7－42　経済巡航速度

　ここまでは風と言う自然条件を考慮に入れずに経済巡航速度の話を進めてきた。現実には風が吹いていることが多く、向かい風の場合は対地速度は低下し、追い風の場合は対地速度は速くなる。この風の影響を考慮した経済巡航速度を図7－43に示す。

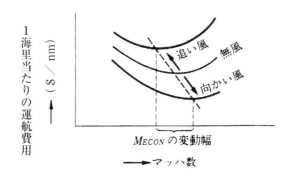

図7－43　風が経済巡航速度に与える影響

- 向かい風が強い場合、経済巡航速度は無風の場合より速くなる。
- 追い風が強い場合、経済巡航速度は無風の場合より遅くなる。

飛行管理システムでは次の条件を指定して経済巡航速度の計算を行う。

- 機体重量　　　　　 ・飛行高度
- 風　　　　　　　　 ・直接運航費
- 外気温度

　これらの条件のうち航空機側で自由に選べるのは飛行高度だけである。FMSは飛行高度をいろいろに変えた場合の1海里あたりの運航費用の計算を行う。その一例を図7－44に示す。1海里あたりの運航費用の最も低い点が、最適飛行高度と経済巡航速度を示している。

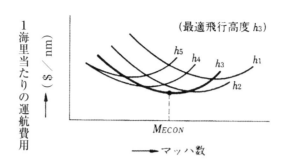

図7－44　飛行高度が経済巡航速度に与える影響

7－8－3　最適上昇速度（Optimum Climb Speed）

　航空機が上昇中はエンジン推力は**上昇最大推力**（Maximum Climb Thrust; MCL）または**連続最大推力**（Maximum Continuous Thrust; MCT）を用いる。高度10,000ftまでは管制上の制限により指示対気速度250ktで飛行するよう定められている。すなわち機体の上昇率は機体重量で定まる。従来は10,000ft以上は機体重量や、高度、外気温度に関係なく、定められた指示対気速度を一定とした上昇速度で上昇し、この値が巡航マッハ数に等しくなった高度から、一定のマッハ数で上昇するのが普通であった。FMSが導入されてからは、最大上昇率での上昇や最適上昇速度での上昇が可能になった。

　ジェット機の上昇率は次の式で求まる。

$$上昇率　\dot{h}=V_t\left(\frac{推力－抗力}{機体重量}\right)（nm/hr）\cdots\cdots\cdots\cdots\cdots(7-14)$$

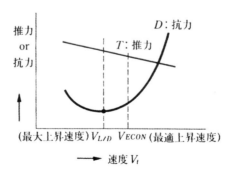

図7－45　推力・抗力と上昇速度の関係

　ジェット機の速度とエンジン推力、抗力の関係を調べると図7－45の関係が得られる。この最大上昇率の速度 $V_{L/D}$ を守って飛行することを、**最大上昇率**（Maximum Rate）の上昇方式と言う。この上昇方式は、外気温度、高度、と機体重量によって変化するので、FMCで計算し続けてはじめて実現出来る上昇方式である。

　次に速度 V_t をいろいろに変えて上昇に要する費用が最も少なくなる速度を求める。これが**最適上昇速度**（V_{ECON}）である。

7－8－4　最適降下パターン（Optimum Descent Pattern）

　巡航高度から目的の空港をめざして降下するに際し、従来はパイロットが予測した降下開始点（Top of Desent）から、エンジン推力をアイドル（Flight Idle）に絞り降下を始めていた。最も燃料を節約するには降下開始を早くし、揚抗比 C_L/C_D が最大となるスピードで降下すると良い。

　しかし、このスピードはかなり遅く、交通管制上からも認められないことが多く、また飛行時間が長くなって時間コストが高くなり必ずしも経済的でない。

　FMCはあらかじめ直接運航費が最小となる降下速度を計算し記憶しているが、これは理想的な計算値であり、実際には機体重量、巡航高度／マッハ数、風などによって異なるので、これらの修正を加えた後使用する。

　図7－46のようにまず巡航マッハ数を保って降下し、ついで一定の指示対気速度で降下する。降下終了点（Bottom of Descent）の位置と高度を指定すると、まず降下開始点を計算しそこに達すると定められた速度で降下を開始する。

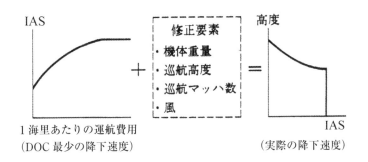

図7－46　FMSによる降下速度の決定

7－8－5　航法誘導機能（Function of Navigation Guidance）

　飛行管理コンピュータ（FMC）は空港やウエイ・ポイントの緯度、経度、航法無線局の識別符号、周波数、位置、標高などのデータ、飛行計画などを集めた**航法データ**（Navigation Data Base）を記憶しており、パイロットはいつでもそれらのデータをCDUを介して読み出すことが出来る。

　出発に際し飛行計画（Flight Plan）を入力すると、コンピュータが航法情報を次々と読み出し、

機を誘導（Guidance）していく。これに必要な航法無線局は自動的に選局されるし、IRS から提供される自機の緯度、経度を GPS のデータで修正したり複数の DME 局を使っての修正も出来る。

　このほかに航法データには、出発パターンや進入パターンの地図が記憶されており、EFIS を見ながら**標準出発方式**（Standard Instrument Departure；SID）による出発や、**標準到着経路**（Standard Terminal Arrival Routing；STAR）による進入、着陸も可能である。

7－9　統合型モジュラー・アビオニクス
（Integrated Modular Avionics；IMA）

　従来のアビオニクス・システムは、機能ごとに LRU（Line Replaceable Unit：ライン整備で交換可能な装備品）が存在し、それらを連結させることでそのシステムとしての機能を実現するという方式がとられていた。この方式を Federated System（連携システム）という。たとえば TCAS であれば、TCAS コンピュータ、ATC トランスポンダ、TCAS アンテナ、ATC/TCAS コントロール・パネル、表示器などの LRU が連結されて TCAS という機能を実現させている。もっと複雑な FMS（飛行管理システム）の場合、関連する LRU は**図7－47**に示すように非常に多くなる。

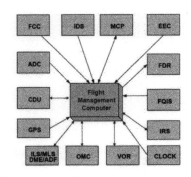

図7－47　連携システム（FMS）の例

　連携型は機能（Unit）単位の交換が可能で、故障時の影響を最小限に抑えられることで長年にわたり主流となっていた。しかしデメリットとして、開発が機器メーカー（Vendor）に依存し、個々の LRU 用にハード（CPU）やソフトが開発されるので、開発コストも高く、システムが複雑になればなるほど LRU の数も増え、それを結ぶ配線の量も非常に多くなってくる。もともと民生用機器に比べ生産量はかなり少ないので、高価であった LRU コストはより高価になり、機体重量も増加する。

　このような背景から IMA（Integrated Modular Avionics）と呼ばれる統合型モジュラー・アビオニクス方式が導入され始めた。IMA は複数の LRU, システムを統合したものである。1つの汎用の CPU（ハードウエア / ソフトウエア）上に複数の機能（LRU）を統合したもので、各機能は1つの Core CPU を共有し、それぞれの機能は各アプリケーション・ソフトウエアにより作動する。IMA

のハードウエアは、1つのキャビネットの中のスロットに収まる形状になっており、これをモジュールと呼ぶ。モジュールはライン整備で交換可能なLRM（Line Replaceable Module）となっている。モジュールの構成は機種により異なるが、例えば各機能に共通な電源、CPU、インターフェースなどをそれぞれ共用モジュールとし、各機能固有の部分を個別のモジュール（この機能別モジュールもハードウエアは共通でアプリケーションで異なる機能を行わせる）にするというような構成にできる。IMAの外観の例を図7 − 48に示す。

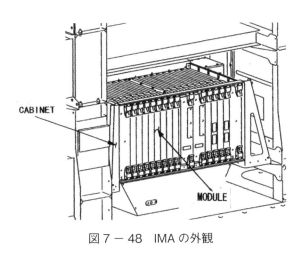

図7 − 48　IMA の外観

　IMAにより、重量、スペース、消費電力、予備部品（LRU）の低減等が可能となり、コストの低減につながっている。

　民間旅客機に搭載された最初のIMAは777のAIMS（Airplane Information Management System）である。AIMSはハネウエル社の製品で、Cockpit Display System、FMS、Thrust Management System、ACMS、Data Link、Flight Deck Communication（VHF ＆ HF）、CMS、FDAS（FDR ＆ ACMS）がIMAとなったものである。787においてもCCS（Common Core System）というIMAが装備されている。CCSは、様々なシステムの機能を作動させるために使われるデータの提供を共通の接続ネットワークで行い、それらのデータ処理を共通のComputingシステムで行うというシステムである。エアバスの新しい機種（A350、A380等）でもIMAが装備されている。また、大型旅客機だけではなく小型機、ヘリコプター等においてもIMAが装備され始めている。IMAのARINC規格も作られている。

第8章　エリア・ナビゲーション

概要（Summary）

　従来の航空路は図8−1に示すように、VOR/DME等の地上無線援助施設を結ぶ直線経路として設定されており、航空路は地上局の配置や設置数によって決まる。従って、このような状況で航空交通量を増やそうとすれば、同一航空路上で航空機の飛行間隔を短縮するか、あるいは飛行高度に互いに高度差を設けて航空路の本数を増やすといった方法があるが、これらの手段は、航空機の安全運航確保という面から制限があり、地上局の増加も経済的な面からの制約を伴う。エリア・ナビゲーション（広域航法：Area Navigation; RNAV）はこのような固定化した航空路の抱える問題を解決し、空域の有効利用を図るものとして考え出されたものである。エリアとは、ある任意の空域のことであり、エリア・ナビゲーションとは、その空域内に設定した任意のコースを飛行できる航法である。RNAV機能は単独で装備することは少なく、FMSの中に組み込まれているのが一般的である。

8−1　RNAVによる飛行原理

　RNAVとは航空保安無線施設、自蔵航法装置（INS/IRS）もしくは衛星航法装置（GPS）、またこれらの組み合わせで任意の経路を飛行する方法をいう。例えば、INS/IRSを使用し、無線局からの情報によりINS/IRSで得られる現在位置の誤差を補正する。あるいはINS/IRSも一つのセンサとしてVOR/DME、GPS等とともにFMSに位置データを与え、FMSが現在位置を計算する。こういった計算結果を基にRNAV経路を飛行する。特にGPS（GNSS）の利用により精度が向上している。RNAVでは飛行経路は、地図上にウエィ・ポイント（WPT）と呼ばれる任意の点を置き、このWPTを結ぶ経路として設定される。図8−2参照。

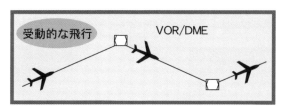

図8－1　従来の航法

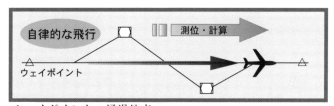

ウェイポイント：通過地点

図8－2　RNAV航法

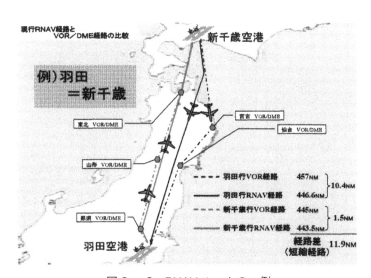

図8－3　RNAVルートの一例

　但し、任意の経路とは言っても、実際にはRNAV航空路が設定されており、それに沿って飛行する。羽田～新千歳間のRNAVルートの例を**図8－3**に示す。

　RNAVの導入により、増加する航空需要への対応（容量拡大と安全性向上）、交通の流れの円滑化、運航効率・就航率の向上、環境負荷の軽減などの効果がある。

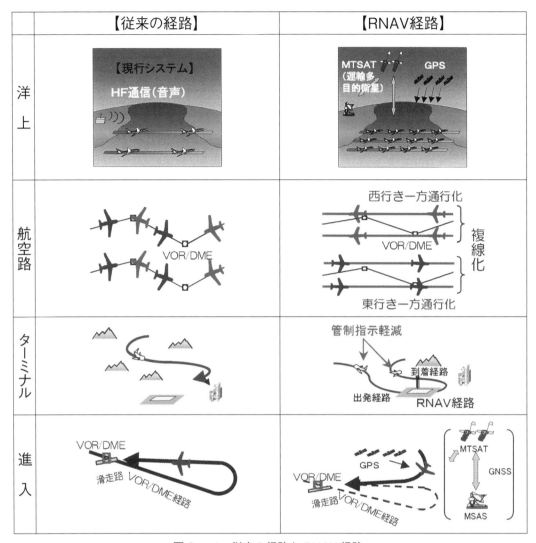

図8−4　従来の経路と RNAV 経路

　RNAV 航法を飛行フェーズごとにもう少し細かく見ると**図8−4**のようになる。

a. 洋上（Ocean）

　GPS 等を使い確実に自機の位置を更新できる。

b. 航空路（En-route）

　従来は1本の航空路を東行きも西行きも共用していたが、これを分離しさらに複線化した RNAV 経路を使えるので、交通量の増加や時間の短縮ができる。

c. ターミナル（Terminal）

　多様な到着経路が設定できるので、住宅地域を避け騒音を軽減したり、空港へ効率のよい進入ができる。

d.　進入（Approach）

従来の定められた進入パターンの他に、RNAV 経路から直接滑走路に進入でき、着陸までの時間を短縮できる。

8－2　航法精度が指定された RNAV

従来の RNAV システムは、前述のように VOR/DME、GPS 等で INS/IRS を補正する方法をとっており、このように位置を特定するために補正用のセンサを指定して行う航法を SBN（Sensor Based Navigation）という。この段階では精度を指定せずに RNAV を設定していた。SBN 運航の中で航法精度の評価が蓄積され、また SBAS などにより GPS の精度が大きく向上した。

また、国や地域で RNAV の基準が異なっていたり、航法性能の概念が明確でないといったようなことから、ICAO は 2007 年に RNAV について全面見直しを行い、国際標準を決定し、ICAO PBN（Performance Based Navigation）マニュアルが発行された。これに基づき、本邦でも 2007 年に「航法精度が指定された RNAV 経路」の導入が開始された。

航法精度が指定された RNAV とは、「指定された空域または経路において、横方向のトータル・システム・エラー、および経路方向の誤差が、全飛行時間中少なくとも 95％は、指定された航法精度の範囲内でなければならない RNAV による飛行」をいう。たとえば航法精度 5NM とは、95％の飛行時間に置いて経路中心線から ± 5NM 以内で飛行することをいう。RNAV5 とは航法精度が5NM の RNAV 運航ということである。

航法精度が指定された RNAV は、さらに RNAV 運航と RNP 運航に分けられる。RNAV 運航とは機上の性能監視および警報機能を提供する機能を必要としない RNAV であり、RNP 運航は機上の性能監視および警報機能を提供する機能を必要とする運航である。警報機能とは、航空機の位置が指定された経路から航法精度の 2 倍を超えた場合に警報を発する機能である。**図8－5参照。**

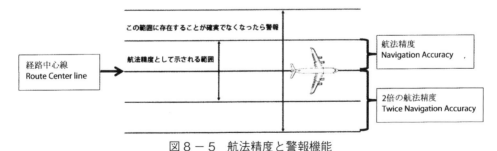

図8－5　航法精度と警報機能

RNAV 運航は監視・警報機能がないため、洋上を除き管制用レーダの覆域下でなければ航行できないが、RNP 運航はレーダ覆域でなくても航行できる。従って、RNP 運航は RNAV 運航よりさらに柔軟な経路が設定可能となる。RNAV の種類をまとめると**図8－6**のようになる。なお、RNP（Required Navigation Performance）という用語はこれまで RNAV における航法性能要件の意味と

して使われていたが、現行基準では上記のように変更されているため注意が必要である。

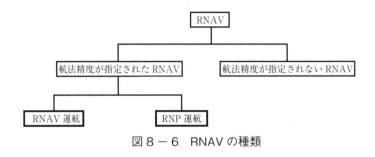

図8−6　RNAV の種類

　RNAV 運航の例としては、RNAV10、RNAV5、RNAV1 および RNAV2 等があり、RNP 運航の例としては RNP4、RNP2、RNP1、RNP 進入、RNP AR（Authorization Required）進入などがある。これを飛行フェーズごとに示すと**図8−7**のとおり。

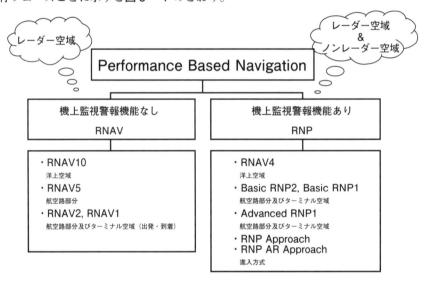

　　注：Basic RNP2 は En-Route 用。Basic RNP1 はターミナル用。

　　　　RNP Approach は航法精度 1NM。RNP AR Approach は航法精度 0.1 〜 0.3NM。

図8−7　飛行フェーズごとの RNAV/RNP の比較

　RNAV は、RVSM（Reduced Vertical Separation Minimum）運航や、CAT Ⅱ、Ⅲ運航と共に、法で定める「特別な方式による航行」に該当し、RNAV を行うためには、それぞれの RNAV/RNP の種類ごとに、航空機の性能や装置、乗員や整備員の知識、能力、運航実施要領その他、法に定める基準に従わなければならない。

　RNP 運航については、一部基準が未設定のものもあるが、国の RNAV 整備計画に従って、環境が整いつつある。オペレーターも RNAV 運航はすでに実施しており、RNP 運航も逐次開始されてきている。

　将来的には RNP 運航への全面移行が想定されるが、当面は RNAV 運航と RNP 運航の両方が運用される。

ABBREVIATION LIST

A	ampere (unit)　アンペア　電流の単位，Accelerometer　加速度計
A/C	aircraft　航空機
A/P	autopilot　自動操縦装置
A/S	airspeed　対気速度
A/T	autothrottle　オート・スロットル
A-D	analog to digital　アナログからデイジタルへの変換
AAC	Airline Administrative Communication　業務管理通信
AAIM	Aircraft Autonomous Integrity Monitor　航空機自律完全性モニタ
AAS	altitude alert system　高度警報装置
ABAS	Aircraft Based Augmentation System　航空機型（GNSS）補強システム
ABC	ABC World Airways Guide　定期航空会社の時刻表（英国の）
AC	Advisory Circular　アドバイザリー・サーキューラー， alternating current　交流
ACARS	Aircraft Communication Addresings and Reporting System データ・リンク・システム
ACC	Area Contorol Center　航空路管制機関
ACCEL	accelerometer　アクセロ・メータ　加速度計
ACL	Allowable Cabin Load　許容搭載量
ACMS	Aircraft Condition Monitoring System　航空機モニター・システム
ACQ	acquision　取得
ACT	active control technology　能動（飛行）制御技術
AD	Airworthiness Directive　耐空性改善通報
ADC	air data computer　エアー・データ・コンピュータ
ADF	automatic direction finder　自動方向探知機
ADG	air driven generator　風車発電機
ADI	attitude director indicator　姿勢指令計
ADIZ	Air Defence Identification Zone　防空識別圏
ADL	airborne data loader　データ・ローダ
ADS	Automatic Dependent Surveilance　自動従属監視
AEA	Association of Europian Airliner　欧州民間航空協会
AEEC	Airline Electronic Engineering Committee　民間航空電子技術委員会

AEIS	Aeronautical En-route Infomation Service　航空路情報提供業務
AFC	automatic frequency control　自動周波数制御
AFCS	automatic flight control system　自動操縦装置
AFDS	automatic flight director system　フライト・ディレクタ
AFTN	Aeronautical Fixed Telecommucation Network　国際航空固定通信網
AGC	automatic gain control　自動利得調整（受信機の）
AGTOW	allowable gross take-off weight　許容離陸重量
AIC	Aeronautical Infomation Circular　航空情報サーキュラー
AID	aircraft Installation delay　電波高度計のケーブル調整
AIDS	aircraft integrated data system　飛行データ集積装置
AIL	aileron　エルロン　補助翼
AIMS	Airplane Infomation Management System　航空機情報管理システム
AIP	Aeronautical Information Publication　航空路誌
AIRAC	Aeronautical Infomation Regulation and Control　エアラック
AIS	Aeronautical Infomation Service　航空情報業務
ALT	altitude　高度
ALTM	altimeter　高度計
AM	amplitude modulation　振幅変調
AMM	Aircraft Maintenannce Manual　メンテナンス・マニュアル　整備規定
AMP	ampere (unit)　アンペア　電流の単位
ANC	Air Navigation Conference　ICAO の航空航法会議
AND	AND gate Logical Product　論理積
ANT	antena　アンテナ
AOA	angle of attack　迎え角
AOC	Airline Operational Communication　運航管理通信
APC	Aircraft Passenger Communication　旅客公衆通信
APEC	Asia Pacific Economic Commission　アジア太平洋経済協力会議
APL	airplane　航空機
APP	approach　進入
APU	auxiliary power unit　補助動力装置
APV	Approach Operation with Vertical Guidance　垂直誘導付きの進入
ARINC	Aeonautical Radio Incorporated　エアリンク　米国航空無線協会
ARPT	airport　空港
ARSR	Air Route Surveillance Radar　航空路監視レーダー

ARTS	Automated Radar Terminal System	ターミナルレーダー情報処理システム
ASA	Air Service Australaria	エア・サービス・オーストラリア
ASCII	American Standard Code for Infomation Interchange	アスキー
ASDE	Airport Surface Detection Equipment	空港面探知レーダー
ASI	Air speed Indicator	対気速度計
ASM	Air Space Management	空域管理
ASR	Airport Surveillance Radar	空港監視レーダー
AST	automatic stabilizer trim	スタビライザ・トリム
ATA	Air Transport Association of America	米国航空運送協会
ATC	Air Traffic Control	航空交通管制
ATE	automatic test equipment	自動試験装置
ATFM	Air Trafic Fiow Management	航空交通流管理
ATFMC	Air Traffic Fiow Management Center	航空交通量管理センター
ATIS	Automatic Terminal Infomation Service	アテイス 飛行場情報放送業務
ATM	atmosphere	大気
ATN	Aeronautical Telecommunication Network	航空電気通信網
ATS	Air Trafic Service	航空交通情報通信
ATT	attitude	姿勢
AUG	augmentation	補強
AUX	auxiliary	補助
AVC	automatic volume control	自動音量調整器
AVM	airborne vibration monitor	振動計
AVR	automatic voltage reglrator	自動電圧調整器
AWG	american wire gage	アメリカ電線ゲージ
AZ	azimuth	方位
B	magnetic flux density	磁束密度
B/A	bank angle	バンク（傾斜）角
B/B	back beam	バック・ビーム
B/CRS	back course	バック・コース
B/D	bottom of descent	降下終了点
B/T	block time	区間時間
B-H	B-H curve	磁化曲線
B-RNAV	Broad-RNAV	ブロード・エリア・ナビゲーション
BARO	barometric	気圧

BAT　　　　　battery　蓄電池

BCD　　　　　binary code decimal　2進化10進法

BFE　　　　　buyer furnished equipment　買主供給装備品

BITE　　　　　built-in test equipment　組込み型試験機

BNR　　　　　binary numeric representation　2進法

BRKR　　　　breaker　ブレーカ

BTU　　　　　british themal unit (unit)　英国熱量の単位

℃　　　　　　centigrade temparature (unit) 度　セ氏温度の単位

C　　　　　　capacitanse　静電容量、　coulomb (unit)　電荷の単位

C/A Code　　Clear and Aquisition Code（GPSのC/A信号）

C/B　　　　　circuit breaker　サーキット・ブレーカ

CAA　　　　　Civil Aviation Authority　英国民間航空局

CAB　　　　　Civil Aeronautics Board　米国航空委員会

CADC　　　　central air data computer　エア・データ・コンピュータ

CAL　　　　　calorie (unit)　カロリー　熱量の単位

CADIN　　　　Common Aeronautical Data Interchange Network　航空交通情報システム

CANPA　　　Constant-Angle Nonprecision Approaches　定角度非精密進入

CAS　　　　　calibrated airspeed　較正対気速度

CAT Ⅲ B　　Category Ⅲ B Autoland　カテゴリⅢB自動着陸

CAT　　　　　clear air turbulence　晴天乱流

CCB　　　　　current circuit breaker　サーキット・ブレーカ　電流しゃ断器

CCIR　　　　International Radio Consultative Committee　国際無線諮問委員会

CCITT　　　　International Telegraph and Telephone Consultative Committee
　　　　　　　国際電信電話諮問委員会

cd　　　　　　candela (unit)　カンデラ、　燭　光度の単位

CDA　　　　　Continuous Desend Arrival　連続降下到着

CFRP　　　　Cabon Fiber Reinforced Plastics　炭素繊維強化プラスチック

CG　　　　　　center of gravity　重心

CIQ　　　　　Custom,Immigration,Quarantine　税関、出入国審査、検疫

CIWS　　　　central instrument warning system　計器警報システム

CNF　　　　　conflict　管制レーダーのコンフリクト予測警報

CNS　　　　　Communication Navigation Surveillance　通信・航法・監視

CPT　　　　　Cockpit Procedure Trainer　訓練用フライトシミュレータ

CRM　　　　　crew resource management　クルー・リソース・マネジメント

CRS	course	コース
CRT	cathode ray tube	ブラウン管
CRZ	cruise	巡航
CVR	cockpit voice recorder	ボイス・レコーダ
CWS	control wheel steering	自動操縦のコントロール・ホイールによる操縦
D-A	digital to analog	デイジタルからアナログへの変換
DAR	Designative Airworthiness Repesentative	（米国の耐空性に関する代理人）
dB(A)	Decibel (A)（unit）	A デシベル　ホン　音の大きさの単位
DDM	difference in depth of modulation	LOC/GP 電波の変調度差
DER	Designative Engineering Representative	（米国の航空技術に関する代理人）
DFDU	Digital Flight Data Unit	デジタル飛行記録装置
DH	decision hight	決心高度
DME	Distance Measuring Equipment	距離情報提供装置
DOC	direct operation cost	直接運航費
DOC	Depeartment of Commerce	米国商務省
DOT	Depeartment of Transportation	米国運輸省
DPSK	difference phase shift keying	差動移相シフト・キーイング
DSRTK	desired track angle	予定飛行航路角
DVM	digital volt meter	デジタル電圧計
E	electric field	電界
EADI	Electronic Attitude Director Indicator	電子式姿勢指示計
EAS	equivalent airspeed	等価対気速度
ECS	European Communication Satellite	欧州通信衛星（欧州宇宙機関の）
EEC	electronic engine control	電子式エンジン制御装置
EFIS	Electronic Flight Instrument System	電子式飛行計器システム
EGNOS	GPS と GLONAS を利用した欧州の SBAS	
EGPWS	Enhanced Ground Proximity Warning System	強化型対地接近警報装置
EHSI	Electronic Horizon Situation Indicator	電子式水平位置指示計
EICAS	Engine Indication and Crew Alerting System	エンジン計器と警報システム
ELT	Emergency Locator Transmttier Beacon	非常用位置送信装置
EPNL	Effective Perceived Noise Level	実効感覚騒音レベル
ESA	European Space Agency	欧州宇宙機関
ETA	estimated time of arrival	到着予定時刻
ETD	estimated time of departure	出発予定時刻

ETOPS	extended twin engine operation	双発機による長距離洋上飛行
EU	European Union	欧州連合
EUROCONTROL	ユーロ・コントロール	欧州地域管制機関
FAA	The U.S. Federal Aviation Administration	米国連邦航空局
FADEC	Full Authority Digital Engine Cotrol	電子式エンジン制御装置
FANS	Future Air Navigation System	将来航空航法システム（ICAO の）
FAR	Federal Aviation Regulation	連邦航空法
FBL	Fly By Light　フライ・バイ・ライト	ケーブルに変わって光による操縦方式
FBW	Fly By Wire　フライ・バイ・ワイヤー	ケーブルに変わって電気による操縦方式
FDE	Fault Detection and Exclusion	故障検出・排除機能
FDP	Flight Data Processing System	飛行計画情報処理システム
FIR	Flight Infomation Region	飛行情報区
FMC	Flight Management Computer	飛行管理コンピュータ
FMS	Flight Management System	飛行管理システム
G/T	Gain over Temperature (unit)	受信系の性能指数 (dB/K)
GAGAN	ガガン	インドの静止衛星型補強システム
GALIREO	ガリレオ	欧州連合 / 欧州宇宙機関 (EU/ESA) の衛星航法システム
GBAS	Ground Based Augmentation System	地上型補強システム
GLONASS	GLobal Navigation Satellite System	グロナス　ロシアの衛星システム
GLS	GNSS Landing System	GNSS 着陸シィステム
GNSS	Global Navigation Satellite System	全地球的航法衛星システム
GPS	Global Positioning System	全地球測位システム
GRAS	Ground Based Regional Augmentation System	地上型地域 GNSS 補強システム
HSI	horizontal Situation Indicator	水平位置指示計
HUD	Head -up Display	ヘッド・アップ・デスプレイ
IATA	International Air Transport Association	国際航空運送協会
IC	integrated circuit	集積回路
ICAO	International Civil Aviation Organization	国際民間航空機関
ID	identification	識別
IDG	integrated drive genrrator	駆動装置付き発電機
IEEE	Institute of Electrical and Electronic Engineers	電気電子技術者協会
IF	intermediate frequency	中間周波数
IFC	Instrument Flight Certification	計器飛行証明
IFR	Instrument Flight Ruler	計器飛行方式

ILS	Instrument Landing System	計器着陸装置
IMC	Instrument Meteorological Condition	計器気象状態
IMO	International Maritime Organization	国際海事連合
in	inch (unit) インチ 長さの単位	
in-Hg	inch of mercury (unit) インチ水銀圧，圧力の単位	
INMARSAT	InterNnational MARitime SATellite consortium	
	インマルサット 国際海事衛星機構	
INOP	inoperative 不作動	
INPH	interphone インターポン 機内電話	
INS	Inertial Navigation System 慣性航法装置	
INTELSAT	InterNational TELecommunication SATellite consortium インテルサット	
ISO	International Standrdization Organization 国際標準化機構	
ITU	International Telecommunication Union 国際電気通信連合	
J	Joule (unit) ジュール 熱量の単位	
j	imaginary part 虚数	
JAEA	Japan Aviation Engineers Agency 日本航空技術協会	
JAXA	Japan Aerospace eXploration Agency 宇宙航空研究開発機構	
JETRO	Japan External TRade Organjzation 日本貿易振興機構	
JICA	Japan International Cooperation Agency 国際協力機構	
JRANSA	Japan Radio Air Navigation System Association 航空保安無線システム協会	
K	Kelvin (unit) ケルビン 熱力学温度の単位	
kg	kilogram (unit) キログラム 質量の単位	
kHz	kilohertz (unit) キロヘルツ 周波数の単位	
km	kilometer (unit) キロメータ 長さの単位	
kt	knot (unit) ノット（海里）速度の単位	
kVA	kilovolt-ampere (unit) キロボルト・アンペア 皮相電力の単位	
kvar	kilovar (unit) キロバール 無効電力の単位	
kW	kilowatt (unit) キロワット 有効電力の単位	
kWh	kilowatt-hour (unit) キロワット時 電力量の単位	
LAAS	Local Area Augmentation System 米国の GNSS 型地上型補強システム	
LAN	local area network ラン 構内通信網	
LAT	latitude 緯度	
lb	pound (unit) ポンド 質量の単位	
LED	light emitting diode 発光ダイオード	

lm	lumen (unit)　ルーメン　光束の単位	
LNAV	Lateral Navigation　垂直航法	
LOC	localizer　ローカライザ　水平位置表示装置	
LON	longitude　経度	
LRRA	low range radio altimeter　電波高度計	
LRU	line replaceable unit　交換可能装備品	
lx	lux (unit)　ルックス　照度（明るさ）の単位	
M	mach (unit)　マッハ数　音速の単位	
MAC	mean aerodynamic chord　空力平均翼弦	
MET	Meteorology　気象	
MIL	Military Specifications　MIL 規格	
MLIT	Ministry of Land, Infrastructure and Transport　国土交通省	
MLS	Microwave Landing System　マイクロ波着陸装置	
MMR	Multi-Mode Receiver　衛星航法受信機	
MS	Military Standard　MS 規格	
MSAS	MTSAT Satellite-based Augumentation　System　MTSAT 衛星補強システム	
MSL	mean sea level　平均海水面	
MTBF	mean time between failuers　平均故障時間間隔	
MTSAT	Multi-function Transport SATellite　運輸多目的衛星	
MZFW	Maximum Zero Fuel Weight　最大無燃料重量	
NASA	National Aeronautics and Space Administration　アメリカ航空宇宙局	
NAS	National Aeronautical Standard　NAS 規格	
NAVAIDS	NAVigation AIDS　航空援助施設	
NAVSTAR	NAVigation System with Time And Ranging/Global Positioning System GPS 航法衛星	
ND	Navigation Display	
NDT	Non Destructive Testing　非破壊検査	
NNSS	Navy Navigation Satellite System	
NOT	NOT gate, Negation　否定	
NOTAM	Notice to Air Man　航空情報　ノータム	
NPA	Non Precision Approach　非精密進入	
NTSB	National Transportation Safety Board（米国）国家運輸安全委員会	
NTSC	National Television System Committee　アメリカ　テレビジョン方式委員会	
OAG	oficial airline guide　米国定期航空会社の時刻表	

OAT	Outside Air Temperature 外気温度
ohm	Ω (unit) オーム 抵抗の単位
OJT	on the job training 業務訓練
OR	OR gate, Logical Sum 論理和
ORSR	Ocean Route Surveillance Radar 洋上航空路監視レーダー
Pa	Pascal (unit), パスカル 圧力の単位
P Code	Precision Aquisition Code（GPS の）
PES	Passenger Entertainment System 娯楽番組提供システム
P-NAV	Precision-RNAV 精密 RNAV
PAPI	Precision Approach path Indicator 進入援助用灯火
PAR	Precision Approach Radar 精密進入レーダー
PBN	Performance Based Navigation 性能準拠型航法
PC	production certification 製造承認（米国の）
PCM	pulse code modulation パルス変調
PN Code	Pseudo Noise Code 疑似雑音コード（GPS の）
PR	public relations ピーアール 広報活動
PSR	Primary Surveillance Radar 一次レーダー
RAG	Remote Air-Ground Communication 遠隔空港対空通信施設
RAIM	Receiver Autonomous Integrity Monitor 受信機自律完全性モニタ
RAPCON	Radar Approach Control ラプコン
RCAG	Remote Center Air-Ground Communication 遠隔対空通信施設
RCC	Rescue Co-odination Center 救難調整本部
RDP	Radar Data Processing system 航空路レーダー情報処理システム
RNAV	aRea NAVigation 広域航法
RNP	Required Navigation Performance 航法性能要件
RTCA	Radio Technical Commission for Aeronautics アメリカ航空無線技術委員会
RVR	Runway Visual Range 滑走路視程
RVSM	Reduced Vertical Separation Minimum 短縮垂直間隔
SA	Selective Availability 選択的利用性（GPS の）
SAGE	System for Assessing Aviation's Global Emission 航空機排出ガス評価
SARPs	Standards And Recommended Practices 国際標準及び勧告方式
SARSAT	Search and Rescue SATellite 捜索救助用衛星
SATCOM	Satellite Communication 衛星通信
SB	Service Bulletin サービス ブリテン 改善通報

SBAS	Satellite Based Augmentation System	静止衛星型補強システム
SFE	seller furnished equipment	売主供給装備品
SI	International System of Units	国際単位系
SID	Standard Instrument Departure	標準出発方式
SLS	Side Lobe Suppression	サイドローブ抑圧
SITA	Societe International de Telecommunication Aeronautiques シイタ　欧州の国際航空通信機関	
SMS	Safety Management System	安全マネジメント　システム
SRR	Search and Rescue Region	捜索救難区
SSR	Secondary Surveillance Radar	二次監視レーダー
STAR	Standard Terminal Arrival Route	標準到着経路
STC	Supplemental Type Certificate	追加型式証明
TACAN	Tactical Air Navigation System	タカン　極超短波全方向方位距離測定装置
TC	Type Certificate	型式証明
TCA	Terminal Control Area	進入管制空域
TCAS	Traffic Alert and Collision Avoidance System	衝突防止装置
TCD	ministry of Transport Civil aviation bureau Directive	耐空性改善通報
V	volt (unit)	ボルト　電圧の単位
VMC	Visual Meteorological Condition	有視界気象状態
VNAV	Vertical Navigation	垂直航法
VOLMET	Voice Meteorologique	ボルメット無線電話通報
VOR	VHF Omni-directional Range	超短波全方位式無線標識
VORTAC	VOR-TACAN 装置	
VSD	Vertical Situation Display	垂直位置表示計
W	watt (unit)	ワット　電力の単位
WAAS	Wide Area Augmentation System	GNSS 型広域補強システム（米国の SBAS）
WARC	World Administrative Radio Conference	世界無線主官庁会議
WECPNL	Weighted Equivalent Continuous Perceived Noise Level 加重等価平均感覚騒音レベル	
WMO	World Meteorological Organization	世界気象機関
Ω	Ω (unit)	オーム　抵抗の単位

付録

INS

1. 移動率の補正

　航空機が飛行することによっても地球中心に対する角運動が生じ、これを移動率と呼ぶ。地球自転率と同じように、各ジャイロはこの移動率を受感し、プラットホームは最初に設定した方位よりずれてくるので補正が必要となる。

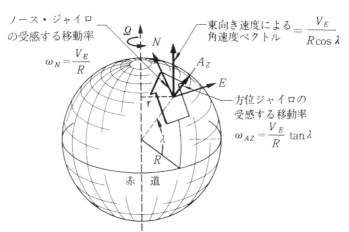

(a)　東西の飛行によって生ずる移動率

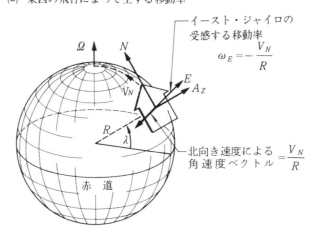

(b)　南北の飛行によって生ずる移動率

図Ａ－１　航空機の移動率（Transport Rate）

　図Ａ－１（a）は真東に飛行する場合を図解したもので、東向き角速度ベクトルの方向は地球座標系の Y 軸に平行である。従って、東向き飛行によって各ジャイロの受感する移動率は、次のようにあらわせる。

$$\left.\begin{array}{ll}\text{方位ジャイロ} & \omega_{AZ} = \dfrac{V_E}{R}\tan\lambda \text{ (rad/hr)}\\[2em]\text{ノース・ジャイロ} & \omega_N = \dfrac{V_E}{R} \text{ (rad/hr)}\\[2em]\text{イーストジャイロ} & \omega_E = 0\end{array}\right\} \cdots\cdots\cdots\cdots\cdots\cdots\cdots\cdots\cdots\text{ (A-1)}$$

　　図A-1（b）は真北に飛行する場合を図解したもので、北向き角速度ベクトル方向は、ノース・スレーブ座標の E 軸の反対を向いているので、北向き飛行によって各ジャイロの受感する移動率は、次のようにあらわせる。

$$\left.\begin{array}{ll}\text{方位ジャイロ} & \omega_{AZ} = 0\\[2em]\text{ノース・ジャイロ} & \omega_N = 0\\[2em]\text{イーストジャイロ} & \omega_E = -\dfrac{V_N}{R} \text{ (rad/hr)}\end{array}\right\} \cdots\cdots\cdots\cdots\cdots\cdots\cdots\cdots\text{ (A-2)}$$

　　真北に飛行している航空機の移動率を補正するには、まずノース加速度計の出力を積分して北向き速度を求める。これを地球半径で除した値がイースト・ジャイロの移動率を補正するトルク信号となる。この様子を示したのが、図A-2である。

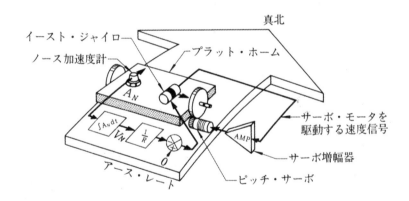

図A-2　イースト・ジャイロの移動率の補正回路

2.　移動中のレベル調整

　プラットホームを局地水平に一致させる操作で、イースト加速度計とノース加速度計の出力が、0になるようにプラットホームを傾けていくと、自然に局地水平と平行になる。航空機が移動し始めると、もはやこの方法は使用できず、プラットホームを水平に保つ基準はジャイロだけとなる。現実のジャイロには1時間当たり0.01（deg）程度のランダム・ドリフトがあり、プラットホームはしだいに水平位置よりずれてくる。そこで航空機の移動にかかわりなく、局地垂直を見つけ出す手段が必要となる。

　図A－3 (a) のように、航空機に長さ l（m）、おもりの質量 m（kg）の振り子を取り付けたとする。振り子を θ（rad）だけ持ち上げて放すと、振り子は単振動する。変位 θ が小さければ、おもりに重力加速度によって生ずる力は、

$$F = -mg\theta \ (\mathrm{N}) \ \cdots\cdots\cdots\cdots\cdots\cdots\cdots\cdots\cdots\cdots\cdots\cdots\cdots\cdots\cdots (\mathrm{A}-3)$$

この力によるおもりの加速度は

$$\alpha = l\ddot{\theta} \ (\mathrm{m/s^2}) \ \cdots\cdots\cdots\cdots\cdots\cdots\cdots\cdots\cdots\cdots\cdots\cdots\cdots\cdots\cdots (\mathrm{A}-4)$$

となるので、

$$F = ml\ddot{\theta} = -mg\theta$$
$$\therefore \ \ddot{\theta} + \frac{g}{l}\theta = 0 \ \ \ \ \ \ \ \ \cdots\cdots\cdots\cdots\cdots\cdots\cdots\cdots\cdots\cdots\cdots\cdots (\mathrm{A}-5)$$

の微分方程式が成り立ち、解は次のようになる。

$$\left.\begin{array}{l} \text{角変位} \quad \theta = \theta_0\cos\omega t \ (\mathrm{rad}) \\ \qquad\quad \theta_0 : \text{初期値} \\ \text{加速度} \quad \omega = \sqrt{g/l} \ (\mathrm{rad}) \\ \text{周　期} \quad T = 2\pi\dfrac{1}{\omega} = 2\pi\sqrt{\dfrac{l}{g}} \ (\mathrm{s}) \end{array}\right\} \quad \cdots\cdots\cdots\cdots\cdots\cdots\cdots (\mathrm{A}-6)$$

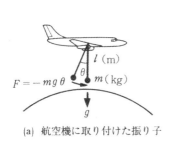

(a) 航空機に取り付けた振り子

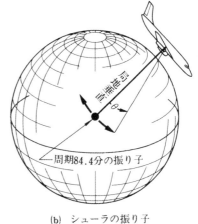

(b) シューラの振り子

図A－3　移動体での局地垂直の検出方法

　振り子の長さをどんどん長くしていき、現実には不可能であるが、図A－3 (b) のように地球の中心まで達する振り子をつくったとする。この振り子をシューラの振り子（Schuler Pendulum）と

いい、航空機がどのような運動をしても、振り子は局地垂直を中心にして、周期 84.4（分）で振動することが知られている。これは見方を変えると、振り子が地球の中心に保持され、プラットホームが局地水平を中心にして、周期 84.4（分）で振動していることになる。現実にはこのような振り子をつくることはできないが、シューラの振り子と物理的に等価な安定プラットホームをつくると、このプラットホームは航空機の運動にかかわりなく、また加速度計のアンバランスやジャイロのドリフトなどがあっても、常に局地水平を中心として振動する振り子となり、慣性航法の基準とすることができる。

　図 A－2 に示す移動率補正ループの性質を調べてみる。まず、プラットホームがノース方向に θ（rad）だけ傾いたとする。ノース加速度計の出力は、

$$A_N = g\,\theta \quad (\text{m/s}^2) \quad\cdots\cdots\cdots\cdots\cdots\cdots\cdots\cdots\cdots\cdots\cdots\cdots\cdots\cdots (A-7)$$

　イースト・ジャイロの移動率補正トルクは、

$$\omega_E = -\frac{1}{R}\int g\,\theta d\theta \quad\cdots\cdots\cdots\cdots\cdots\cdots\cdots\cdots\cdots\cdots\cdots\cdots (A-8)$$

である。イースト・ジャイロからこれと同じ出力が得られ、増幅した後、ピッチ・サーボ・モータの回転速度を変えている。

　ピッチ・サーボ・モータの回転角は、

$$\theta = \int \omega_E dt = -\frac{g}{R}\iint \theta d\theta \quad\cdots\cdots\cdots\cdots\cdots\cdots\cdots\cdots\cdots (A-9)$$

となって、プラットホームは水平に戻るので、

$$\ddot{\theta} + \frac{g}{R}\theta = 0 \quad\cdots\cdots\cdots\cdots\cdots\cdots\cdots\cdots\cdots\cdots\cdots\cdots\cdots\cdots\cdots (A-10)$$

の微分方程式が成り立つ。これは振子の運動方程式で、振り子の長さを地球半径まで伸ばした場合に等しい。すなわち移動率の補正ループは、シューラの振り子と同じ働きをしているのが分かる。

3. コリオリの加速度の補正

　慣性航法の基本で述べたように、地球上の加速度計の出力にはコリオリの加速度の成分が含まれている。ノース・スレーブ座標系の加速度計が受感するコリオリの加速度を求めてみる。

　航空機に積んで移動している加速度計には、地球に対して航空機が移動することによって生ずる加速度、地球の自転による見かけの加速度（コリオリの加速度）、重力の加速度の成分が含まれている。加速度計の出力 A は次のように表すことができる。

$$A_E = \frac{dV_E}{dt} + 2\Omega\cos\lambda\,\dot{h} - 2\Omega\sin\lambda\,V_N \ (\mathrm{m/s^2})$$
イースト加速時計

$$A_N = \frac{dV_N}{dt} + 2\Omega\sin\lambda\,V_E \ (\mathrm{m/s^2})$$
ノース加速時計

$$A_{AZ} = \ddot{h} - 2\Omega\cos\lambda\,V_E - g \ (\mathrm{m/s^2})$$
上下加速時計

$$\cdots\cdots\cdots\cdots\cdots (A-11)$$

コリオリの加速度　　　　重力加速度

V ＝航空機の移動速度（m/s）

Ω ＝地球の自転率（アース・レート）（rad/s）

λ ＝地理学上の緯度

g ＝重力の加速度（m/s²）

　この式は、イースト加速時計には航空機の上下運動と南北飛行によって生ずる見かけの加速度成分が含まれており、ノース加速時計には東西飛行によって生ずる見かけの加速度成分が含まれており、上下加速度計には東西飛行によって生ずる見かけの加速度成分と重力加速度成分が含まれていることを示している。

　北進しているとき、加速度計にはあたかも航空機が西向きに運動しているかのようなコリオリの加速度があらわれる。この加速度は、普通なら問題にならない数値であるが、慣性航法装置に使用している加速度計では、十分検出可能な加速度であり補正を必要とする。

　イースト加速度計の出力を０に保って一定高度を北向きに飛行すると、西向きのコリオリの加速度が働き、これを修正するため、機はしだいに東へ寄っていく。

　ノース加速度計の出力を０に保って東向きに飛行すると、下向きと北向きのコリオリの加速度が働き、これを修正するため、機はしだいに高度が上昇し、そして南に寄っていく。これらの様子を図Ａ－４に示す。

　このような現象を補正するには、加速度計の出力を式（A－11）で計算されるコリオリの加速度の補正をしてから速度と位置の計算に用いなければならない。

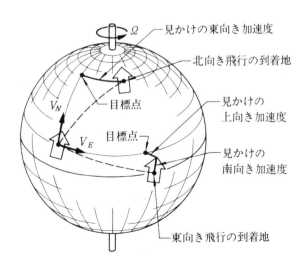

図Ａ－４　コリオリの加速度の影響

4. 航法データの計算

a. 現在位置 (Present Position)

　慣性航法装置では、出発地の緯度λ_0、経度Λ_0をまずコンピュータに記憶させる。以後は装置が緯度の変化$\Delta\lambda$、経度の変化$\Delta\Lambda$を計算しているので、航空機の現在位置 (POS) は出発地の緯度、経度におのおのの変化分を加えて求めることができる。

$$\text{現在位置} \quad \begin{array}{l} \lambda = \lambda_0 + \Delta\lambda \quad \text{(deg)} \\ \Lambda = \Lambda_0 + \Delta\Lambda \quad \text{(deg)} \end{array} \quad \cdots\cdots\cdots\cdots\cdots\cdots\cdots\cdots\cdots\cdots\cdots\cdots (\text{A}-12)$$

b. 航路と対地速度 (Track Angle, Ground Speed)

　航路 (TK) と対地速度 (GS) は、南北方向の速度V_N、東西方向の速度V_Eより求められる。

$$\left. \begin{array}{ll} \text{航　　路} & TK = \tan^{-1}\dfrac{V_E}{V_N} \text{ (deg)} \\[2mm] \text{対地速度} & GS = \sqrt{V_N{}^2 + V_E{}^2} \text{ (km/h)} \end{array} \right\} \cdots\cdots\cdots\cdots\cdots\cdots\cdots\cdots\cdots\cdots (\text{A}-13)$$

c. 機首方位と偏流角 (True Heading, Drift Angle)

　機首方位 (HDG) は、プラットホームについている方位シンクロの出力として得られる。偏流角 (DA) は機首方位から見た航路 (TK) の方向で、航路が左側のときはL、右側のときはRの符号をつけてあらわす。

$$\left. \begin{array}{ll} \text{機首方位} & HDG = \text{方位シンクロの出力 (deg)} \\[2mm] \text{偏　流　角} & DA = TK - HDG \text{ (deg)} \end{array} \right\} \cdots\cdots\cdots\cdots\cdots\cdots\cdots\cdots (\text{A}-14)$$

d. 風速および風向き (Wind Speed, Wind Direction)

　風速と風向きは慣性航法装置だけでは計算できず、エア・データ・コンピュータから真対気速度 (TAS) の入力を必要とする。本文図4－70によると、風の北向きの速度成分と風の東向きの速度成分は、真対気速度と対地速度より、

$$\left. \begin{array}{ll} \begin{array}{l}\text{風の北向き}\\\text{速 度 成 分}\end{array} & WS_N = GS\cos(TK) - TAS\cos(HDG) \text{ (km/hr)} \\[3mm] \begin{array}{l}\text{風の東向き}\\\text{速 度 成 分}\end{array} & WS_E = GS\sin(TK) - TAS\sin(HDG) \text{ (km/hr)} \end{array} \right\} \cdots\cdots (\text{A}-15)$$

と求められるので、次の式で計算できる。

$$\left. \begin{array}{ll} \text{風　　速} & WS = \sqrt{WS_N{}^2 + WS_E{}^2} \text{ (km/hr)} \\[3mm] & WD = \tan^{-1}\dfrac{WS_E}{WS_N} + 180 \text{ (deg)} \end{array} \right\} \cdots\cdots\cdots\cdots\cdots\cdots\cdots\cdots (\text{A}-16)$$

慣性基準システムの原理
(Principle of Inertial Reference System)

　直交座標系と極座標系の変換例を図Ａ－５に示す。三次元空間にある点 p は直交座標系では(x, y, z) で表すことが出来、極座標系では（r, α, β, γ）で表せる。この間の変換式を表Ａ－１に示す。この変換式のことを方向余弦（direction cosine）という、方向余弦を使うとより複雑な座標変換も容易に出来る。

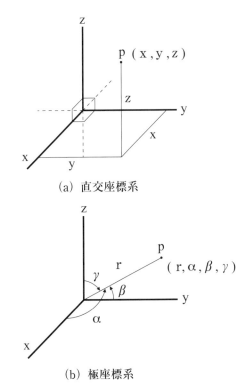

(a) 直交座標系

(b) 極座標系

図Ａ－５　直交座標系と極座標系の変換

表Ａ－１　直交座標系と極座標系の変換式

直交座標系から極座標系へ	極座標系から直交座標系へ
$r = \sqrt{\left(x^2 + y^2 + z^2\right)}$ $\alpha = \cos^{-1}(x\,/\,r)$ $\beta = \cos^{-1}(y\,/\,r)$ $\gamma = \cos^{-1}(z\,/\,r)$	$x = r \cdot \cos \alpha$ $y = r \cdot \cos \beta$ $z = r \cdot \cos \gamma$

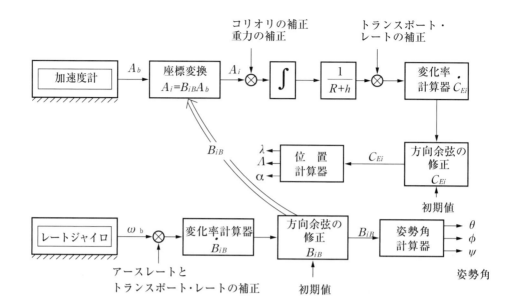

A_b , ω_b ：機体座標系での加速度と角速度

B_{iB} 　　　：ω_b を基にして計算される機体軸と航法軸との方向余弦マトリックス

C_{Ei} 　　　：A_b を基にして計算される航法軸と地球軸との方向余弦マトリックス

図Ａ－６　ストラップダウン慣性基準システムの原理

　　ストラップ・ダウン慣性基準装置の原理図を図Ａ－６に示す。この図を利用しておおまかな解説
をする。

(1)　アライメント・モードで機体軸と航法軸（フリーアズムス軸）との間の、方向余弦マトリック
　　ス B_{iB} を求める。

(2)　ナビゲーション・モードでは、機体に直接取り付けたジャイロから、ロール、ピッチ、ヨー角
　　速度を求め、アース・レートとトランスポート・レートの補正を加える。

(3)　この補正した角速度を用いて、次のように機体軸と航法軸との間の方向余弦を修正していく。

$$\dot{Bi_B} = \dot{Bi_B} \, \Delta t + Bi_{B}^{-1} \cdots\cdots\cdots\cdots\cdots\cdots\cdots\cdots\cdots\cdots\cdots\cdots\cdots\cdots\cdots\cdots\cdots\cdots\cdots\cdots\cdots (A-17)$$

　　　　ただし、Bi_{B}^{-1}：計算直前の方向余弦マトリックス

　　　　　　 $\dot{Bi_B}$　：方向余弦の変化率

　　　　　　 Δt　：コンピュータの計算時間の間隔

(4)　これで、航法座標系（局地水平）がコンピュータ内に設定されたことになる。続いて航法座標
　　系から見た機体の姿勢角が計算される。

(5)　加速度計の出力は方向余弦マトリックス Bi_B を用いて航法座標系に変換され、コリオリの補正、
　　重力の補正が行われた後、積分されて速度が求められる。

(6)　速度が求められ、トランスポート・レートの補正が行われたあと、方向余弦マトリクス C_{Ei} を
　　用いて地球座標系に変換され、緯度、経度などの計算が行われる。

GPS 測位原理

　GPSで測定する位置は図A－7のような地球中心を原点とする直交座標系上の位置である。Z軸は自転軸方向、X軸はグリニッジ標準子午線が赤道と交わる方向、Y軸はZ、X軸に直交する方向である。

　その位置を緯度、経度、高度に変換している。

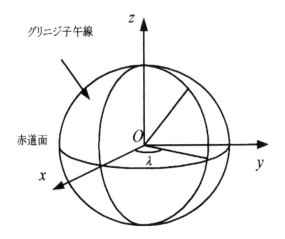

図A－7　GPS座標系

　直交座標系上の2点、(X, Y, Z) と (x, y, z) 間の距離をRとすると、

$$R^2 = (X - x)^2 + (Y - y)^2 + (Z - z)^2$$

で表わされる。(ピタゴラスの定理を使えば簡単に求められる。)

　今、衛星の位置(座標)を (X, Y, Z)、受信機(航空機)の座標を (x, y, z) とする。

　衛星と受信機の真の距離を ρ、送信と受信の時刻の差を t、光速をCとすると、<u>時計が正確であれば</u>、

$$\rho = C \cdot t$$
$$\rho^2 = (X - x)^2 + (Y - y)^2 + (Z - z)^2$$
$$\rho = C \cdot t = \sqrt{((X - x)^2 + (Y - y)^2 + (Z - z)^2)} \quad \cdots\cdots\cdots\cdots\cdots\cdots\cdots (A - 18)$$

となる。

　各衛星の座標を (X_i, Y_i, Z_i) で表わし、各衛星からの真の距離を ρ_i とすると、

$$\rho_i{}^2 = (X_i - x)^2 + (Y_i - y)^2 + (Z_i - z)^2 \quad \cdots\cdots\cdots\cdots\cdots\cdots\cdots (A - 19)$$
$$\rho_i = \sqrt{((X_i - x)^2 + (Y_i - y)^2 + (Z_i - z)^2)}$$

となる。

　ここで、X_i、Y_i、Z_i は衛星からの信号に含まれており、tは実際に測定した時間であるからCも含

めて既知の値である。従って、未知数はx、y、zの３つである。

　よって、この３つの値を求めるには最低３本の連立方程式が必要である。

　３つの衛星を衛星1、衛星2、衛星3、その座標をそれぞれ (X_1, Y_1, Z_1)、(X_2, Y_2, Z_2)、(X_3, Y_3, Z_3) とし、各衛星からの送信時刻と受信時刻の差を t_1、t_2、t_3 とすると、

$$\left. \begin{aligned} \rho_1{}^2 &= (C \cdot t_1)^2 = (X_1 - x)^2 + (Y_1 - y)^2 + (Z_1 - z)^2 \\ \rho_2{}^2 &= (C \cdot t_2)^2 = (X_2 - x)^2 + (Y_2 - y)^2 + (Z_2 - z)^2 \\ \rho_3{}^2 &= (C \cdot t_3)^2 = (X_3 - x)^2 + (Y_3 - y)^2 + (Z_3 - z)^2 \end{aligned} \right\} \quad \cdots\cdots\cdots\cdots\cdots\cdots\cdots (A-20)$$

の連立方程式を解くことにより受信機の位置が得られる。つまり、３個の衛星からの信号を受信する必要がある。

　<u>GPS衛星には原子時計が搭載されているので時刻は非常に正確であるが、受信機の時計はそれほど正確ではない</u>（クオーツ時計程度）。従って、測距誤差が出てくる。

　受信機の時計誤差を Δt とすると、図Ａ－８のＳが測距誤差となる。

　S＝C・Δt である。

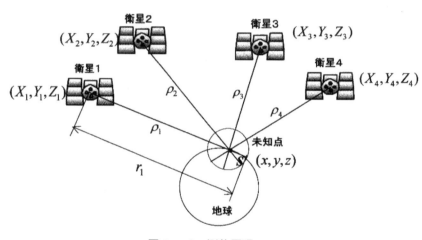

図Ａ－８　測位原理

　実際に測定した各衛星からの送信時刻と受信時刻の差を t_i、それに基づく各衛星からの距離（疑似距離）を r_i、とすると、

$$r_i = C \cdot t_i = \rho_i + S$$
$$= \sqrt{((X_i - x)^2 + (Y_i - y)^2 + (Z_i - z)^2)} + S$$

従って、

$$(r_i - S)^2 = (C \cdot t_i - C \cdot \Delta t)^2 = (C(t_i - \Delta t))^2$$
$$= (X_i - x)^2 + (Y_i - y)^2 + (Z_i - z)^2 \quad \cdots\cdots\cdots\cdots\cdots\cdots (A-21)$$

となる。未知数がx、y、z、S（Δt）の４つとなり、これを解くには最低４本の連立方程式が必要であり、

$$\left. (C(t_1 - \Delta t))^2 = (X_1 - x)^2 + (Y_1 - y)^2 + (Z_1 - z)^2 \right. }$$
$$\cdots\cdots\cdots\cdots\cdots\cdots (A-22)$$

$$(C(t_2 - \Delta t))^2 = (X_2 - x)^2 + (Y_2 - y)^2 + (Z_2 - z)^2$$
$$(C(t_3 - \Delta t))^2 = (X_3 - x)^2 + (Y_3 - y)^2 + (Z_3 - z)^2$$
$$(C(t_4 - \Delta t))^2 = (X_4 - x)^2 + (Y_4 - y)^2 + (Z_4 - z)^2$$

の連立方程式を解くことにより受信機の位置が得られる。つまり、GPS 位置の測定には最低4個の衛星からの信号を受信する必要がある。

　なお、実際には上式は未知数に対して非線形なので、このままでは解けない。従って、未知数の近似値と補正値を使って必要な精度に収束するまで計算を繰り返す。

　S（Δt）が分かると、すなわち時計誤差が取り除かれると、受信機の時計は衛星の時計と一致したことになり、受信機の時計が正確にUTCと関連付けられる。

　参考までにUTCについて簡単に紹介する。UTC（Coordinated Universal Time：協定世界時）は全世界で時刻を記録する際に使われる公式な時刻である。天体観測を基に決められるGMT（Greenwich Mean Time：グリニッジ標準時）をもとにして、国際協定により人工的に維持されている世界共通の標準時である。TAI（International Atomic Time：国際原子時）をベースに、GMTとのずれを調整するための閏秒を加えたものである。

（以下、余白）

索　　引

タ行

ヤ行

ラ行

本書の記載内容についての御質問やお問合せは、
公益社団法人日本航空技術協会　教育出版部まで文
書、電話、eメールなどにてご連絡ください。

2002 年 9 月 28 日	第 1 版	第 1 刷
2007 年 3 月 31 日	第 2 版	第 1 刷
2008 年 3 月 31 日	第 2 版	第 2 刷
2009 年 3 月 31 日	第 2 版	第 3 刷
2010 年 3 月 31 日	第 2 版	第 4 刷
2011 年 3 月 31 日	第 2 版	第 5 刷
2012 年 3 月 31 日	第 2 版	第 6 刷
2013 年 3 月 31 日	第 3 版	第 1 刷
2014 年 3 月 31 日	第 4 版	第 1 刷
2019 年 2 月 28 日	第 4 版	第 2 刷
2020 年 3 月 31 日	第 4 版	第 3 刷
2020 年 7 月 20 日	第 4 版	第 4 刷
2021 年 12 月 24 日	第 5 版	第 1 刷

航空工学講座　第 10 巻
航空電子・電気装備

2002Ⓒ　著　者　公益社団法人　日本航空技術協会
　　　　発行所　公益社団法人　日本航空技術協会
　　　　〒 144-0041　東京都大田区羽田空港 1-6-6
　　　　電話　　　東京（03）3747-7602
　　　　FAX　　　東京（03）3747-7570
　　　　振替口座　00110-7-43414
　　　　URL　　　https://www.jaea.or.jp
　　　　印刷所　　株式会社　丸井工文社
　　　　　　　　　　　　　　　Printed in Japan

ISBN978-4-909612-18-2